# 移动地理信息系统实验教程

主　编　张爱国
副主编　杨　超　韩李涛　康传利　叶李灶

**图书在版编目(CIP)数据**

移动地理信息系统实验教程 / 张爱国主编．--西安：
西安交通大学出版社，2023.11
ISBN 978-7-5693-3318-3

Ⅰ.①移… Ⅱ.①张… Ⅲ.①移动终端－地理信息系
统－教材 Ⅳ.①P208

中国国家版本馆 CIP 数据核字(2023)第 119740 号

**书　　名**　移动地理信息系统实验教程
　　　　　　YIDONG DILI XINXI XITONG SHIYAN JIAOCHENG
**主　　编**　张爱国
**责任编辑**　李　佳
**责任校对**　王　娜

**出版发行**　西安交通大学出版社
　　　　　　(西安市兴庆南路1号　邮政编码 710048)
**网　　址**　http://www.xjtupress.com
**电　　话**　(029)82668357 82667874(市场营销中心)
　　　　　　(029)82668315(总编办)
**传　　真**　(029)82668280
**印　　刷**　西安日报社印务中心

**开　　本**　787 mm×1092 mm　1/16　**印张** 17　**字数** 424 千字
**版次印次**　2023 年 11 月第 1 版　2023 年 11 月第 1 次印刷
**书　　号**　ISBN 978-7-5693-3318-3
**定　　价**　51.80 元

如发现印装质量问题，请与本社市场营销中心联系。
订购热线：(029)82665248　(029)82667874
投稿热线：(029)82668818
读者信箱：19773706@qq.com

# 前 言

移动地理信息系统是地理信息系统从静态走向动态环境的重大发展，通过综合运用各类移动定位技术（如GNSS室外定位、WiFi室内定位等）、便携移动设备（如平板电脑、手机等）、移动通信和地理信息系统的空间信息处理能力，使得移动地理信息系统能够实时获取、存储、更新、处理、分析和显示动态地理信息，在现在及未来发挥出巨大的潜力。“移动地理信息系统”也是高校一门理论与实践兼具的课程，本教程是继编者已出版的《移动地理信息系统技术与开发》之后，根据近年来相关科研、教学的实践经验，并立足于当前新技术发展而形成的实践实验指导教程。

本书内容主要包括四大部分：①实验预备知识，具体为实验开发环境与程序调试技术；②基础实验，具体为Java开发基础、Java数据库开发、Android开发基础、SQLite轻量数据库的认识使用、JavaServlet服务器与Android移动端的数据通信开发；③移动定位实验，具体为室内空间平面图及格网制作、WiFiRSSI指纹库数据采集与入库、基于Java的WiFi RSSI指纹库的定位、基于百度地图AndroidSDK的定位开发、基于高德地图AndroidSDK的定位开发；④移动地图实验，具体为室内最短路径算法实现、基于百度地图AndroidSDK的地图开发、基于高德地图AndroidSDK的地图开发、基于高德地图的室内定位结果高亮显示以及综合应用移动GIS的理论设计和开发“随行单车”的移动地理信息系统。

本书由厦门理工学院张爱国主编，中国地质大学（武汉）杨超、山东科技大学韩李涛、桂林理工大学康传利和滁州学院叶李灶在部分章节的编写以及素材的提供和整理等方面做了许多工作，在此一并表示感谢。特别感谢福州大学邬群勇研究员对本书从构思到完成的过程中给予的诸多指导。

本书可作为高等院校地图学与地理信息系统、地理信息工程、测绘工程、空间信息与数字技术、通信与信息系统、遥感技术和网络工程等专业的本科生和研究生的专业实验课教材，也可供相关领域的科研人员和工程技术人员参考。

本书是作者在参阅了国内外有关移动地理信息系统相关资料的基础上，结合移动地理信息系统教学和研究实践编写而成。由于编者理论水平和实践经验有限，书中疏漏和不足在所难免，恳请广大读者提出宝贵的意见。

编　者

2022年9月

# 目　录

# 第一部分

# 实验预备知识

# 第1章 实验开发环境配置

## 1.1 开发语言及开发环境配置简介

### 1.1.1 Java 语言简介

Java是面向对象的计算机编程语言，在编程过程中更关注应用的数据和操作数据的方式。随着时间的推移，各种各样的编程语言都在进步与完善，Java语言也发展的比较成熟，且Java语言本身具有一定的稳定性和安全性，所以其在当前许多应用程序的开发里占据主导地位。Java代码中对象比较多，从某种程度来说，它的开发对象可以是真实世界里的任意一种实体，然后将这种实体归入其语言中的某一种类别进行区分。

**1. Java语言使用起来具有一定的独立性**

大部分传统的计算机编程语言都存在一个较为明显的缺点，就是只能在特定的操作系统中使用。Java语言就不需要担心这样的问题，Java语言的运行独立于操作系统，也就是说Java语言的编写可以在不同的系统中进行，这是Java语言的主要优势之一。

**2. Java语言有一定的安全性**

Java语言在初期开发的时候就设置了对应的安全防范机制来预防恶意代码对程序的攻击。可加密是Java语言安全机制中显著的优势之一，通过对程序进行加密，可以在一定程度上保证计算机软件开发的安全性。

综上，Java语言已经在软件开发方面占据着重要地位，它有着C语言和C＋＋语言所没有的优势，在不同的系统开发中使用广泛。而且Java语言还具有维护、研究、设计等功能，也可以提升Android系统的开放性和安全性能力。信息化社会和现代化社会的发展需要对Java编程语言不断深化利用。

### 1.1.2 Android SDK 简介

Android SDK（Android softwave developmeng kit，安卓软件开发工具包）提供了能够让Java代码运行在Android平台上所需的一系列工具和API（application programming interface，应用程序编程接口）。

**1. Android SDK的工具及用途**

在Android SDK安装目录下的tools和platform - tools文件夹中有一些非常重要的工具，如：dx、emulator、adb、ddms、aapt等。这些工具保证了Java代码编译并且部署到模拟器上。

dx. exe 是 Android SDK 的编译器，当运行 Java 文件时，dx. exe 将会创建一个带有 . dex 后缀的文件，Dalvik 虚拟机可以识别并执行该文件；emulator. exe 用来启动 Android 模拟器；Android 模拟器被用来在一个虚拟的 Android 环境中运行 Android 应用程序；adb. exe 位于 platform – tools 文件夹中，开发者可以用它在模拟器上安装和启动应用；ddms. exe 用于启动 Android 调试工具；aapt. exe 用于查看 . apk 文件，是安卓程序的反汇编工具。

**2. Android SDK API 及开发文档**

API 是预先编写好的函数，供开发人员调用，如编写了一个 Java 类，这个类里有很多函数，若其他人要用这个类，他并不需要知道类里每个函数内部的实现过程，只要知道这个函数的参数和返回值，就可以使用这个类了。对于用户来说，这个类的所有函数就是 API；同样，Android API 就是 Google 预先编写的一些函数，开发人员可以直接调用。

1）Android SDK API 的包结构

SDK 中集成了很多开发用的 API，将这些 API 按功能分类后，把同一类型的 API 放到一个包中，方便调用。在编写 Android 程序时如需调用 API，需要首先导入它所在的包，在 Android 类库中，各种包被写成 Android. *** 的形式，表 1 – 1 就是一些比较常用的 API 包。

**表 1 – 1　Android 常用的 API 包**

| API 包 | 主要功能 |
| --- | --- |
| Android. app | 提供基本的运行环境 |
| Android. content | 包含各种对设备上的数据进行访问和发布 |
| Android. database | 通过内容提供者组件浏览和操作数据库 |
| Android. graphics | 底层的图形库，包含画布、颜色过滤、点、矩形等，可以将他们直接绘制到屏幕上 |
| Android. location | 定位和相关服务 |
| Android. media | 提供一些类管理多种音频、视频的媒体接口 |
| Android. net | 提供网络访问 |
| Android. os | 提供系统服务、消息传输、IPC 机制 |
| Android. opengl | 提供 OpenGL 的工具，3D 加速 |
| Android. provider | 提供类访问 Android 的内容提供者 |
| Android. telephony | 提供与拨打电话相关的 API |
| Android. view | 提供基础的用户界面接口框架 |
| Android. util | 涉及工具性的方法，例如时间日期的操作 |
| android. webkit | 默认浏览器的操作接口 |
| android. widget | 包含各种 UI 元素（大部分是可见的）在应用程序的屏幕中使用 |

2）Android API 开发文档

Android API 仅仅提供了用于开发的类库、方法，案例较少，多数开发者难以掌握，这就造成了很多初学者没有查 API 的习惯，遇到问题就去网上搜索。事实上，所有的例子都源于 API，网络上的示例也是间接参考 API。

在 Androd 安装目录下的 docs 文件夹中存放着离线的 Html 类型的 Android API 开发文档，如图 1－1 所示。

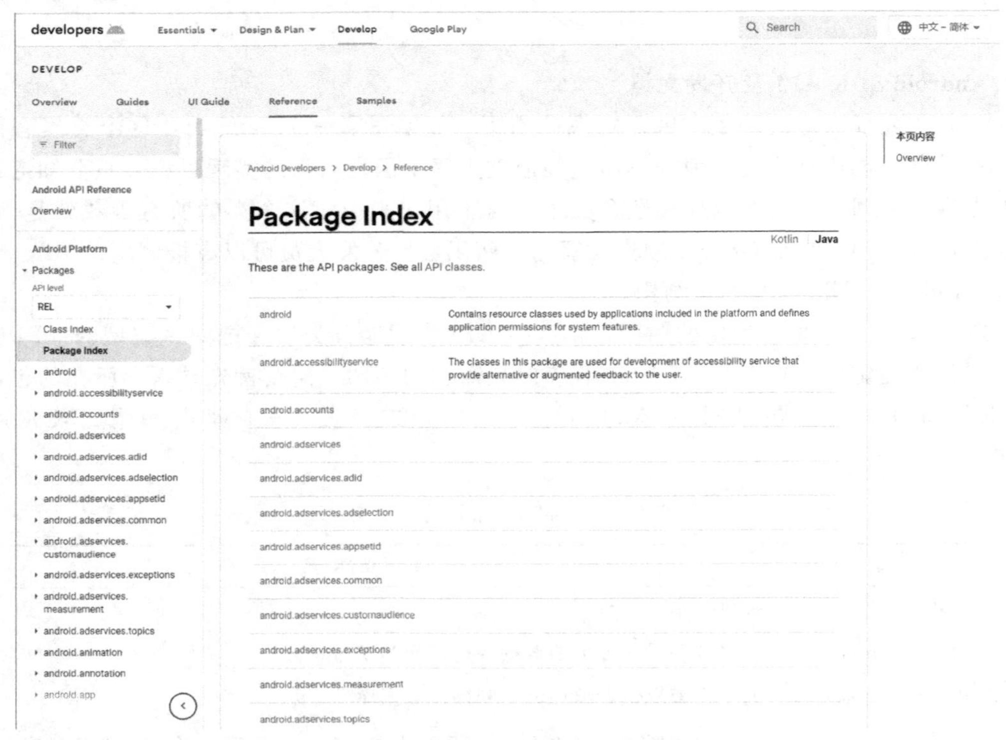


图 1－1　Android API 开发文档

图 1－1 是 Android API 开发文档的主界面，里边有很多内容，初学者不可能一次全学完，只要先学会程序的基本架构并且了解程序的运行原理就可以写程序了，若需要使用新功能再去查阅文档。

查询 API 文档分为两类：若要找到某一个特点的包，在图中的 Package Index－Android SDK 标题下就是 Android 中所有的包，可以在其中找到想要的包；若想查询特定的类，可以单击 API classes，在原来包列表的位置就会有以首字母分类的类列表。查询一个类还有更简便的方法，就是利用右上角的搜索按钮。点击这个按钮输入类名，就可以找到需要的类。需要注意的是，在查询类时，如果在当前的类说明页中找不到想要的属性或方法，就说明这个属性或方法是定义在它所继承的类里边，这时候就应该依照继承的关系查询它的父类。

### 1.1.3　集成开发环境配置简介

集成开发环境配置（intergrated development environment，IDE）是指将程序开发中的编辑器、编译器、调试器合为一体，使得程序的编码开发过程能够在同一个软件环境中完成。IDE 是一种以简单、快速、可靠的方式开发应用程序的工具，针对不同的编程语言、平台和操作系统有很多不同的 IDE，一个 IDE 至少要能够实现编辑、编译、连接、运行、调试功能。常用的移动地理信息系统软件开发 IDE 有 Eclipse 和 Android Studio。

## 1.2　Eclipse 开发环境配置及使用

### 1.2.1　Eclipse 开发环境配置

Eclipse 是一个开放源代码的、基于 Java 的可扩展开发平台。就其本身而言，Eclipse 只是一个框架和一组服务，用于通过插件组件构建开发环境配置。Eclipse 附带了一个标准的插件集，包括 Java 开发工具（Java development kit，JDK）。

虽然大多数用户很乐于将 Eclipse 当作 Java 集成开发环境配置来使用，但 Eclipse 的目标却不仅限于此。Eclipse 还包括插件开发环境配置（plug - in development environment，PDE），这个组件主要适用于希望扩展 Eclipse 的软件开发人员，因为它允许他们构建与 Eclipse 环境无缝集成的工具。由于 Eclipse 中的每样东西都是插件，对于给 Eclipse 提供插件以及给用户提供一致和统一的集成开发环境配置而言，所有工具开发人员都具有同等的发挥空间。

这种平等和一致性并不仅限于 Java 开发工具。尽管 Eclipse 是使用 Java 语言开发的，但它的用途并不仅限于 Java 语言，如支持 C/C＋＋、COBOL、PHP、Android 等编程语言的插件已经可用或即将推出。Eclipse 框架还可用来作为与软件开发无关的其他应用程序类型的基础，如内容管理系统。

基于 Eclipse 的应用程序的一个突出例子是 IBM rational software architect，它构成了 IBMJava 开发工具系列的基础。Eclipse 最初主要用于 Java 语言开发，通过安装不同的插件，Eclipse 可以支持不同的计算机语言，如 C＋＋和 Python 等开发工具。Eclipse 本身只是一个框架平台，但是众多插件的支持使 Eclipse 拥有比其他功能相对固定的 IDE 软件更强的灵活性。许多软件开发商以 Eclipse 为框架开发自己的 IDE。

Eclipse 最初由 OTI 和 IBM 两家公司的 IDE 产品开发组创建，IBM 提供了最初的 Eclipse 代码基础，包括 Platform、JDT 和 PDE。Eclipse 项目由 IBM 发起，围绕着 Eclipse 项目已经发展成为了一个庞大的 Eclipse 联盟，后来陆续有 150 多家软件公司参与到 Eclipse 项目中，包括 Borland、Rational Software、Red Hat 及 Sybase 等。Eclipse 是一个开放源代码项目，它其实是 visual age for Java 的替代品，其界面跟 visual age for Java 差不多，但由于其开放源代码，任何人都可以免费获得，并可以在此基础上开发各自的插件，因此受到人们广泛关注。随后还有包括 Oracle 在内的许多大公司也纷纷加入了该项目，Eclipse 的目标是成为可进行任何语言开发的 IDE 集成者，使用者只需下载各种语言的插件即可。

### 1.2.2　Eclipse 使用入门

**1. 创建项目**

(1) 依次点击 File→New→Project，如图 1 - 2 所示。

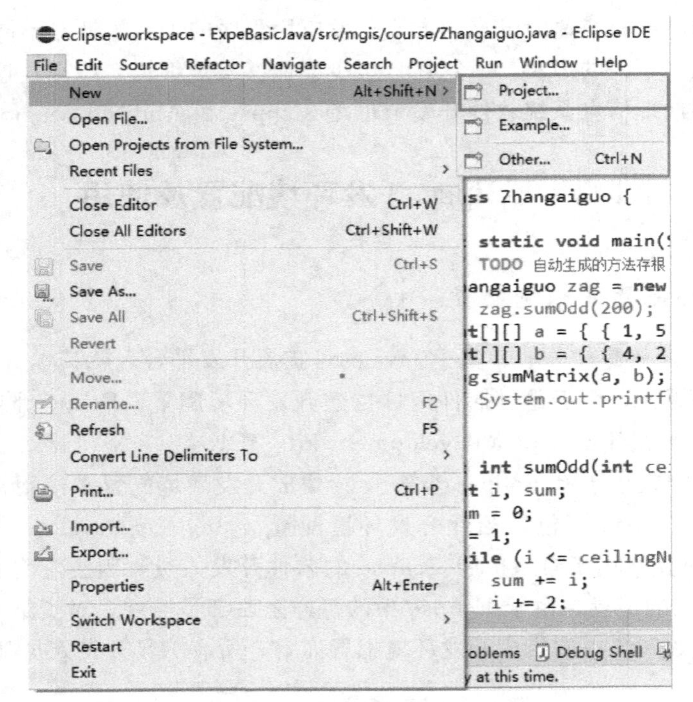


图 1－2 新建项目

（2）依次点击 Java Project→Next，如图 1－3 所示。

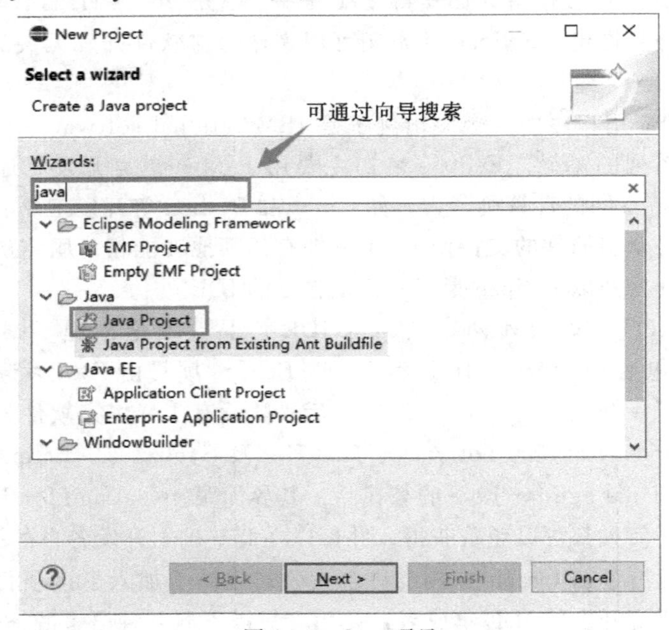


图 1－3 Java 项目

（3）编辑项目名称，然后点 Finish，如图 1－4 所示。

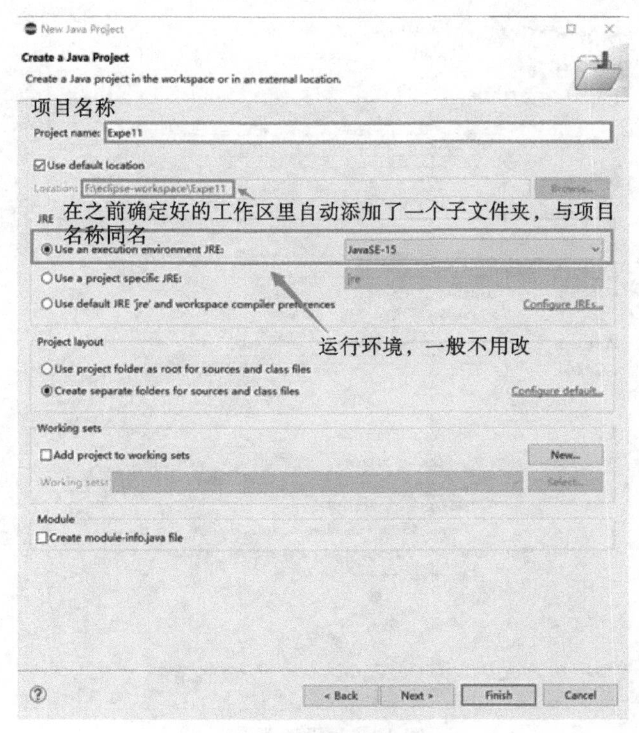


图 1－4　设置新建项目

**2. 在项目下创建包和类**

（1）分步创建包和类。右键项目名，点击 New→Package，输入包名，点击 Finish，如图 1－5 所示。

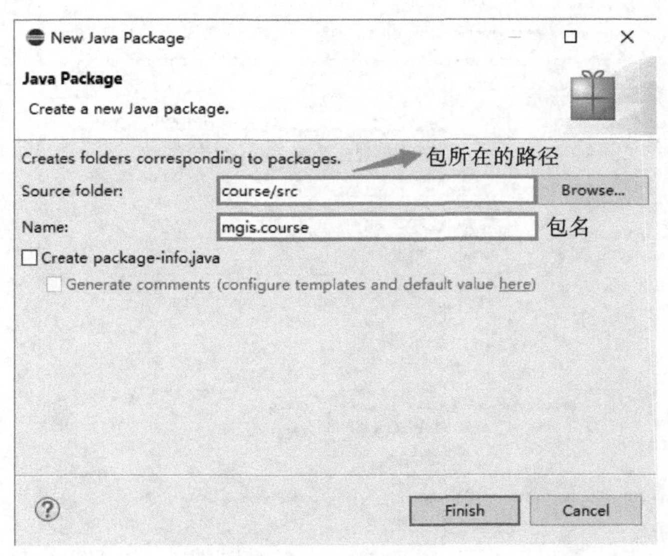


图 1－5　设置包名

（2）包创建成功后，在包列表下单击右键 New→Class 创建类，编辑类名，然后点击 Finish，如图 1－6 所示。

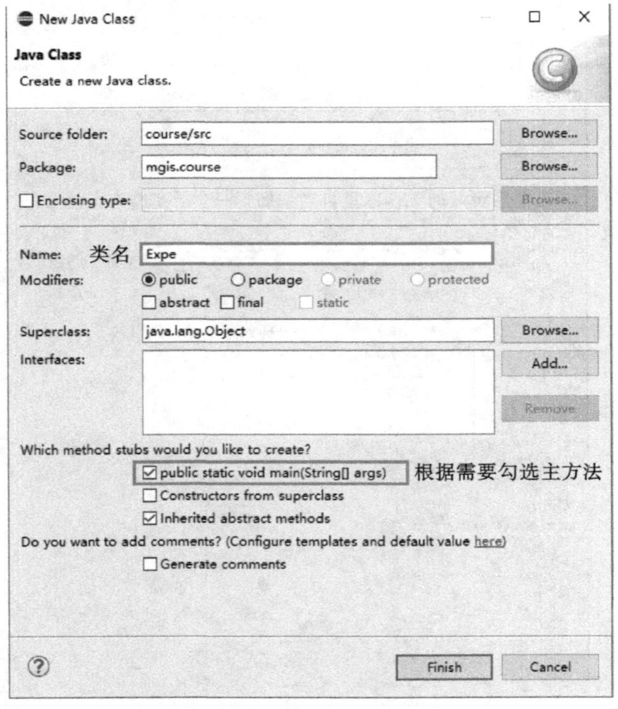


图 1-6　设置类名

（3）直接创建类。右键项目名，点击 new→class，输入类名进行创建，此时系统会默认为该类创建一个名为 default 的包，如图 1-7 所示。

图 1-7　直接创建类

**3. Eclipse 常用的视图窗口介绍**

图 1－8 为 Eclipse 窗口设置，包括以下几部分。

（1）主菜单：包括文件、编辑、源代码、搜索、运行与窗口等菜单，大部分的向导和各种配置对话框都可以从主菜单中打开。

（2）包资源管理器视图：用于显示 Java 项目中的源文件、引用的库等，开发 Java 程序主要用这个视图。

（3）编辑器：用于代码的编辑。

（4）控制台：通过控制台可以查看程序运行的错误日志以及查看正常运行时的结果。

（5）问题视图：用于显示代码或项目配置的错误，双击错误项可以快速定位代码。

（6）工具栏：包括文件工具栏、调试、运行、搜索、浏览工具栏。工具栏中的按钮都是相应菜单的快捷方式。

（7）大纲视图：用于显示代码的纲要结构，单击结构树的各节点可以在编辑器中快速定位代码。

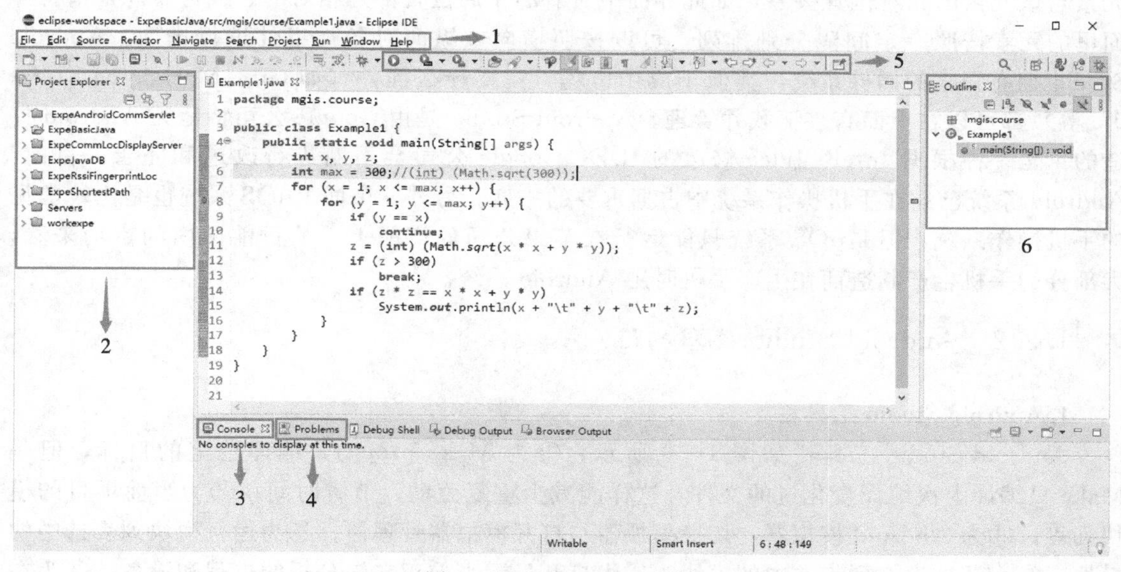


图 1－8　Eclipse 窗口设置

**4. 应用程序运行**

Run － Run As － JavaApplication

## 1.3　Android Studio 开发环境配置及使用

### 1.3.1　Android Studio 开发环境配置

基于 Linux 的 Android 系统是 Google 公司推出的一种操作系统，Google 将源代码公开，Android 系统是完全公开且免费的。Android 系统采用的是 Java 语言，每一个应用程序的组成部分是一个活动或者一个以上的活动。Java 语言具有独立性和跨平台性，可以运行于任意一台具备 Android 系统的计算机上。Android Studio 是一种集成开发工具，可用于开发和测试，利用 Android Studio 平台进行程序开发，使用 Java 语言进行编写。相对于其他开发平台来说，Android Studio 具备许多优点，在性能上要优于 Eclipse ＋ JavaEE 组合，具体体现在对于命令的响应速度、应用本身的启动速度都要比 Eclipse 快；在对错误的提示以及对于未输入的代码补全方面非常智能且人性化，对任何一个开发者而言，编写代码时提示与补全可以帮助自己更好地完成任务。Android 支持本地的谷歌云平台，开发者可以运行位于服务端的程序代码。Android Studio 有强大的用户界面编辑器，它的编辑器比较智能化，控件的宽度和高度属性会自己补全，不需要每次都手动操作输入。另外，在 colors. xml 中可以提前对会用到的颜色命名，在代码左侧界面中会显示定义的颜色。可以通过调色板定义自己需要的色彩，对颜色进行定义后，方便自己对该颜色的调用，还可以根据需要对控件进行拖拉调整。Android Studio 有多种布局，如绝对布局、相对布局和线性布局等。绝对布局也被称作坐标布局，这种类型的布局方法看起来非常简单、直接，类似于给定一个坐标，它可以直接确定子元素的绝对位置。相对布局具有较好的灵活性，根据某一个元素确定另一个元素与该元素的相对位置关系，如此界面中所有的布局位置都是相对的。线性布局是指将界面里的元素按照一定间隔分别排列，可以按照横向或纵向对各类组件进行排列。Android Studio 拥有强大的插件系统，类似于应用市场，需要什么插件（如 Git、Markdown、Gradle 等）都可以在里面直接下载并管理。Android Studio 是由 Google 公司特地为 Android 打造的，是一种根据 Intelli Jidea 修改的 IDE，Google 公司会不断进行改进和完善。目前，Android 系统已经在手机操作系统中占据重要的一席。另外，市面上 iOS 系统也是比较常见的手机操作系统，但是 iOS 系统只能运行在苹果公司的产品上。从目前国内的市场来看，大部分的手机生产制造商在生产手机时用 Android 系统。

### 1.3.2 Android Studio 使用入门

#### 1. Android Studio 工具栏

Android Studio 工具栏如图 1－9 所示，①为 Make project，编译选定的目标，但是 Make 只编译上次编译变化过的文件，这样能减少重复劳动，节省时间；②为当前项目的模块列表；③为 Android 模拟器，切换模拟器与打开模拟器管理器；④为运行模块列表选中的模块；⑤为调试模块列表选中的模块；⑥为打开显示当前正在被分析的进程和设备；⑦为在当前运行的应用上，进入调试模式，无需重新编译；⑧为工程结构配置，通常配置 jar depency；⑨为执行命令：打开项目、启动配置、运行 Gradle 或 Maventask、执行终端命令等；⑩为与分级文件同步项目；⑪为安卓模拟器管理；⑫为 SDK 管理器。

图 1－9　Android Studio 工具栏

#### 2. 项目管理栏

Android Studio 项目管理栏如图 1－10 所示，①为展示项目文件的结构方式，有 Android、Project、Packages、Scratches、ProjectFiles、Problems、Tests 等展开方式；②为定位当前打开文件在目录中的位置，方便快速定位当前文件；③为一键折叠工程目录；

④为项目设置。

图 1-10　项目管理栏

### 3. 工程目录栏

Android Studio 工程目录栏如图 1-11 所示，①为 Android Studio 自动生成文件，gradle 编译系统依赖的文件；②为 Android Studio 自动生成文件，Android studio IDE 所需；③为应用相关文件存放目录；④为编译时自动生成文件；⑤为项目依赖包；⑥为代码存放目录；⑦为资源文件目录，包括动画、样式、图片、颜色、字符串等；⑧为应用程序的配置清单、注册组件、声明权限等；⑨为 git 版本忽略文件配置，排除提交到仓库的文件；⑩为该模块的 gradle 配置；⑪为代码混淆规则配置；⑫为 git 版本忽略文件配置；⑬为工程 gradle 配置；⑭为 gradle 相关的全局属性设置；⑮为本地属性设置，包括 sdk 本地路径和 ndk 本地路径；⑯为 build. gradle 中引入库的依赖包。

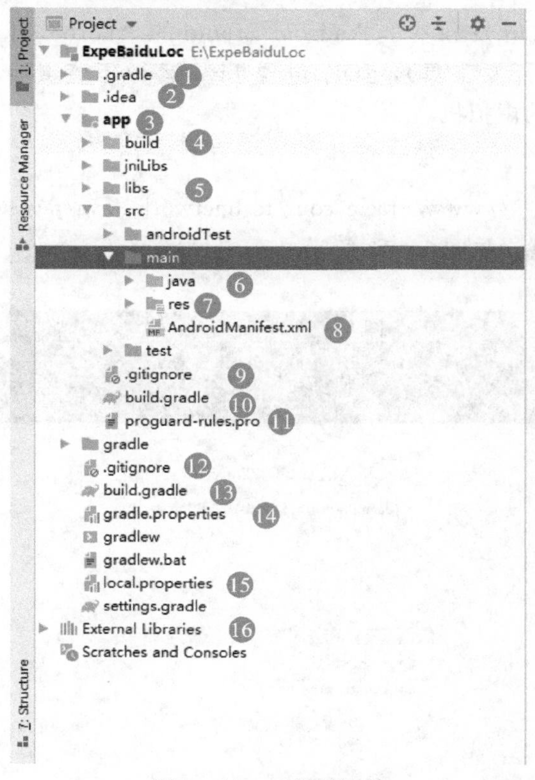


图 1-11　工程目录栏

### 4. 状态栏

Android Studio 状态栏如图 1-12 所示，①为 TODO，是标记有 TODO 注释的列表；

②为终端，是对工程命令号操作；③为观察正在运行的应用程序中的数据库；④为程序运行后的相关信息；⑤为显示当前正在被分析的进程和设备；⑥为工程编译的相关日志；⑦为 Logcat 日志打印信息。

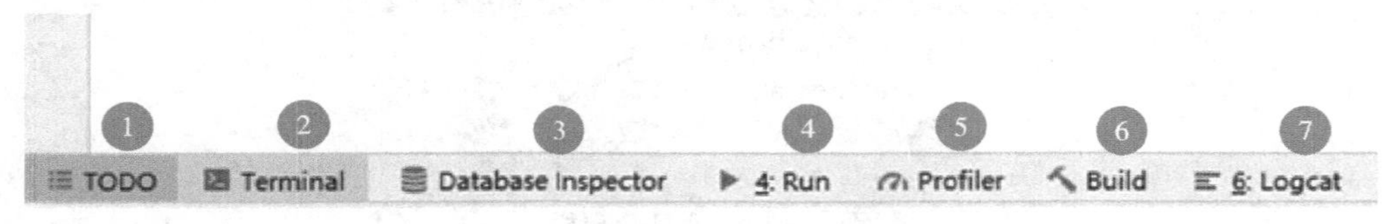


图 1-12　状态栏

## 1.4　实验开发环境配置

移动地理信息系统实验项目涉及到 Eclipse 服务端、PostgreSQL 数据库服务、无线网络数据通信和 Android 手机端等，而每个实验项目只侧重于某个具体的模块开发，为了保持每个实验操作的独立性和课程教学的灵活性，本节将列出所有实验可能的环境配置，在后面每个实验项目中，可以根据实际需要选择相应的开发环境配置或者开发环境配置组合。

### 1.4.1　开发环境配置 1——JDK

基于 Eclipse 的 Java 开发和基于 Android Studio 的 Android 开发都依赖于 JDK（Java development kits，Java 开发工具），JDK 包含 Java 运行环境（Java runtime enviroment，JRE）和调试 Java 程序的虚拟机。

**1. JDK 下载与安装**

（1）点击链接 http：//www.oracle.com/technetwork/Java/javase/downloads/index.html，选择合适的版本进行下载，如图 1-13 所示。

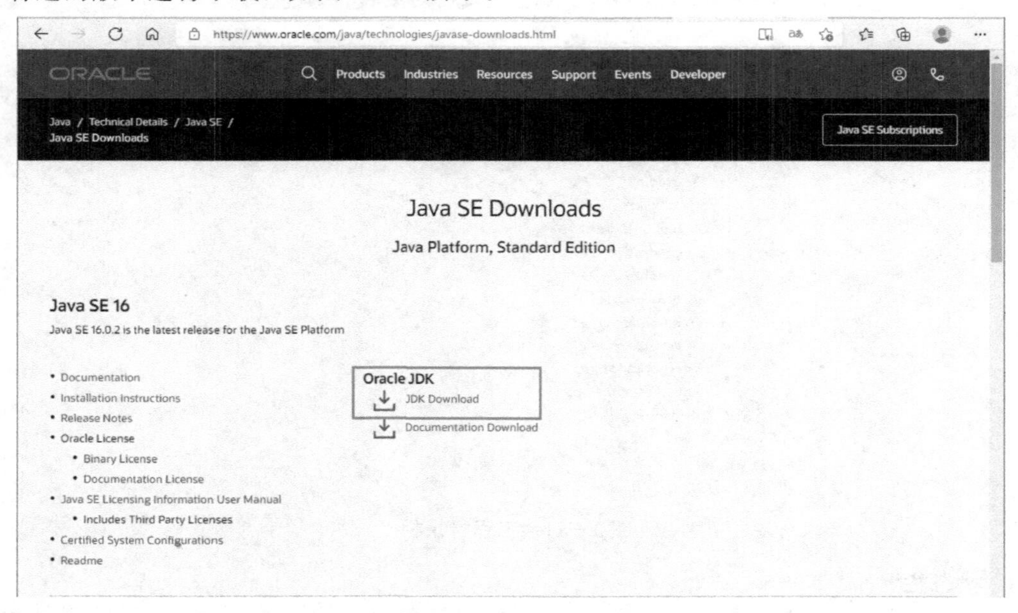


图 1-13　JDK 下载页面

（2）右键 exe 文件以管理员身份运行，界面如图 1－14、图 1－15 所示。

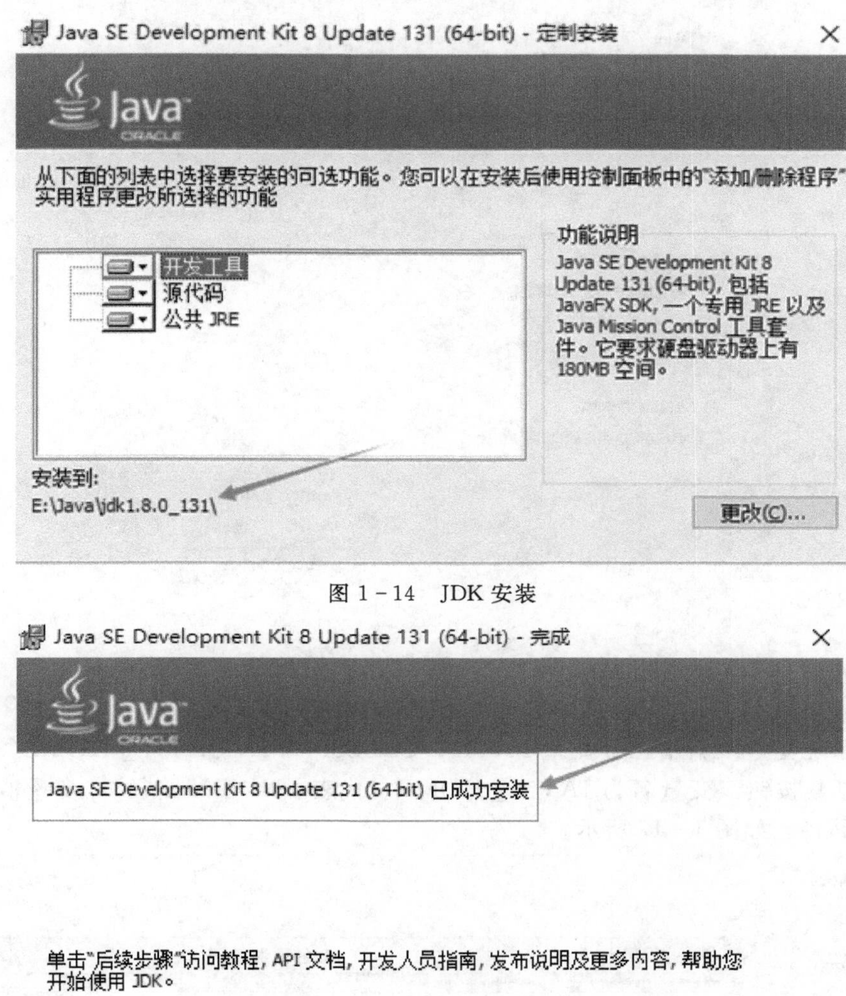


图 1－14　JDK 安装

图 1－15　JDK 安装成功

**2. 环境变量设置**

JDK 安装成功后，需要对其环境变量进行配置。

（1）点击 Windows 系统左下角的搜索→输入“环境”→“编辑系统环境变量”→“高级”→“环境变量”，如图 1－16 所示。

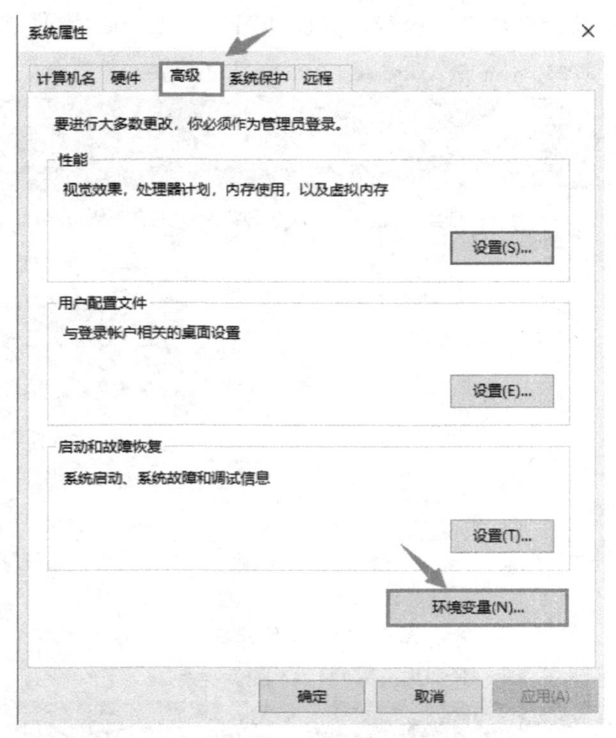


图 1－16　系统环境变量

（2）在系统变量中新增三个变量 PATH、CLASSPATH、JAVA _ HOME。点击系统变量下面的新建按钮，变量名为 JAVA _ HOME（代表 JDK 安装路径），变量值对应的是 JDK 的安装路径，如图 1－17 所示。

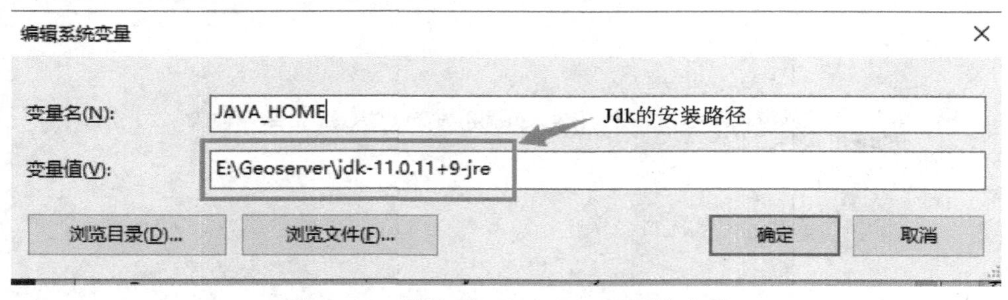


图 1－17　设置 JAVA _ HOME 环境变量

设置 Path 环境变量如图 1－18 所示。在系统变量里找一个变量名是 Path 的变量，需要在它的值域里面追加一段代码"%JAVA _ HOME% \ bin;%JAVA _ HOME% \ jre \ bin;"。

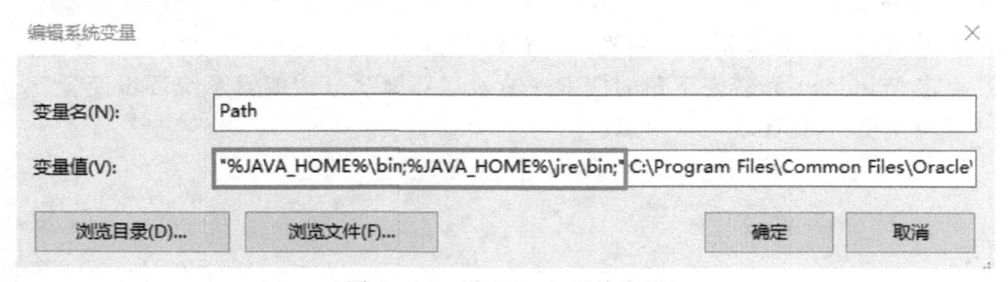


图 1－18　设置 Path 环境变量

新建一个 CLASSPATH 变量，变量值为;%JAVA_HOME% \ lib \ dt. jar;%JAVA_HOME% \ lib \ tools. jar，如图 1-19 所示。

新建系统变量

变量名(N): CLASSPATH

变量值(V): .;%JAVA_HOME%\lib\dt.jar;%JAVA_HOME%\lib\tools.jar

浏览目录(D)...　浏览文件(F)...　确定　取消

图 1-19　设置 CLASSPATH 环境变量

检查是否设置成功，按 Win+R 唤起运行，输入 cmd 打开命令管理器。在命令管理器中输入 java - version（-前有空格），如果能输出 Java 的版本和 JVM 版本信息，则说明 Java 安装正确，如图 1-20 所示。

```
C:\Users\LGG>java -version
java version "16.0.1" 2021-04-20
Java(TM) SE Runtime Environment (build 16.0.1+9-24)
Java HotSpot(TM) 64-Bit Server VM (build 16.0.1+9-24, mixed mode, sharing)
```

图 1-20　安装成功测试

### 1.4.2　开发环境配置 2——Eclipse

Eclipse 开发环境配置依赖 JDK，因此安装 Eclipse 前先要确保 JDK 已完成安装配置。

（1）依据电脑配置，在 Eclipse 官方网站 https：//www. eclipse. org/downloads/（如图 1-21 所示）下载对应的 Eclipse 版本，本案例涉及到网络服务器开发，推荐下载 Eclipse - JavaEE（Java enterprise edition）企业版。

图 1-21　Eclipse 下载页面

（2）解压安装包，双击 exe 文件运行，按步骤完成安装。

### 1.4.3　开发环境配置 3——PostgreSQL/PostGIS

（1）首先在 PostgreSQL 的官网 https：//www. enterprisedb. com/downloads/postgres

-postgresql-downloads 根据需要选择合适的版本进行下载并进行安装。

可以修改安装路径，如图 1-22 所示。

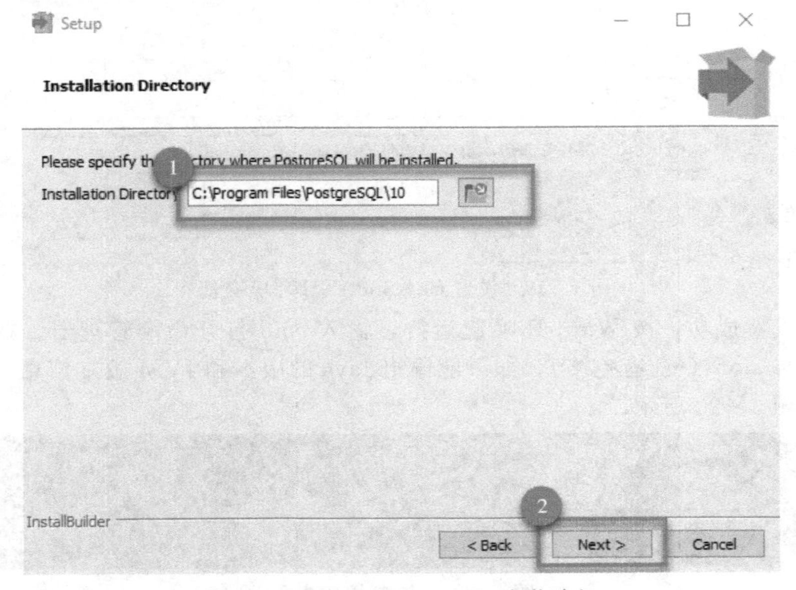


图 1-22　设置 PostgreSQL 安装路径

(2) 选择安装组件，新手可以全部勾选，如图 1-23 所示。

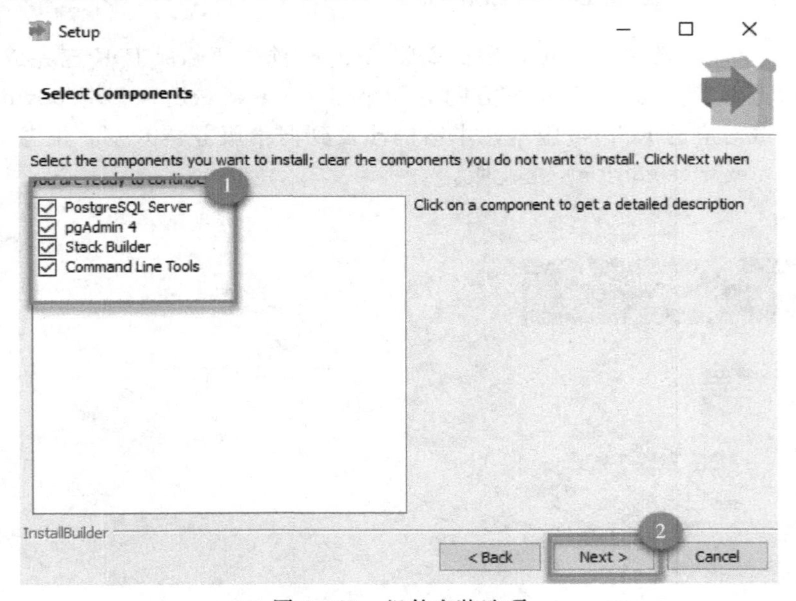


图 1-23　组件安装选项

（3）设置数据库路径，如图 1-24 所示。

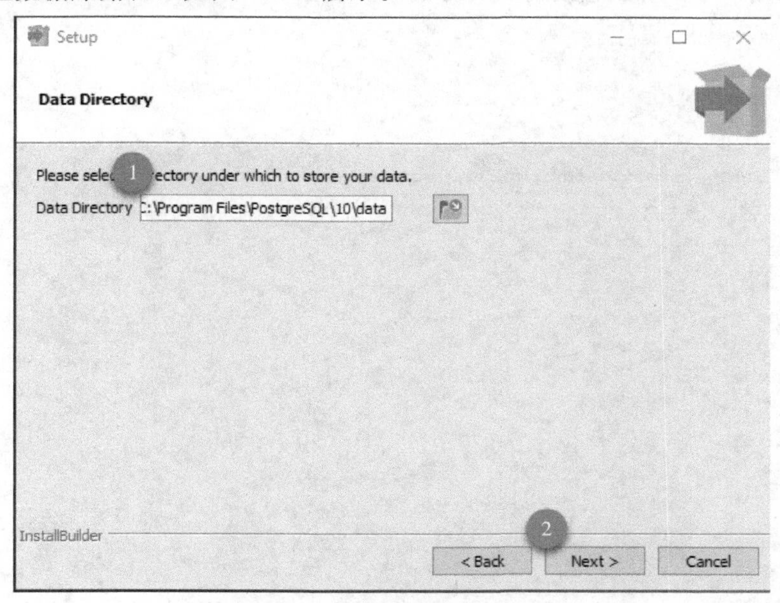


图 1-24　设置安装路径

（4）设置超级用户的密码，如图 1-25 所示。

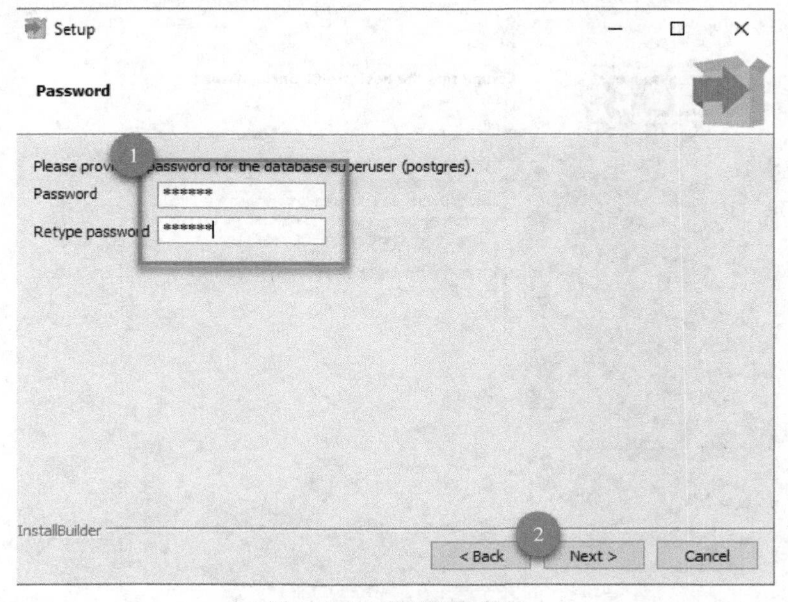


图 1-25　设置用户密码

（5）设置端口号，可以直接用默认的 5433，如图 1－26 所示，然后点击 Next。

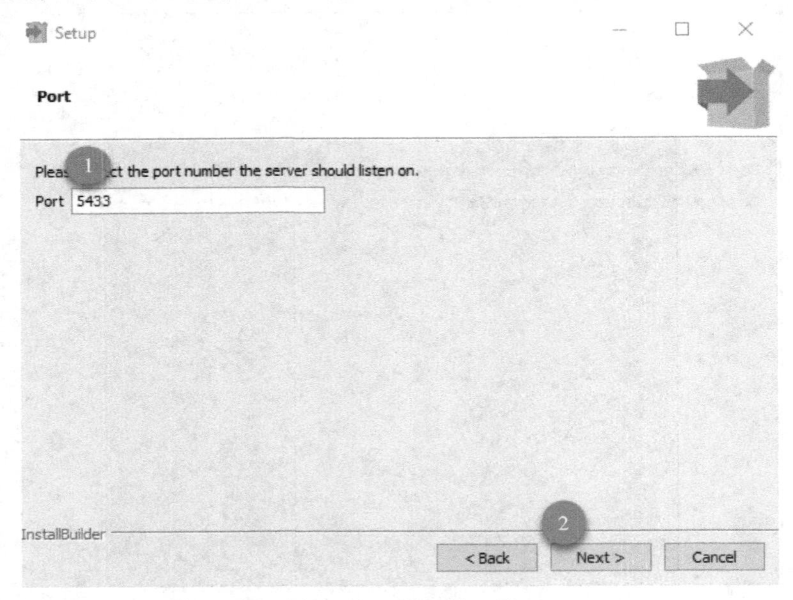


图 1－26　设置端口号

（6）去掉勾选，点击 Finish，如图 1－27 所示。

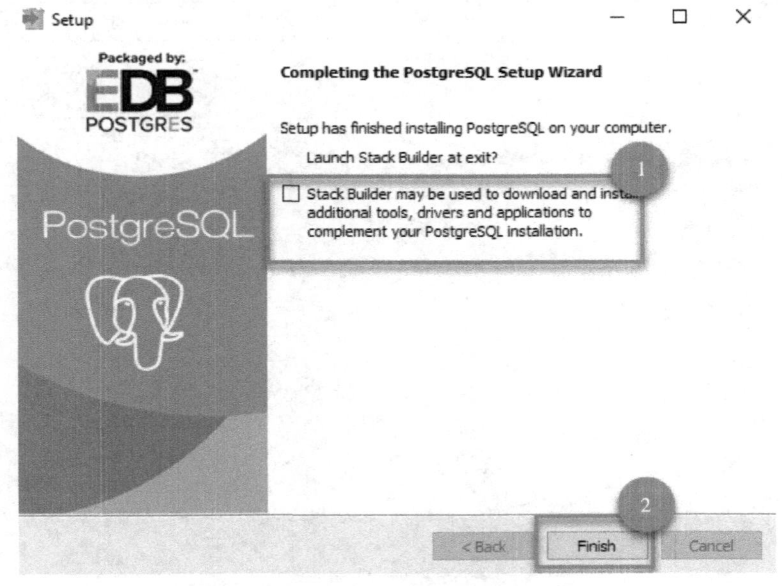


图 1－27　取消 Stack Builder 勾选

（7）开始/程序/PostgreSQL/pgAdmin4，打开 PostgreSQL 自带的数据库可视化管理工具 pgAdmin 4，pgAdmin 的主界面如图 1－28 所示。

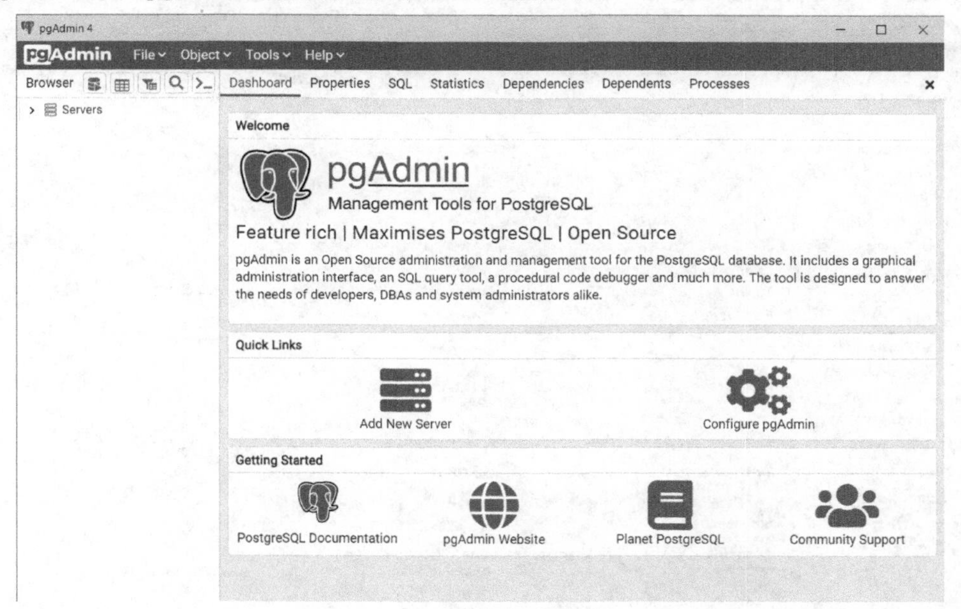


图 1－28　pgAdmin 主界面

（8）点击左侧的 Servers（1）→Postgre SQL 10，在弹出的窗口中输入密码，然后点击“OK”，如图 1－29、图 1－30 所示。Postgre SQL 控制面板如图 1－31 所示。

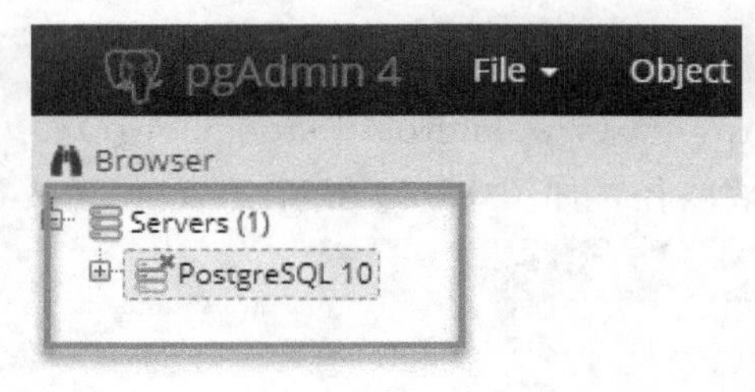


图 1－29　入口选择

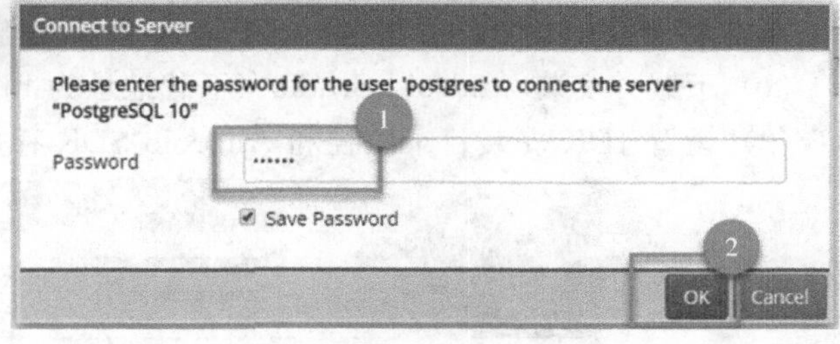


图 1－30　输入密码

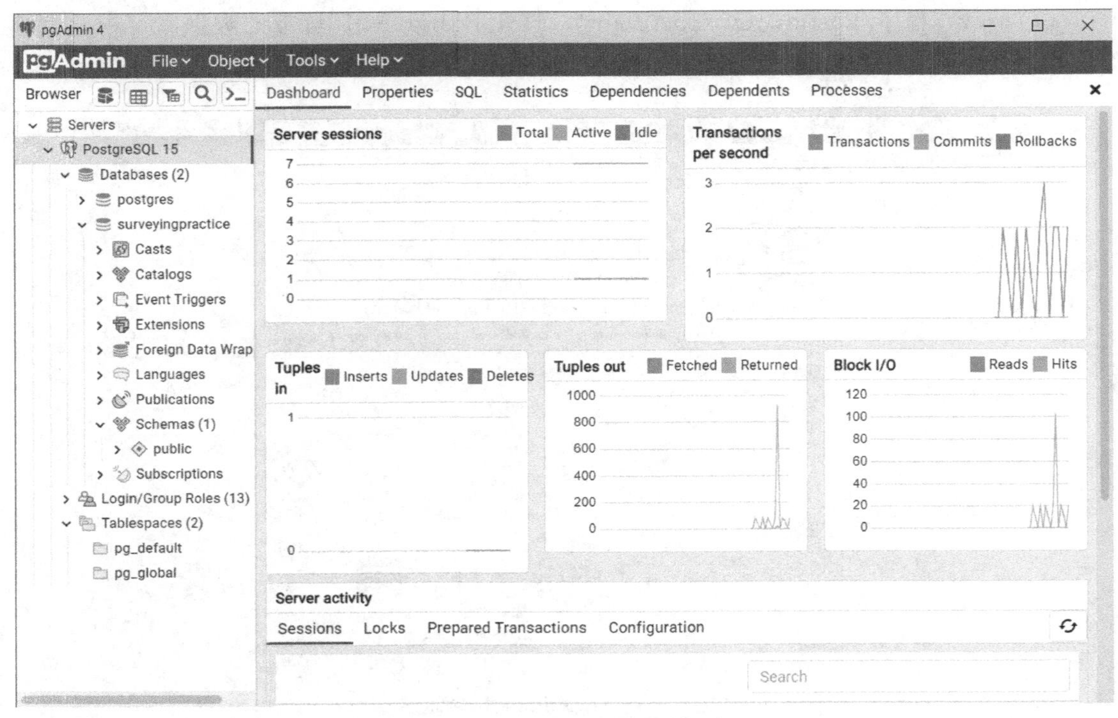


图 1－31　Postgre SQL 控制面板

### 1.4.4　开发环境配置 4——Android Studio

在安装 Android Studio 之前，确保已经安装好 Java JDK。

（1）下载并安装 Android Studio（下载地址为 http：//www. android－studio. org/）。

（2）设置 JDK 安装目录路径和 Android SDK 存放路径，如图 1－32 所示。

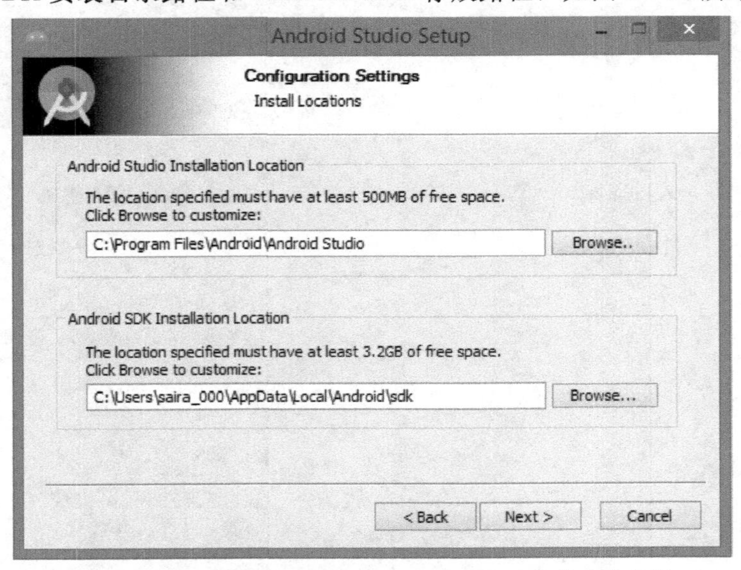


图 1－32　JDK 已安装路径与 Android SDK 安装路径选择

（3）检查创建应用程序所需的组件，如图 1－33 所示选中了“Android Studio”“Android SDK”“Android 虚拟机”和“性能（Intel chip）”。

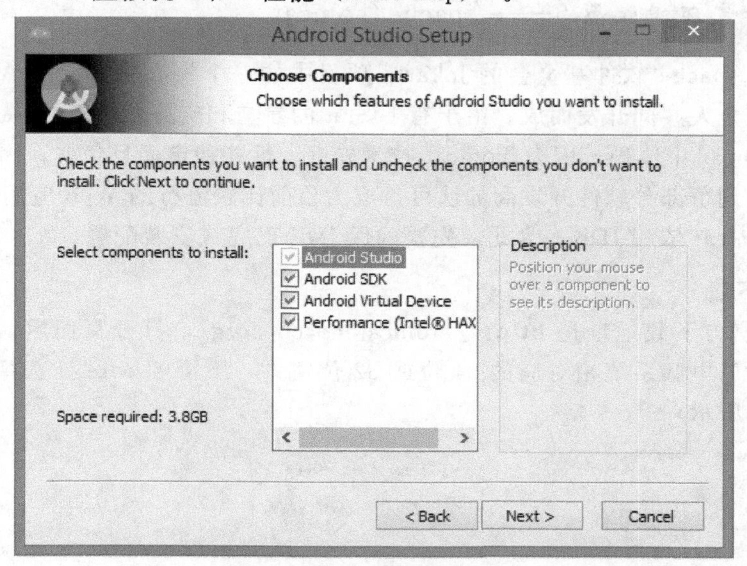


图 1-33　选择安装组件

（4）指定 Android 模拟器默认需要的存储空间为 512 MB，如图 1-34 所示。

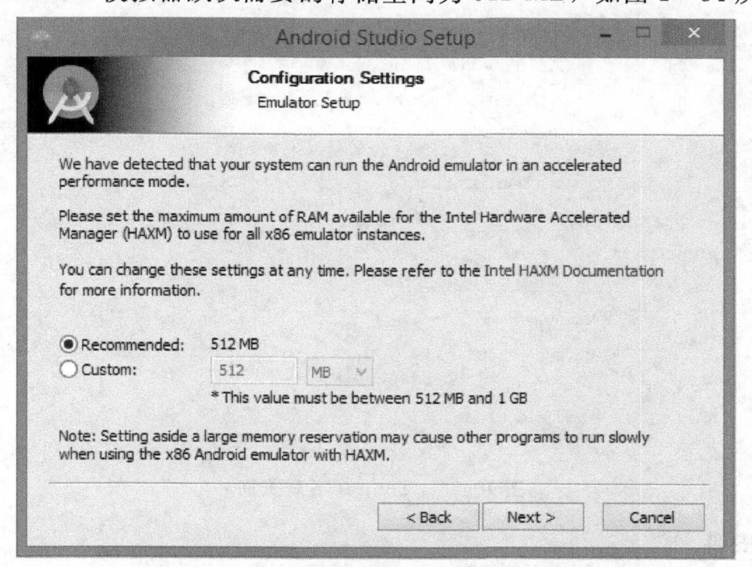


图 1-34　设置模拟器的运行内存

最后，解压 SDK 软件包到本地机器，这将持续一段时间，并占用约 2626 MB 的硬盘空间。

（5）安装完后可进行系统变量配置。第一步：新建系统变量 ANDROID_HOME，变量值为 SDK 的存放路径。第二步：添加 Path 变量，若此变量已存在，直接编辑即可，变量值为%ANDROID_HOME%\tools;%ANDROID_HOME%\platform-tools（注意：Win10 系统下要分行编辑，且末尾没有分号）。添加完成，确认保存。第三步：验证。打开 cmd 命令行窗口，分别输入 adb、android 两个命令进行验证，若都没有出错，则配置成功。

### 1.4.5 开发环境配置5——Apache Tomcat

Tomcat是Apache软件基金会的Jakarta项目中的一个核心项目，由Apache、Sun和其他一些公司及个人共同开发而成。由于有了Sun的参与和支持，最新的Servlet和JSP规范总是能在Tomcat中体现。因为Tomcat技术先进、性能稳定而且免费，因而深受Java爱好者的喜爱并得到了部分软件开发商的认可，成为目前比较流行的Web应用服务器。

Apache Tomcat依赖JDK，为此，先要确保JDK已完成安装配置。

**1. Tomcat下载**

Tomcat的官方下载地址是http://tomcat.apache.org/，打开页面后，点击左侧对应的版本下载与自己电脑系统相对应的64位或32位文件，下滑到core处选择自己需要的版本，如图1-35所示。

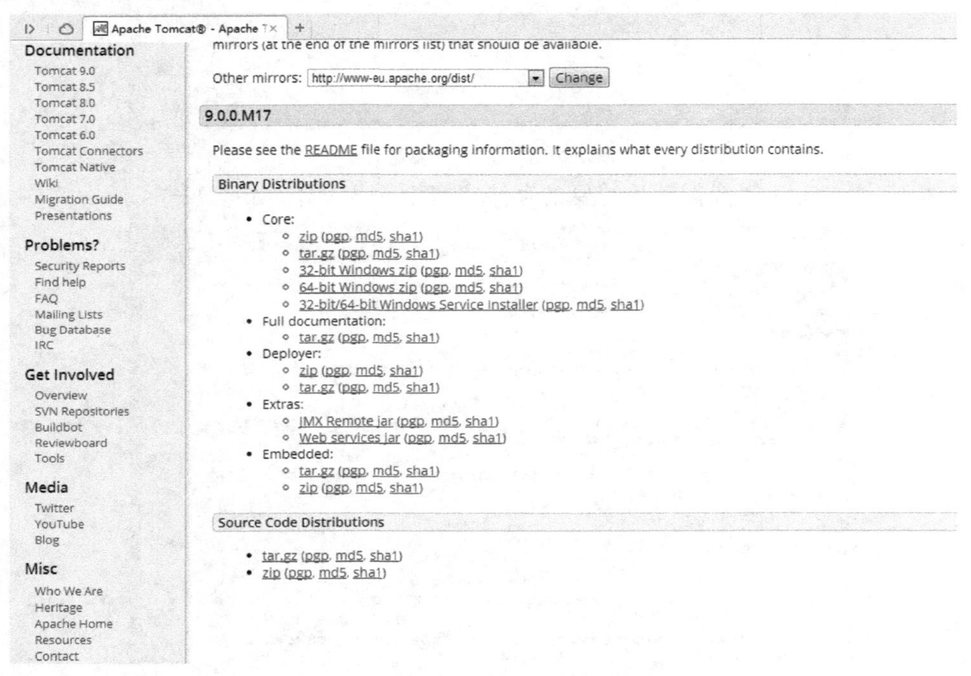


图1-35 Tomcat下载页面

**2. exe版本安装**

（1）双击exe安装文件。

（2）点开Tomcat，选中Service Startup，以后可以在管理的服务中启动和关闭Tomcat（也可以默认，不改变配置），如图1-36所示。

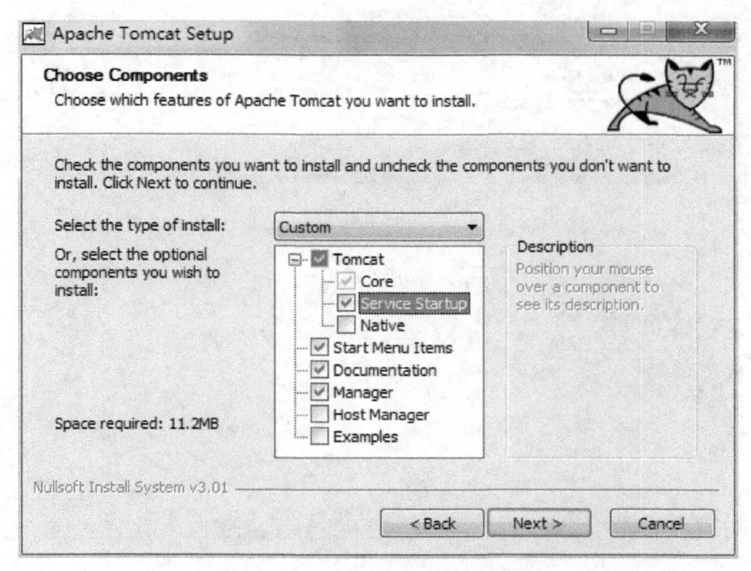


图 1-36　Tomcat 安装组件选择

(3) 出现管理提示框，要求输入端口和管理密码，保持默认设置就行。默认的端口号就是 8080，一般不用设置，如图 1-37 所示。

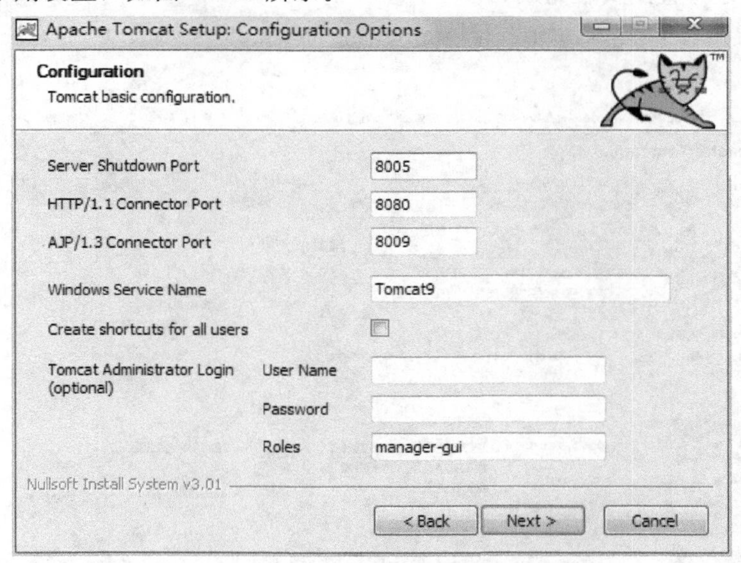


图 1-37　Tomcat 安装配置

(4) 接着软件会自动找到 JRE 位置，如图 1-38 所示，如果用户没有安装 JRE，可以修改指向 JDK 目录（很多用户安装后无法编译 JSP，就是这里没找到 JRE，请务必先安装 JDK，并把这个目录正确指向 JRE 或者 JDK 的目录）。

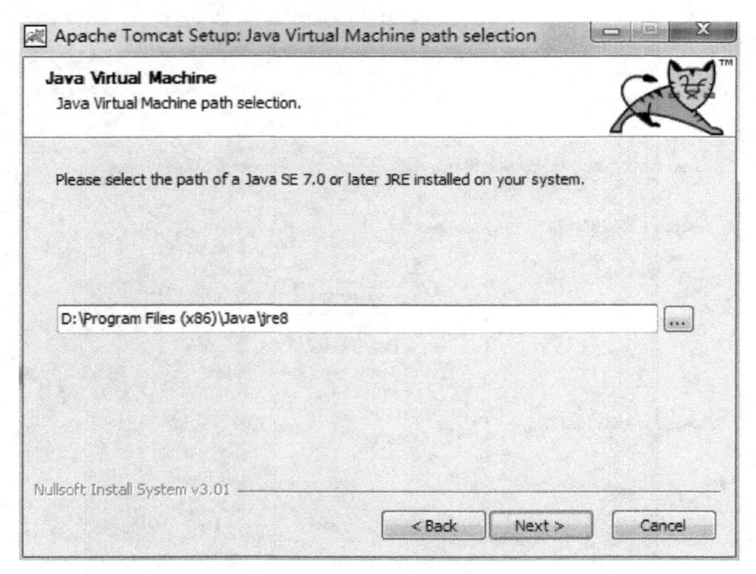


图 1－38　设置 JRE

（5）出现 Tomcat 安装路径选择，一般默认安装到 C 盘，可以直接把 C 改成 D，没有的文件夹会自动创建，直到安装完成。

（6）打开浏览器，输入 http：//localhost：8080，进入如图 1－39 页面则表示安装成功。

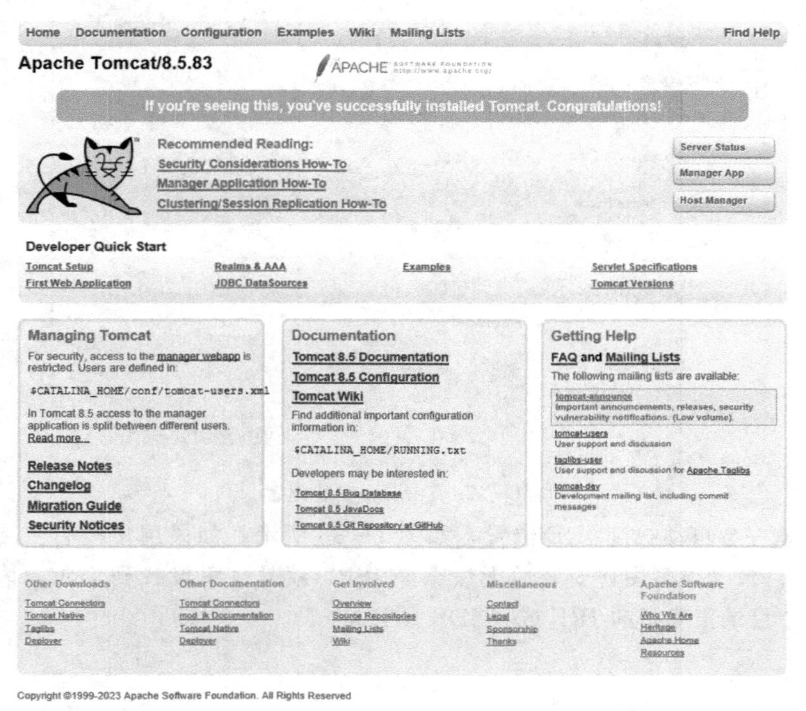


图 1－39　Tomcat 安装成功页面

**3. zip 版安装（免安装版本）**

（1）解压缩下载的 zip 文件，找到目录 bin 下的 startup. bat，启动 Tomcat；若要关闭 Tomcat，点击 shutdown. bat。

（2）Tomcat 配置。如果 Tomcat 安装在 C 盘里，如 C：\ Program Files \ Apache Software Foundation \ Tomcat 8. 0（安装 Tomcat 时，在其字母前后一定不要存在空格，否则最后可能导致配置不成功）。右击计算机→属性→高级系统设置→打开环境变量的配置窗口，在系统环境变量栏点击新建。变量名为 CATALINA _ BASE，变量值为 C：\ Program Files \ Apache Software Foundation \ Tomcat 8. 0。再次新建变量名为 CATALINA _ HOME，变量值为 C：\ Program Files \ Apache Software Foundation \ Tomcat 8. 0。

点击确定后在 classpath 中加入%CATALINA _ HOME% \ common \ lib \ servlet - api. jar；（注意加的时候在原变量值后加英文状态下的“；”），在 path 中加入%CATALINA _ HOME% \ bin；（注意加的时候在原变量值后加英文状态下的“；”）。

确定后 Tomcat 就配置好了，同样要验证其是否配置成功。运行 Tomcat，点击启动（或 Start service）后，打开浏览器，输入 http：//localhost：8080，如果出现页面，则配置成功。

### 1. 4. 6　开发环境配置 6——ESMap

运用 ESMap 在线室内地图编辑（网址 https：//www. esmap. cn/），需先注册，再进入地图编辑器。通过快速注册设置用户名及密码，然后登陆。登录成功点击右上角的控制台，进入“室内三维地图”→“我的三维地图”，在“免费版室内地图”里点击“新增地图”，填写地图名称等信息，如图 1 - 40 所示。注：地图创建后不可删除，且单个账号创建免费地图有数量限制，故在创建地图时需谨慎。

图 1 - 40　ESMap 主页面

### 1.4.7 开发环境配置7——MySQL

MySQL的下载地址为https：//dev. mysql. com/downloads/mysql/，注意应挑选需要的MySQL Community Server版本及对应的平台，安装过程需要通过开启管理员权限来安装，否则会由于权限不足导致无法安装。

（1）软件路径：DOWNLOAD→MYSQL Community Edition（GRL）→MYSQL on Windows（Installer & Tool），如图1-41所示，或直接点击https：//dev. mysql. com/downloads/windows/installer/查看最新版本。

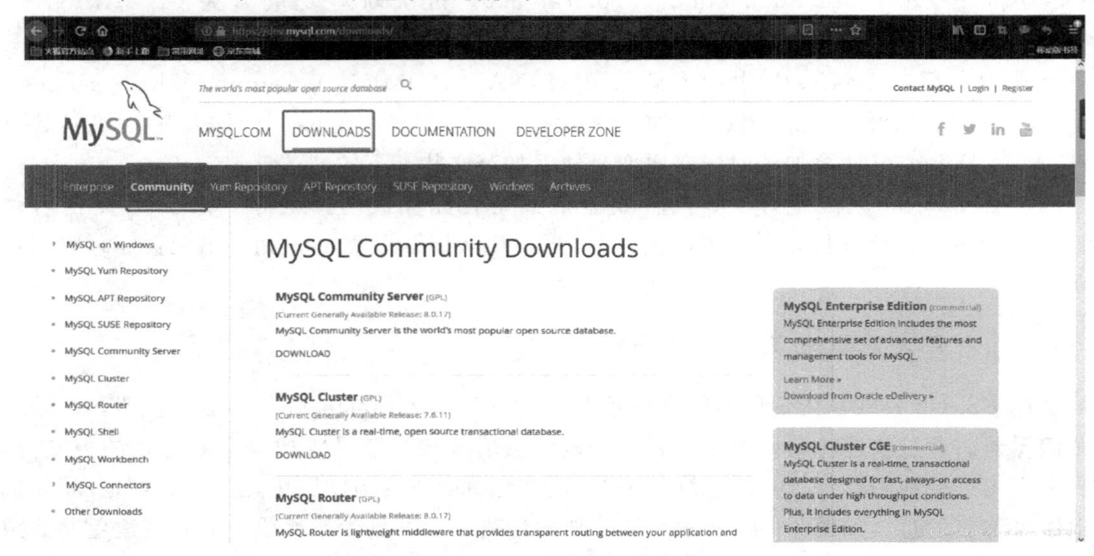


图1-41 MySQL下载页面

（2）找到所需的安装包，选择不登录直接下载。

（3）双击运行下载好的mysql-installer-community-5.7.19.0.msi（安装过程中可依据实际安装文件版本做相应调整），程序运行需要一些时间，请耐心等待。

（4）进入类型选择页面，实验需要MySQL云服务，选择Developer Default。如果只想安装MySQL Server就选择Custom模式。

Developer Default（开发者默认）：安装MySQL开发所需的所有产品；

Server only（服务器）：只安装MySQL服务器产品；

Client only（客户端）：只安装没有服务器的MySQL客户端产品；

Full（完全）：安装所有包含的MySQL产品和功能；

Custom（手动）：手动选择系统上应安装的产品。

（5）开发者默认模式若检测到Visual Studio、Connector/pyton3程序安装不成功，可以点击下一步进入下一个安装流程。

（6）当点击下一步的时候安装程序出现提示：One or more product requirements have not been satisified，选择YES。

（7）在安装选择界面能看到接下来需要安装的程序，点击Execute，如图1-42所示。

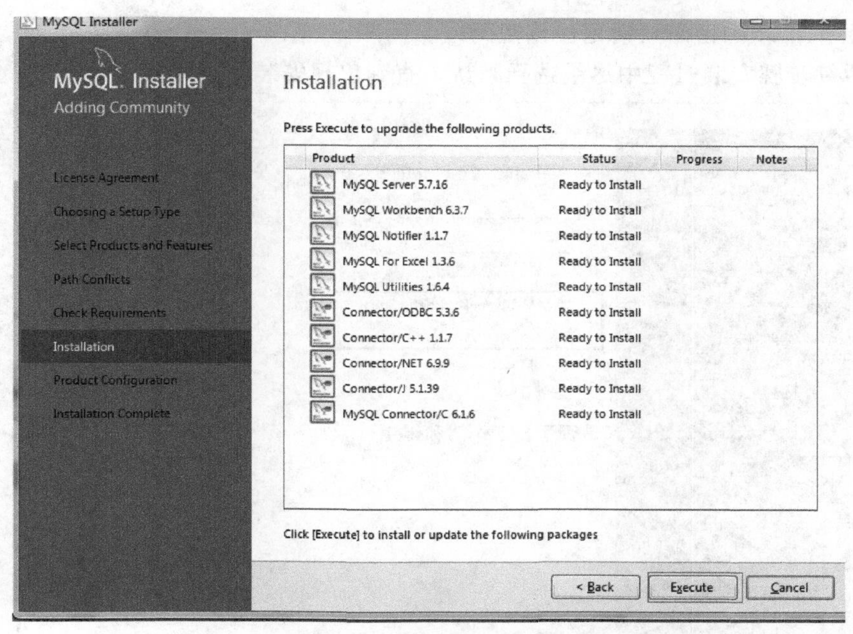


图 1 - 42　MySQL 安装组件列表

（8）安装需要一些时间，并点击多次 Next。直到在 Product Configutration（产品配置）页面能看到需要配置的程序，点击 Next。

（9）先配置 MySQL Server 的类型以及网络：Type and Networking，这里有两种 MySQL Server 类型，选择第一种类型，点击 Next。

（10）设置服务器配置类型以及连接端口，都选择默认，继续点击 Next，如图 1 - 43 所示。

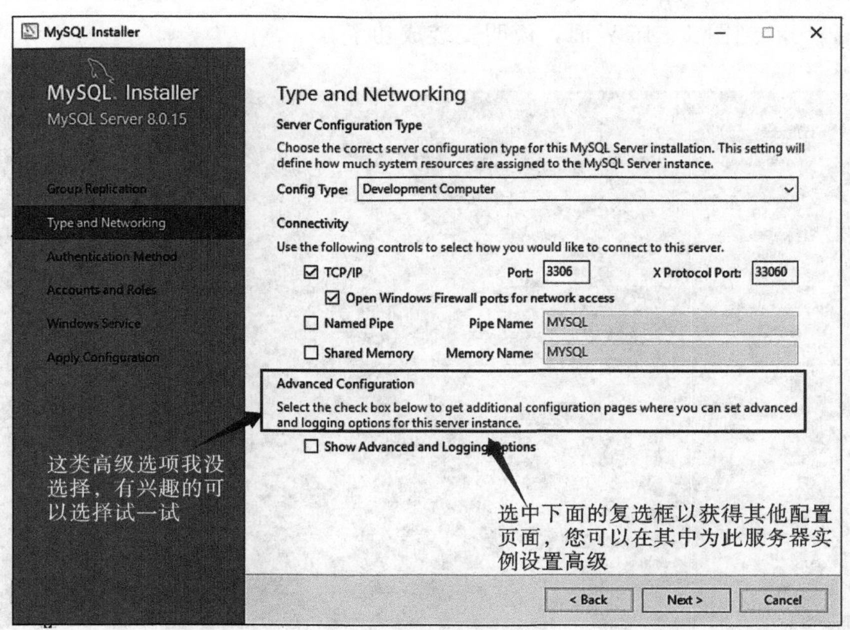


图 1 - 43　MySQL 安装设置

(11) 配置 root 的密码（请记住该密码）。

(12) 后续步骤安装过程中尽量选择默认，直到出现安装完成界面，如图 1-44 所示。

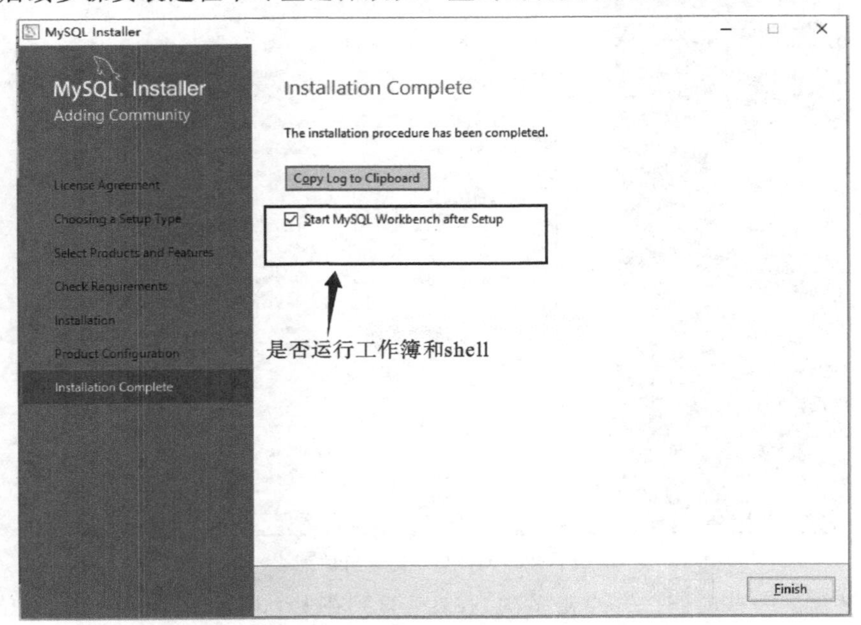


图 1-44　MySQL 安装完成界面

(13) 配置 MySQL 环境变量。MySQL 默认安装路径是 C：\Program Files\MySQL\MySQL Server 5.7，右键点击我的电脑→属性/高级/系统设置/环境变量/新建 MYSQL_HOME，输入安装目录。

找到 path 编辑，输入%MYSQL_HOME%\bin。打开 cmd，输入 mysql-u root-p。输入 root 的密码。看到图 1-45 界面，说明安装成功了。

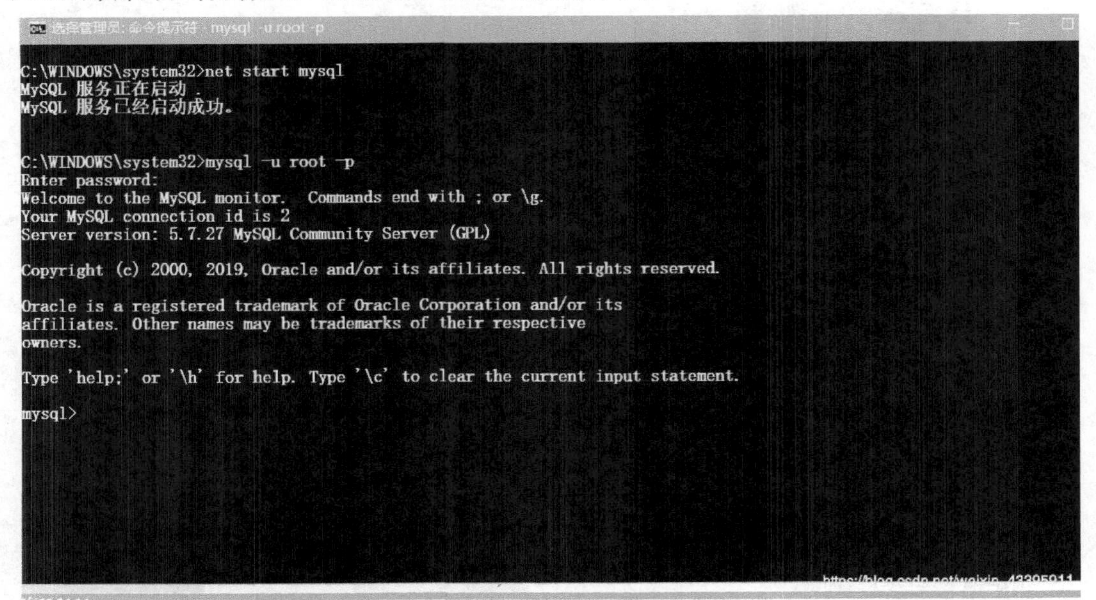


图 1-45　MySQL 安装成功界面

### 1.4.8　开发环境配置 8——GeoServer

GeoServer 是 OpenGIS Web 服务器规范的 JavaEE 实现，利用 GeoServer 可以方便地发布地图数据，允许用户对特征数据进行更新、删除、插入操作。通过 GeoServer，可以在用户之间迅速共享空间地理信息。

GeoServer 依赖 JDK，为此，先要确保 JDK 已完成安装配置（开发环境配置 1）。

GeoServer 的安装与配置通常有两种方式。第一种方式：使用平台独立的 binary 文件安装 GeoServer，该版本集成了轻量级的网络应用服务器 Jetty，这种方式的优点是跨系统平台且安装简单；第二种方式：把 GeoServer 安装部署在已安装 Tomcat 网络应用服务器（7.0.65 及以后版本，因为实现了 Servlet3 和注释处理）的电脑上。

**1. 方式一的平台独立 binary 文件**

1）GeoServer 的下载与安装

前往官网 http：//geoserver. org/download/下载最新稳定版 Geo Server，如图 1－46 所示。

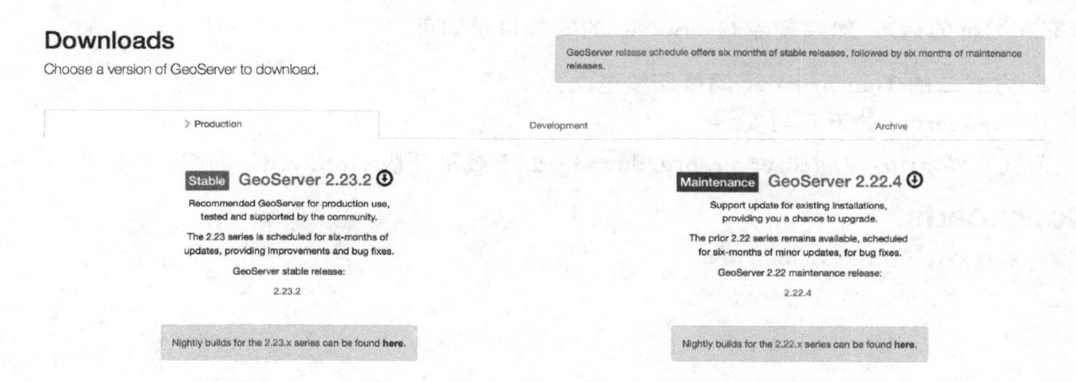


图 1－46　GeoServer 下载页面

下载完压缩包后，解压文件到某个文件目录（建议目录：C：\ ProgramFiles \ GeoServer），然后双击打开 bin 目录下的 startup. bat 文件。

2）设置环境变量

控制面板→系统→高级→环境变量，在系统变量下选择“新建”，变量名为 GEOSERVER _ HOME，变量值为 GeoServer 的安装目录（比如：C：\ Program Files \ GeoServer）。同理，设置数据目录环境变量，变量名为 GEOSERVER _ DATA _ DIR，变量值为 GeoServer 的数据目录地址（默认为%GEOSERVER _ HOME \ data _ dir）。如果数据目录想设置为非默认地址，那么，该项环境变量的设置是强制性的。

3）运行测试

（1）进入 GeoServer 安装目录下的 bin 文件夹。

（2）双击 startup. bat，会打开一个 Windows 命令行窗口，该窗口显示了运行和错误状况信息，在 GeoServer 的使用过程中这个窗口不能关闭，否则 GeoServer 将停止。

（3）在网页浏览器地址中输入 http：//localhost：8080/geoserver（或者 GeoServer 的安装目录），将打开 GeoServer 的 web 管理界面，如果能看到 GeoServer 图标，说明

GeoServer 成功安装了，如图 1-47 所示。

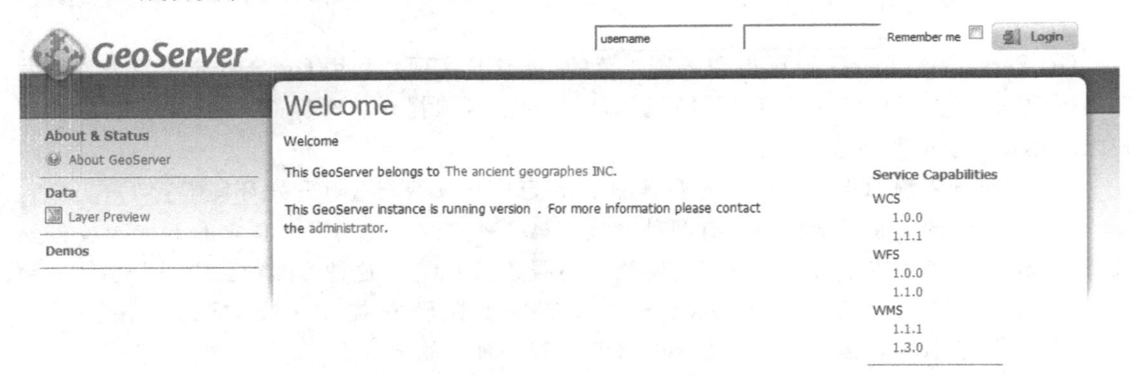


图 1-47　GeoServer 安装成功界面

4）停止和卸载

停止 GeoServer 服务，可以关闭已打开的 Windows 命令行窗口或者双击 GeoServer 安装目录下的 bin 文件夹内的 shutdown. bat 文件。若要卸载 GeoServer，先停止 GeoServer（若有在运行的话），然后删除 GeoServer 的安装目录即可。

**2. 方式二的 Tomcat+war 网络压缩包文件**

1）GeoServer 的下载与安装

前往官网 http：//geoserver. org/download/下载最新版 Archived，如图 1-48 所示。

图 1-48　GeoServer Archived 下载页面

下载完压缩包后解压文件，并拷贝 geoserver. war 到网络应用服务器的 webapps 目录（Tomcat 安装文件的 webapps 目录），完成 GeoServer 的服务部署，可能需要重新启动 Tomcat 服务器。

2）运行测试

通过启动和停止 Tomcat 完成 GeoServer 的启动和停止。

在网页浏览器地址中输入 http：//localhost：8080/geoserver（或者 GeoServer 的安装目录），将打开 GeoServer 的 web 管理界面，如果能看到 GeoServer 图标说明 GeoServer 成功安装了。

3）卸载

停止 Tomcat 服务，删除 Tomcat 的 webapps 目录下的 geoserver. war 和 geoserver 文件夹。

### 1.4.9　开发环境配置 9——Spring / Spring Boot

Spring Tool Suite 是基于 Eclipse 的开发环境配置，用于开发 Spring / Spring Boot 的应用程序。它提供了一个现成的使用环境来实现、调试、运行和部署 Spring 应用程序。Spring Tool Suite 也是由 Spring Framework 官方在 Eclipse EE 版本上开发 Spring / Spring Boot 的插件。

（1）打开 Eclipse→Help→Eclipse Marketplace wizard。

（2）在 Find 下输入 spring，点击小放大镜，之后点击 Install，如图 1-49 所示。

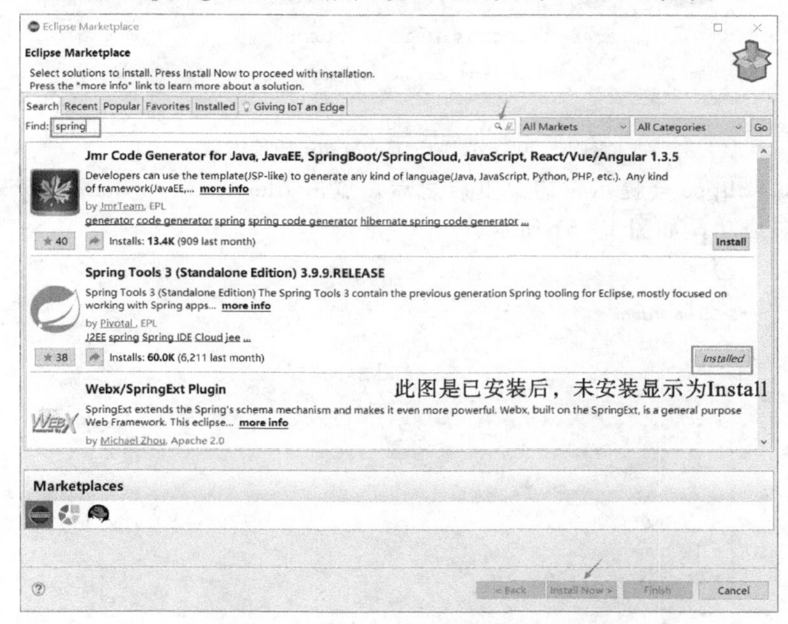


图 1-49　Spring Tool Suite 插件安装

（3）点击 Confirm，然后选择接受 I accept the terms of the license agreements，点击 Next 并耐心等待（由于链接外网自动下载，所以下载速度会比较慢）。

安装完 Spring Tool Suite，就可以进行 Spring Boot 项目开发了。

### 1.4.10　开发环境配置 10——MyBatis

MyBatis 是一款优秀的持久层框架，它支持自定义 SQL、存储过程以及高级映射。MyBatis 免除了几乎所有的 JDBC 代码以及设置参数和获取结果集的工作。MyBatis 可以通过简单的 XML 或注解来配置和映射原始类型、接口和 JavaPOJO（Plain Old JavaObjects，普通老式 Java 对象）为数据库中的记录。

MyBatis 的安装有如下三种途径。

（1）Eclipse 插件——MyBatis Generator。通用 Mapper 在 1.0.0 版本的时候增加了 MyBatis Generator（以下简称 MBG）插件，使用该插件可以方便地生成实体类、Mapper 接口以及对应的 XML 文件。

打开 Eclipse 菜单栏 help→Eclipse Marketplace，并在搜索框中搜索 mybatis generator。按下回车键后出现如图 1-50 所示界面，点击 install 进行安装。

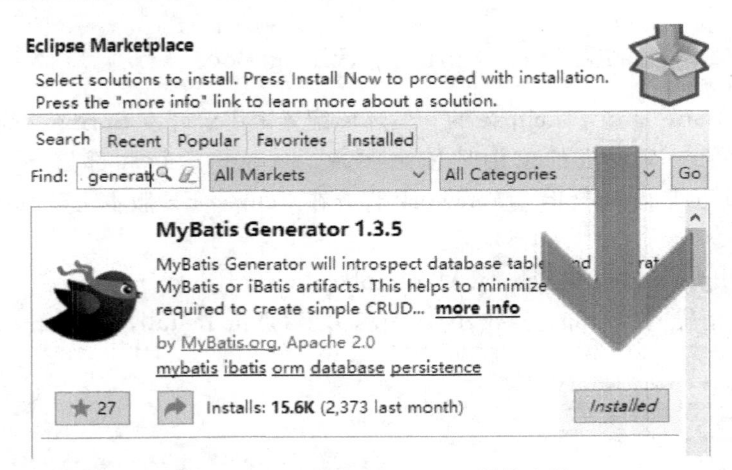


图 1－50　MyBatis Generator 插件安装

安装完后，Eclipse 会提示重启。重启之后，点击 file→new→other→mybatis，如果出现插件，则安装成功，如图 1－51 所示。

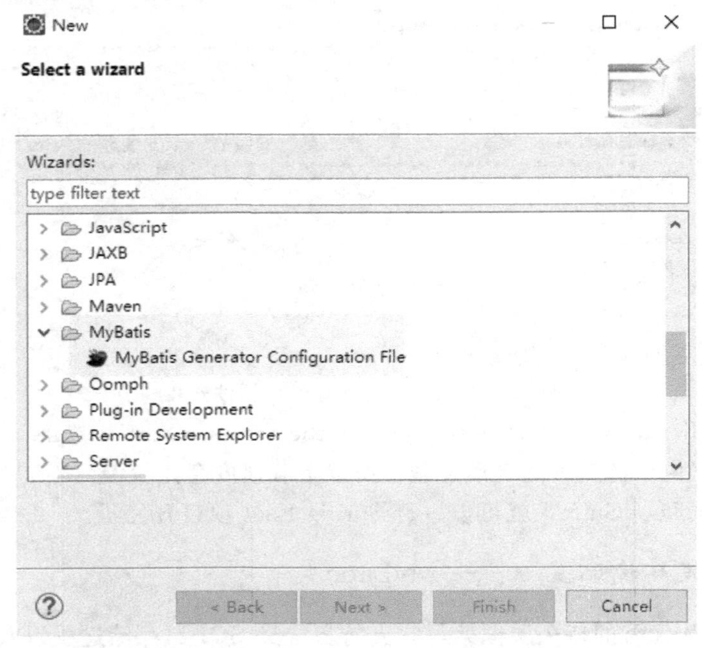


图 1－51　MyBatis Generator 安装成功界面

（2）导入 MyBatis 功能包，只需将 mybatis－x. x. x. jar 文件置于类路径（classpath）中即可。

（3）使用 Maven 来构建项目，需将下面的依赖代码置于 pom. xml 文件中。

```
<dependency>
  <groupId>org.mybatis</groupId>
  <artifactId>mybatis</artifactId>
  <version>x.x.x</version>
</dependency>
```

其中，x. x. x 表示 MyBatis 版本号。

### 1.4.11　开发环境配置 11——Android Studio + 百度地图 Android 地图 SDK

百度地图 Android 地图 SDK 是一套基于 Android 4.0 及以上版本设备的应用程序接口。可以使用该套 SDK 开发适用于 Android 系统移动设备的地图应用。通过调用地图 SDK 接口，可以轻松访问百度地图服务和数据，构建功能丰富、交互性强的地图类应用程序。

**1. SHA1 获取**

调试版本（debug）和发布版本（release）下的 SHA1 值是不同的，发布 apk（Android application package，Android 应用程序包）时需要根据发布 apk 对应的 keystore 重新配置 key。（注意：这里使用的是调试版本，在开发时请使用调试版本）。以下为 Android Studio 场景使用 keytool 获取 SHA1。

（1）进入控制台（以 Mac 为例，Windows 则进入 cmd 控制台，同样执行下述命令），执行“cd . android”定位到”. android”文件夹下，如图 1 - 52 所示。

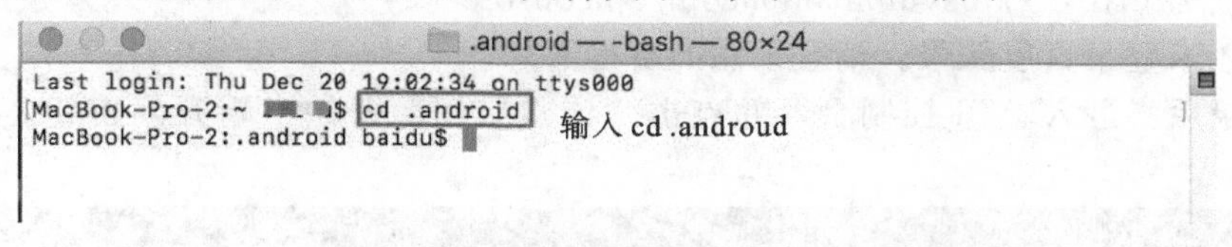


**图 1 - 52　命令窗口进入 keytool 工具文件夹**

（2）继续在控制台输入命令。调试版本使用指令 keytool - list - v - keystore debug. keystore；发布版本请使用指令 keytool - list - v - keystore apk 的 keystore。

（3）输入口令。调试版本默认密码是 android，发布模式的密码是 apk 的 keystore 设置的密码。输入密钥后回车（如果没设置密码，可直接回车），此时可在控制台显示的信息中获取 SHA1 值，如图 1 - 53 所示。

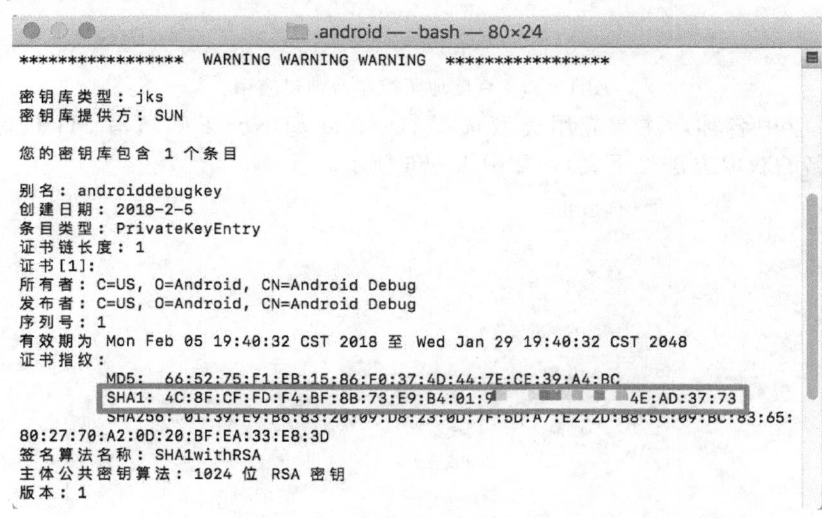


图 1 - 53　获取的 SHA1 值

**2. 包名的获取**

在 Android Studio 的 app 目录下的 build. gradle 文件中找到 applicationId，并确保其值与 AndroidManifest. xml 中定义的 package 相同，如图 1 - 54 所示。

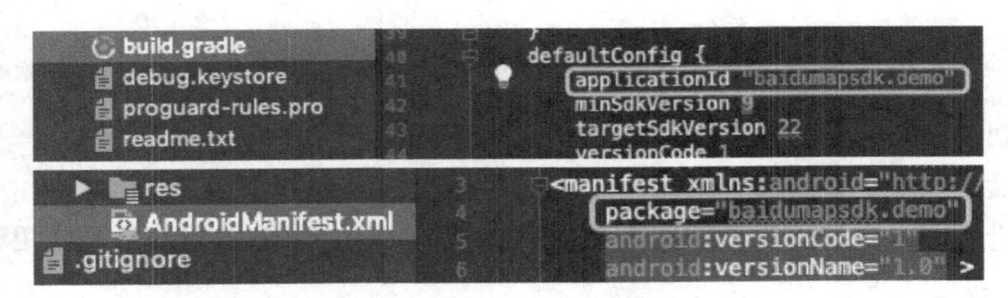


图 1-54　应用包名一致

注意：使用 Android Studio 开发如遇到 applicationid 与 package 不一致的情况，以 appclicationid 为准。

**3. API key 生成**

开发者在使用 SDK 之前需要获取百度地图移动版开发密钥（API key，AK），该 AK 与开发者的百度账户相关联请妥善保存。地图初始化时需要使用 AK。百度地图 SDK 开发密钥的申请地址为 http：//lbsyun. baidu. com/apiconsole/key。

（1）若还未登录百度账号，请登录您的百度账号。

（2）登录后将进入 API 控制台，并点击“创建应用”开始申请开发密钥，如图 1-55 所示。

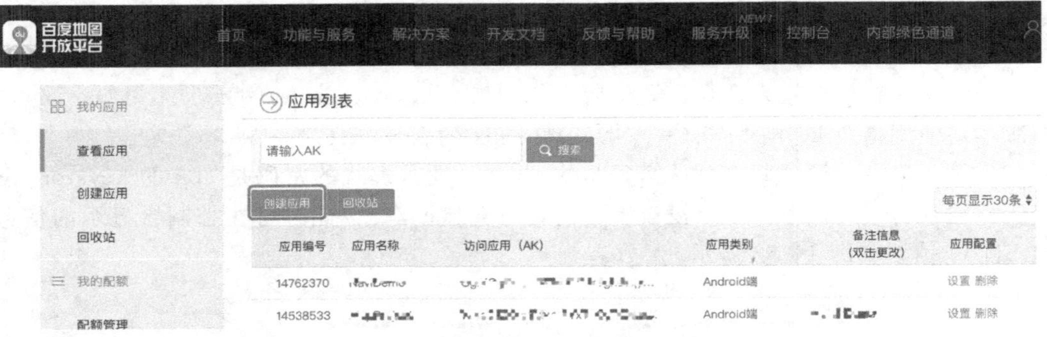


图 1-55　百度地图控制台创建应用

（3）填写应用名称，注意应用类型选择 Android SDK、正确填写 SHA1 和程序包名（SHA1 和包名的获取方法见下文），如图 1-56 所示。

图 1-56　创建应用设置

填写好以上内容后点击提交就会生成该应用的 AK，这时就可以使用 AK 来完成开发工作了。注意：同一个 AK 中，可以填写开发版 SHA1 和发布版 SHA1，这样 app 开发、测试到发布整个过程中均不需要改动 AK。

此功能完全兼容以前的 AK，默认将原有的 SHA1 放在发布版 SHA1 上，开发者也可自己更新，将原有的开发版本的 AK 和发布版本的 AK 对应的 SHA1 值合并后使用。

**4. Android Studio 配置**

1）打开/创建一个 Android 工程

根据开发者的实际使用情况，打开一个已有 Android 工程，或者新建一个 Android 工程。这里以新建一个 Android 工程为例讲解。

2）下载开发包

在 https：//lbsyun. baidu. com/index. php？ title＝androidsdk/sdkandev－download 下载开发包，下载页面如图 1－57 所示。

图 1－57　百度地图开发包下载页面

3）添加 jar 文件

打开解压后的开发包文件夹，找到 BaiduLBS _ Android. jar 文件将其拷贝至工程的 app/libs 目录下。

4）添加 so 文件

有两种方法可以往项目中添加 so 文件。

（1）在下载的开发包中拷贝需要的 CPU 架构对应的 so 文件的文件夹到 app/libs 目录下。

在 app 目录下的 build. gradle 文件中 android 块中配置 sourceSets 标签，如果没有使用该标签则新增，详细配置代码如下。

```
sourceSets {
        main {
            jniLibs. srcDir 'libs'
        }
    }
```

注意：Jar 文件和 so 文件的版本号必须一致，并且保证 Jar 文件与 so 文件是同一版本包取出的。

(2) 在 src/main/目录下新建 jniLibs 目录（如果您的项目中已经包含该目录则不用重复创建），在下载的开发包中拷贝项目需要的 CPU 架构对应的 so 文件的文件夹到 jniLibs 目录。

5) 往工程中添加 jar 文件

在工程配置中需要将前面添加的 jar 文件集成到工程中。

(1) 在 libs 目录下，选中每一个 jar 文件（此处只有一个 BaiduLbs _ Android. jar 文件）右键，选择 Add As Library…。此时会发现在 app 目录的 build. gradle 的 dependencies 块中生成了工程所依赖的 jar 文件的对应说明，如图 1 - 58 所示。

```
dependencies {
    implementation fileTree(include: ['*.jar'], dir: 'libs')
    implementation 'com.android.support:appcompat-v7:28.0.0-alpha1'
    implementation 'com.android.support.constraint:constraint-layout:1.1.0'
    testImplementation 'junit:junit:4.12'
    androidTestImplementation 'com.android.support.test:runner:1.0.2'
    androidTestImplementation 'com.android.support.test.espresso:espresso-core:3.0.2'
    implementation files('libs/BaiduLBS_Android.jar')
}
```

图 1 - 58　开发包依赖设置

注意：最新版本的 Android Studio 中 compile 被替换为 implementation，具体的写法与 Android Studio 版本有关。

(2) 在菜单栏选择 File→Project Structure，在弹出的 Project Structure 对话框中选中左侧的 Modules 列表下的 app 目录，然后点击右侧页面中的 Dependencies 选项卡，如图 1 - 59 所示。点击左上角加号，选择 Jar dependency，然后选择要添加的 jar 文件即可（此处为拷贝至 libs 目录下的 BaiduLBS _ Android. jar），结果如图 1 - 60 所示。

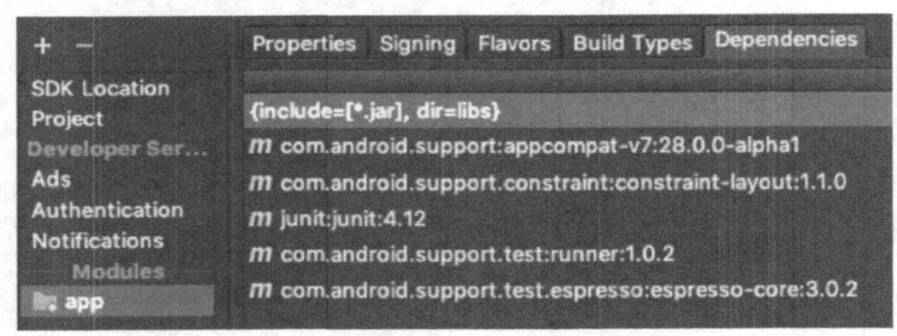


图 1 - 59　Denpendencies 选项卡

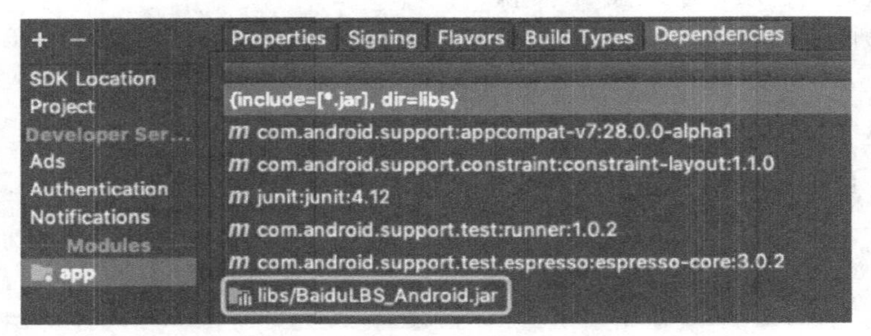


图 1 - 60　添加 jar 文件结果

完成上述操作后在 app 目录的 build. gradle 的 dependencies 块中生成了工程所依赖的 jar

文件的对应说明，见步骤（1）。

自 V5.1.0 版本起，为了优化 SDK 的 jar 包体积，将一些 Demo 中用到的图片资源文件从 SDK 的 jar 包中移到了 Demo 的资源文件路径下，若有依赖，请在 Demo 中的资源路径获取，源码 Demo 下载路径为 BaiduMapsApiASDemo/app/src/main/assets/

6）应用混淆

现在的应用中已经集成了百度地图 SDK，当在打包混淆的时候要注意与 BaiduMap SDK 相关的内容不应该被混淆，所以需要配置混淆文件。

（1）打开 app 目录下的 build.gradle 文件，在 release 代码块中添加如下内容（若已经由 Android Studio 自动生成，则不用手动配置）：

```
proguardFiles getDefaultProguardFile ('proguard - android.txt'), 'proguard - rules.pro'
```

若代码包含 debug 版本并且也需要混淆的话，请在 debug 代码块中也添加上述代码。

（2）编写混淆文件，打开 app 目录下的 proguard - rules.pro 文件，添加如下代码：

```
- keep class com.baidu. * * {*;}
- keep class vi.com. * * {*;}
- keep class com.baidu.vi. * * {*;}
- dontwarn com.baidu. * *
```

注意：保证百度类不能被混淆，否则会出现网络不可用等运行时异常。

至此已完成 Android Studio 开发环境配置的配置，可以开发第一个包含 BaiduMap SDK 的 Android 应用了。

### 1.4.12　开发环境配置 12——Android Studio ＋ 百度地图 Android 定位 SDK

本节部分内容可以参考百度地图 Android 地图 SDK，所以，API key 会写的略简单。

**1. SHA1 获取**

SHA1 分为开发版和发布版，开发版用于开发者开发调试，发布版用于最终上线使用。

1）通过 Android Studio 获取

（1）打开 Android Studio，从 View/Tool Windows 进入 Terminal 工具。

（2）输入命令行和密码，即可获取 SHA1 等信息。

命令行：keytool - list - v - keystore ～/.android/debug.keystore - alias android debug key（注意目录选择、开发版本、发布版本等问题）。

密码：原始密码一般为 android，开发者根据实际情况填写。

2）使用 keytool（jdk 自带工具）获取

（1）运行进入控制台.

Windows：运行→输入 cmd →确定。

Mac：直接打开 终端。

（2）在控制台内，定位到 .android 文件夹，输入 cd .android。

（3）输入命令行和密码，获取 SHA1 等信息。

命令行：keytool - list - v - keystore debug.keystore;

密码：原始密码一般为 android，开发者根据实际情况填写。

注意：开发版本使用 debug.keystore 命令为 keytool - list - v - keystore debug.keystore。发

布版本使用 APK 对应的 keystore 命令为 keytool - list - v - keystore APK 的 keystore。

**2. 包名的获取**

包名的获取适用于使用 Android Studio 开发工具的开发者。Android Studio 可以通过 applicationId 配置包名，如果配置了 build. gradle 文件，包名应该以 applicaionId 为准，防止 build. gradle 中的 applicationId 与 AndroidMainfest. xml 中的包名不同，导致 AK 鉴权失败。

**3. API key（AK）生成**

定位 SDK 自 V4.0 版本之后，引入了百度地图开放平台的统一 AK 验证体系。通过 AK 验证机制，开发者可以更方便、更安全地配置自身使用的百度地图资源（如服务配额等）。随着百度地图开放平台的发展，未来还可以通过 AK 获得更多服务（如提升服务次数、定制化服务等）。

注意：①当选择使用 V4.0 及之后版本的定位 SDK 时，需要先申请且配置 AK，并在程序相应位置填写自己的 AK；（选择使用 V3.3 及之前版本 SDK 的开发者不需要使用 AK）。②每个 AK 仅且唯一对 1 个应用验证有效，即对该 AK 配置环节中使用的包名匹配的应用有效。因此，多个应用（包括多个包名）需申请多个 AK 或对 1 个 AK 进行多次配置；③若需要在同一个工程中同时使用 Android 定位 SDK 和 Android 地图 SDK，可以使用同一个 AK。

获取 AK 的流程大致可分为如下四个步骤：登录 API 控制台创建应用、配置 SHA1 和包名、提交生成 AK。

1）登录 API 控制台

输入网址 http：//lbsyun. baidu. com/apiconsole/key 进入 API 控制台，如果未登录，会显示登录界面，输入帐号及密码，点击登录，即可正常进入 API 控制台。如果您还不是百度地图开放平台的开发者用户，请点击立即注册，按照流程指引，一步一步完成开发者注册工作，然后再进入 API 控制台获取 AK。

2）创建应用

进入 API 控制台后，点击创建应用，开始填写相关信息，并最终获得 AK。此外，API 控制台还可以查看、修改、删除之前所创建的 AK。

3）配置 SHA1 和包名

点击创建应用，在弹出的页面中，开发者需要填写应用名称、选择应用类型、配置 SHA1 及包名。

4）提交生成 AK

以上各项信息确认填写无误后，点击提交，系统自动生成 AK。请开发者妥善保管生成的 AK。

**4. Android Studio 配置**

1）打开/创建一个 Android 工程

根据开发者的实际使用情况，打开一个已有的 Android 工程或者新建一个 Android 工程。这里以新建一个 Android 工程为例讲解。

2）添加 SDK（jar ＋ so）

下载 Android 定位 SDK 并解压，将 libs 中的 jar 和 so 放置到工程中相应的位置。注意，

Android 定位 SDK 提供了多种 CPU 架构的 so 文件（jar 通用，只有一个），开发者可根据实际使用需求放置所需的 so 文件到对应的工程文件夹内。如图 1 - 61 所示为 Android 定位 SDK 文件结构示意图。

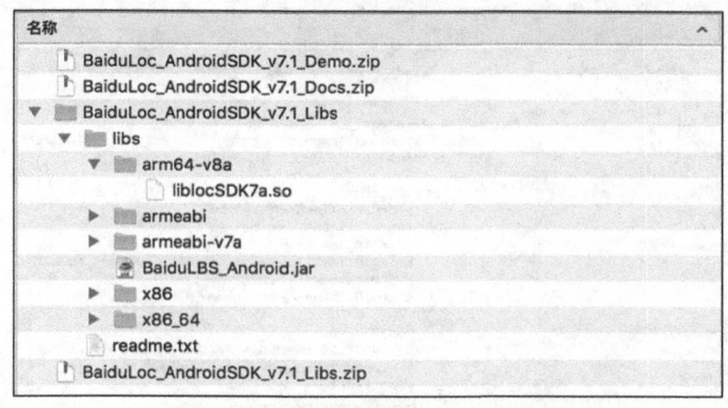


图 1 - 61　百度定位 SDK 文件结构

注意：①如果开发的是系统应用，除了需要在工程中配置 so 文件，还需要手动把对应架构的 so 文件拷贝到/system/lib 下（如果是 64 位系统，则需要将 64 位的 so 文件拷贝到/sytem/lib64 下）。②新版本的定位 SDK，开发者除了要更新 jar 包之外，同时需要关注 so 文件是否有更新。如果 so 文件名称改变，即 so 文件有更新，开发者要及时替换掉老版本，否则会导致定位失败。

3）配置 build. gradle 文件

配置 build. gradle 文件如下，注意设置 sourceSets。

```
sourceSets {
        main {
                jniLibs.srcDir 'libs'
                jni.srcDirs = []        //disable automatic ndk-build
        }
}
dependencies {
        compile fileTree (dir: 'libs', include: ['*.jar'])
        androidTestCompile ('com.android.support.test.espresso:espresso-core:2.2.2', {
                exclude group:'com.android.support',    module:'support-annotations'
        })
        compile 'com.android.support:appcompat-v7:25.1.0'
        testCompile 'junit:junit:4.12'
}
```

4）添加 AK

Android 定位 SDK 自 v4.0 版本起，需要进行 AK 鉴权。开发者在使用 SDK 前，需完成 AK 申请，并在 AndroidManifest. xml 文件中正确填写 AK。在 Application 标签中增加如下代码，添加示意图如图 1 - 62 所示。

```
<meta-data
  android:name=" com.baidu.lbsapi.API_KEY"
```

android：value=" AK" >

</meta - data>

```
<?xml version="1.0" encoding="utf-8"?>
<manifest xmlns:android="http://schemas.android.com/apk/res/android"
    package="com.example.baidu.myapplication">

    <application
        android:allowBackup="true"
        android:icon="@mipmap/ic_launcher"
        android:label="My Application"
        android:roundIcon="@mipmap/ic_launcher_round"
        android:supportsRtl="true"
        android:theme="@style/AppTheme">

        <meta-data
            android:name="com.baidu.lbsapi.API_KEY"
            android:value="开发者申请的AK" >
        </meta-data>

        <activity android:name=".MainActivity">
            <intent-filter>
                <action android:name="android.intent.action.MAIN" />

                <category android:name="android.intent.category.LAUNCHER" />
            </intent-filter>
        </activity>
    </application>

</manifest>
```

图 1 - 62　API key 填写示意图

点击 file→project structure→Dependencies→app，点击“+”选择 jar dependency，复制工程下 libs 的 jar 路径并应用保存，查看左侧目录页 libs 里的 jar 文件，若可以展开，则设置成功，如图 1 - 63 所示。

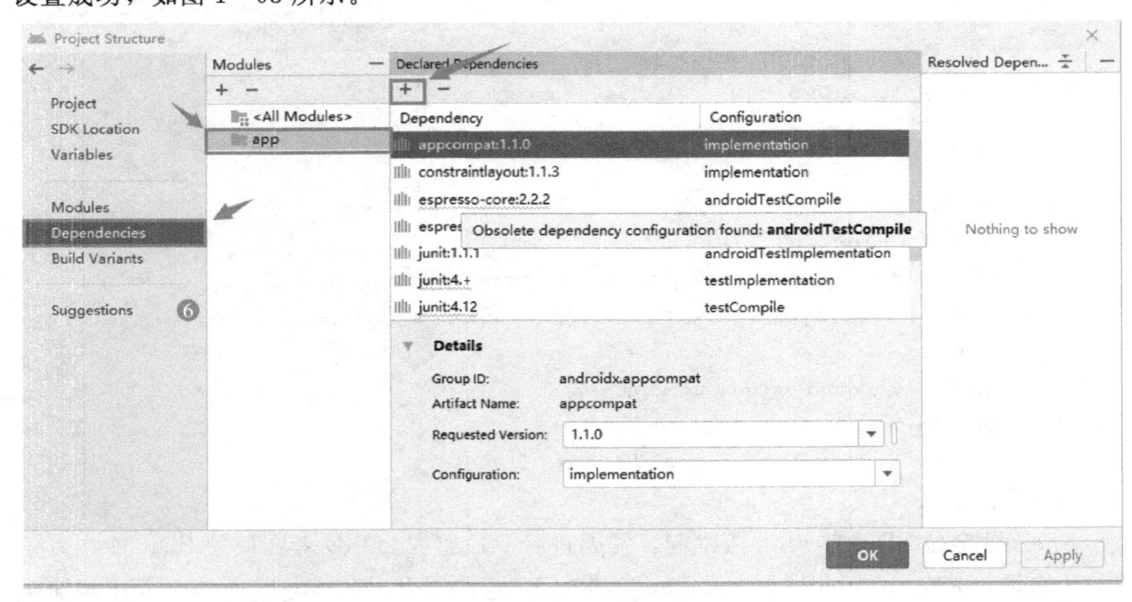


图 1 - 63　SDK 配置成功效果图

5）添加定位权限

使用定位 SDK，需在 AndroidManifest. xml 文件的 Application 标签中声明 service 组

件，每个 app 拥有自己单独的定位 service，代码如下。

```
<service android：name=" com.baidu.location.f" android：enabled=" true" android：process="：remote"
> </service>
```

除添加 service 组件外，使用定位 SDK 还需添加如下权限。

```
<! --这个权限用于进行网络定位-->
<uses - permission android：name = " android.permission.ACCESS _ COARSE _ LOCATION " > </uses -
permission>
<! --这个权限用于访问 GPS 定位-->
<uses - permission android：name=" android.permission.ACCESS _ FINE _ LOCATION" ></uses - permission>
<! --用于访问 wifi 网络信息，wifi 信息会用于进行网络定位-->
<uses - permission android：name=" android.permission.ACCESS _ WIFI _ STATE " ></uses - permission>
<! -获取运营商信息，用于支持提供运营商信息相关的接口-->
<uses - permission android：name=" android.permission.ACCESS _ NETWORK _ STATE" ></uses - permission>
<! --这个权限用于获取 wifi 的获取权限，wifi 信息会用来进行网络定位-->
<uses—permission android：name=" android.permission.CHANGE _ WIFI _ STATE " ></uses - permission>
<! --写入扩展存储，向扩展卡写入数据，用于写入离线定位数据-->
<uses - permission android：name = " android.permission.WRITE _ EXTERNAL _ STORAGE " > </uses -
permission>
<! --访问网络，网络定位需要上网-->
<uses - permission android：name=" android.permission.INTERNET" ></uses - permission>
```

### 1.4.13　开发环境配置 13——Android Studio ＋ 高德地图 Android 地图 SDK

高德开放平台目前开放了 Android 地图 SDK 以及 Android 地图 SDK 专业版两套地图 SDK 工具。高德地图 Android 地图 SDK 是一套地图开发调用接口，开发者可以轻松地在自己的 Android 应用中加入地图相关的功能，包括地图显示（含室内、室外地图）、与地图交互、在地图上绘制、兴趣点搜索、地理编码、离线地图等功能。高德地图 Android 地图 SDK 专业版是在 Android 地图 SDK 已有服务的基础上新增支持了自定义地图在线加载、自定义地图元素纹理等功能，便于开发者完成基于自身场景的更深层、更个性化地图的开发需求。Android SDK V4.0.0 开始，除了支持手机设备外，还支持 Android Wear。

**1. SHA1 获取**

调试版本（debug）和发布版本（release）下的 SHA1 值是不同的，发布 APK 时需要根据发布 APK 对应的 keystore 重新配置 key。

1）通过 Android Studio 获取 SHA1

（1）打开 Android Studio 的 Terminal 工具。

（2）输入 keytool - v - list - keystore，即 keystore 文件路径。

（3）输入 keystore 密码，默认密码是 android，如图 1 - 64 所示。

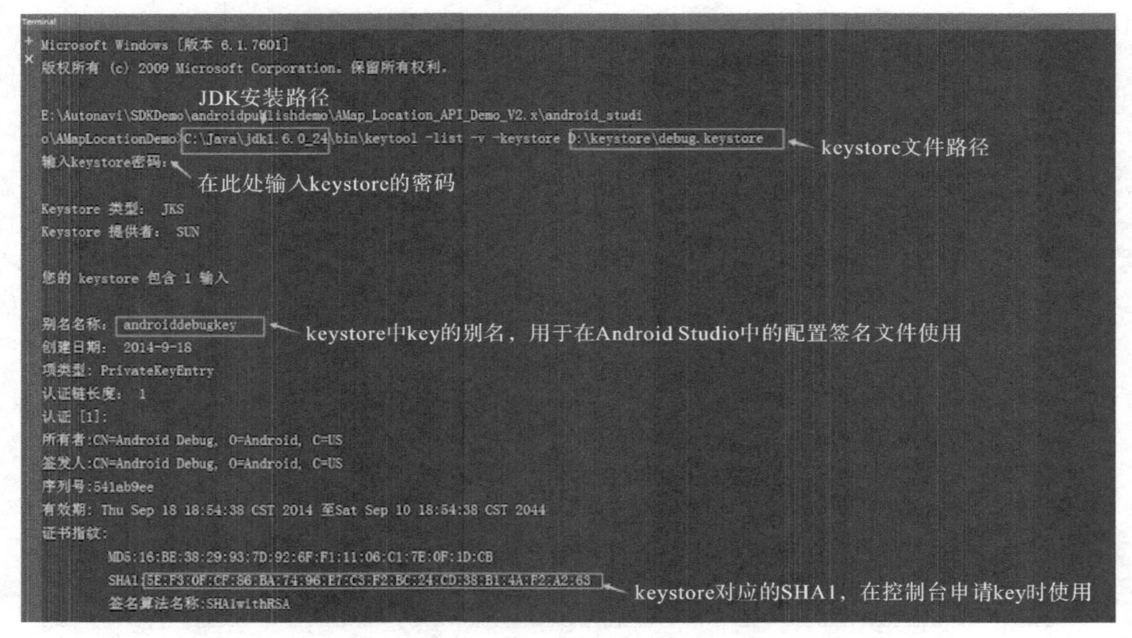


图 1-64　Android Studio Terminal 获取 SHA1

2）使用 keytool（jdk 自带工具）获取 SHA1

（1）运行进入操作系统 cmd 控制台。

（2）在弹出的控制台窗口中输入 cd .android 定位到 .android 文件夹，如图 1-65 所示。

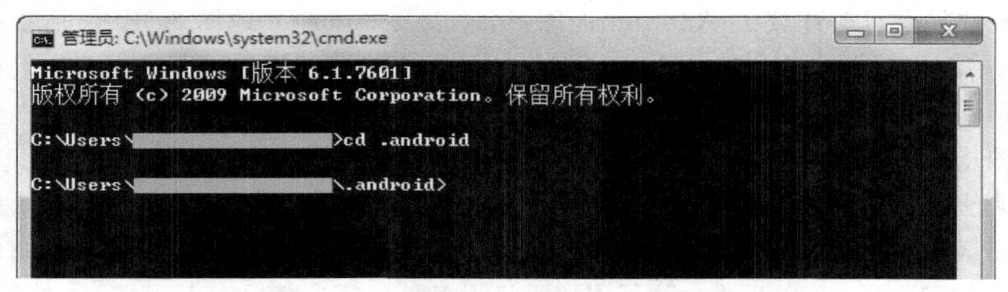


图 1-65　定位 .android 文件夹命令窗口

（3）继续在控制台输入命令。

调试版本使用的 debug. keystore 命令为 keytool - list - v - keystore debug. keystore。发布版本使用 APK 对应的 keystore 命令为 keytool - list - v - keystore apk 的 keystore。如图 1-66 所示。

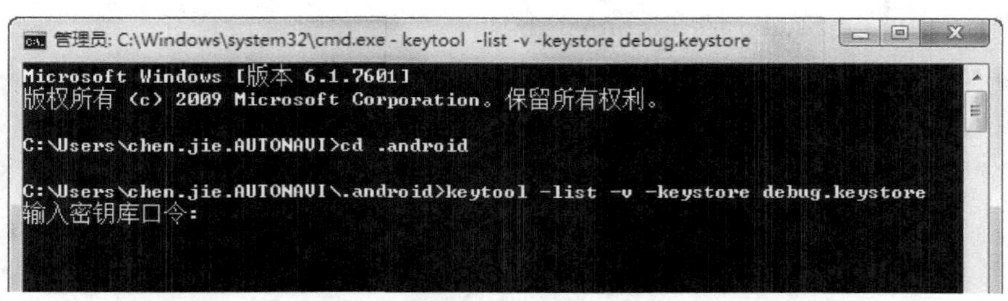


图 1-66　keytool 工具命令窗口

提示输入密钥库密码，开发模式默认的密码是 android，发布模式的密码是为 APK 的 keystore 设置的密码。输入密钥后按回车（如果没设置密码，可直接回车），此时可在控制台显示的信息中获取 SHA1 值，如图 1－67 所示。

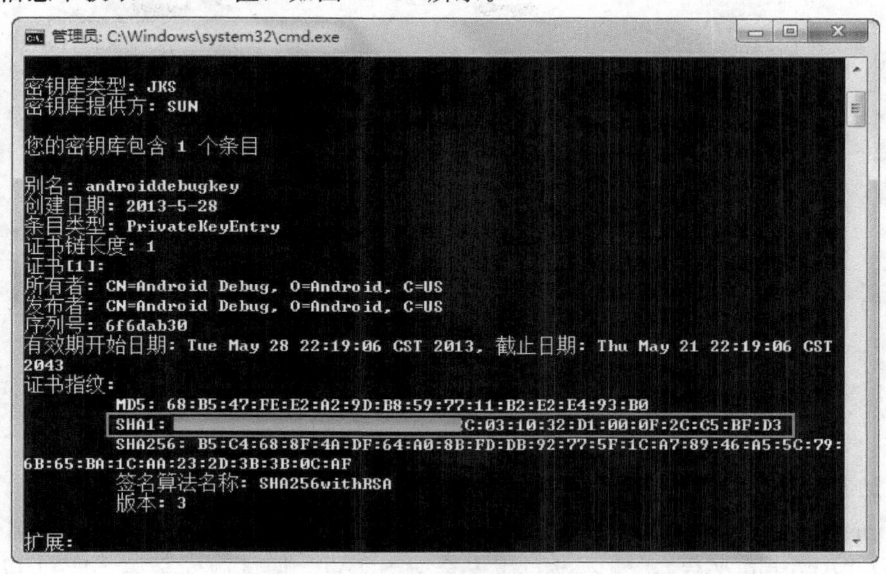


图 1－67　SHA1 窗口

说明：keystore 文件为 Android 签名证书文件。

**2. 包名获取**

打开 Android 项目的 Android Manifest. xml 配置文件，package 属性对应的内容为应用包名，如图 1－68 所示。

检查 build. gradle 文件的 applicationid 属性是否与上文提到的 package 属性一致，如果不一致会导致 INVALID _ USER _ SCODE，请调整一致。

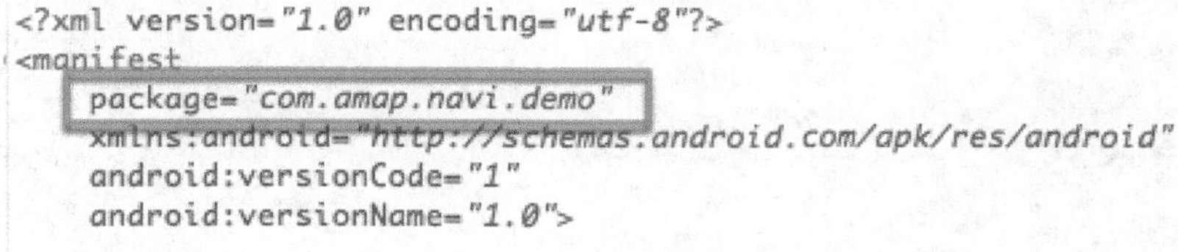

```
<?xml version="1.0" encoding="utf-8"?>
<manifest
    package="com.amap.navi.demo"
    xmlns:android="http://schemas.android.com/apk/res/android"
    android:versionCode="1"
    android:versionName="1.0">
```

图 1－68　包名获取

**3. API key 申请**

1）创建新应用

进入控制台，创建一个新应用，如图 1－69 所示。如果之前已经创建过应用，可直接跳过这个步骤。

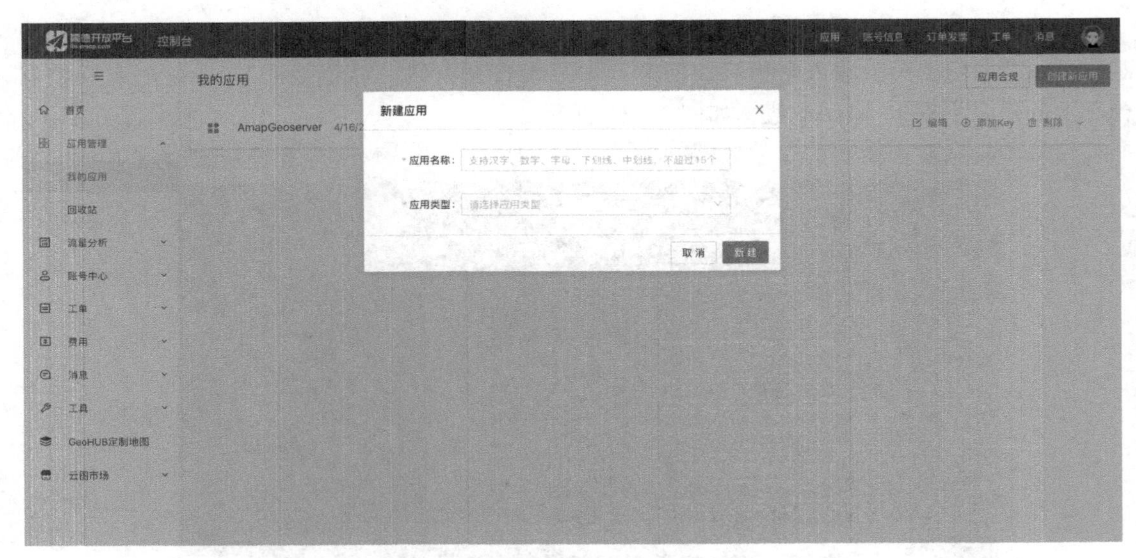


图 1－69　高德地图 SDK 创建应用

2）添加新 key

在创建的应用上点击“添加新 Key”按钮，在弹出的对话框中依次输入应用名，选择绑定的服务为“Android 平台”，输入发布版安全码 SHA1、调试版安全码 SHA1 以及 Package，如图 1－70 所示。

注意：1 个 key 只能用于一个应用（多渠道安装包属于多个应用），1 个 key 在多个应用上使用会出现服务调用失败。

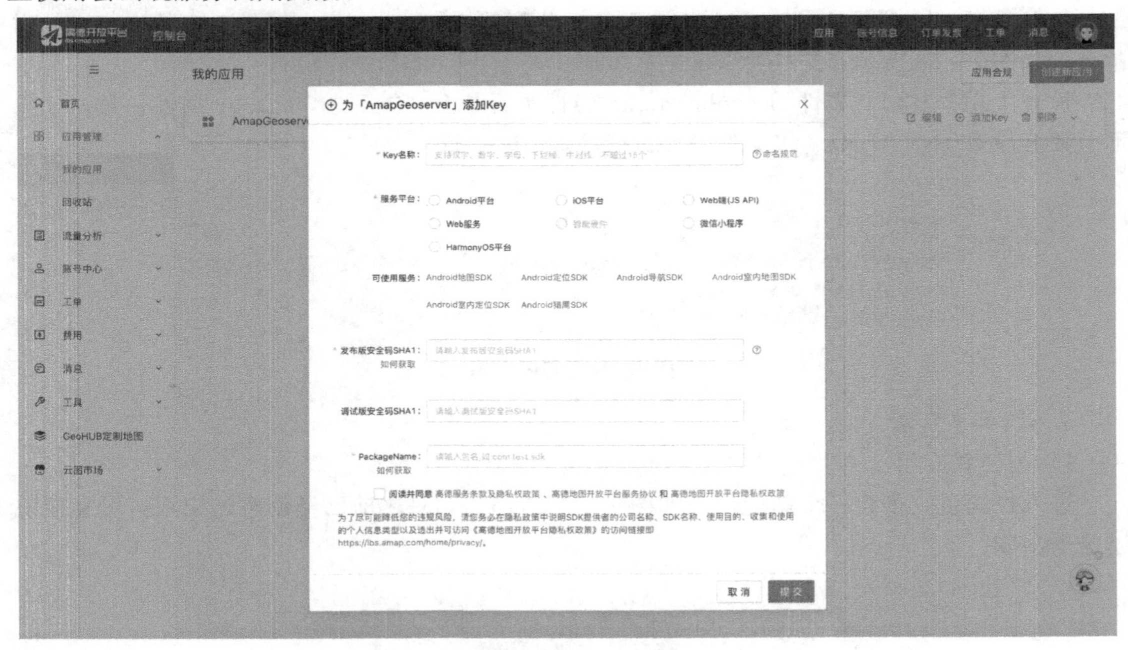


图 1－70　高德地图 SDK API key 设置

在阅读完高德地图 API 服务条款后，勾选此选项，点击“提交”，完成 key 的申请，此时可以在创建的应用下面看到刚申请的 key 。

**4. Android Studio 工程配置**

1）新建一个 Android 工程

2）通过拷贝添加 SDK

（1）添加 jar 文件。将下载的地图 SDK 的 jar 包复制到工程（此处截图以官方示例 Demo 为例）的 libs 目录下，如果有老版本 jar 包在其中，请删除，如图 1－71 所示。

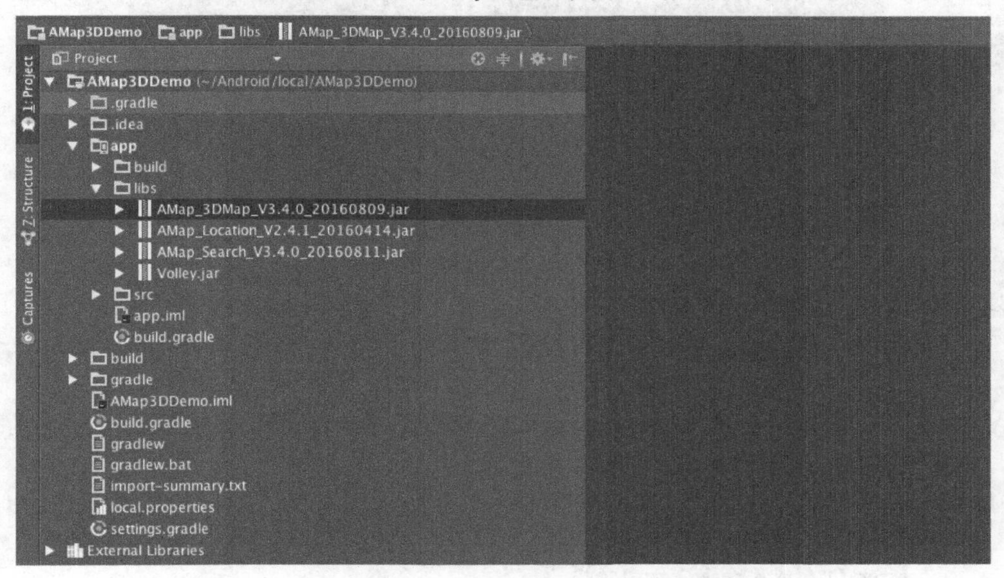


图 1－71 Android Studio 添加 AMap SDK Jar 包

（2）添加 so 库。说明：3D 地图才需要添加 so 库，2D 地图无需这一步骤。保持 project 查看方式，以下介绍两种导入 so 文件的方法。

①使用默认配置，不需要修改 build. gradle。在 main 目录下创建文件夹 jniLibs（如果已有就不需要创建了），将下载文件的 armeabi 文件夹复制到这个目录下，如果已经有这个目录，将下载的 so 库复制到这个目录，如图 1－72 所示。

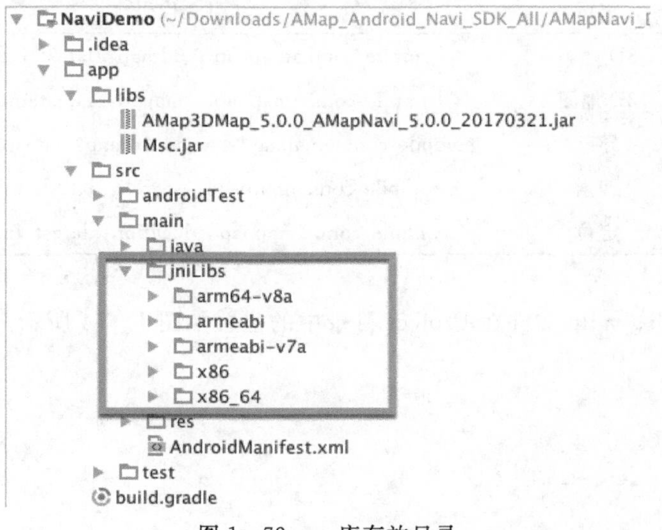


图 1－72 so 库存放目录

②使用自定义配置，将下载文件的 armeabi 文件夹复制到 libs 目录，如果已经有这个目录，请将下载的 so 库复制到这个目录，然后打开 build. gradle，找到 sourceSets 标签，在里面增加一项配置，如图 1-73 所示。

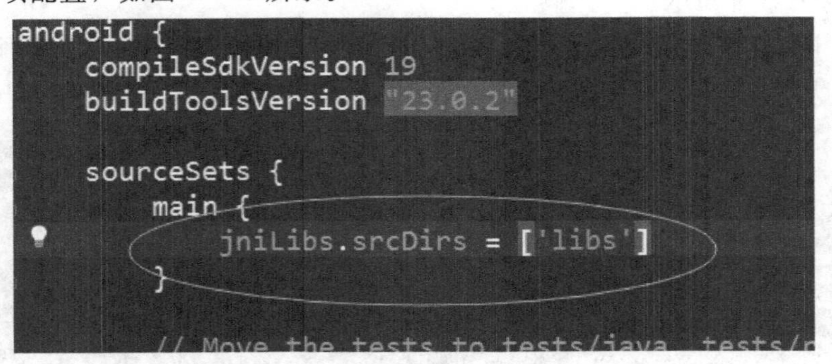


图 1-73　sourceSets 设置

3）通过 Gradle 集成 SDK

（1）在 Project 的 build. gradle 文件中配置 repositories，添加 maven 或 jcenter 仓库地址。

Android Studio 默认会在 Project 的 build. gradle 为所有 module 自动添加 jcenter 的仓库地址，如果已存在，则不需要重复添加。配置如下：

```
allprojects {
    repositories {
        jcenter () //或者 mavenCentral ()
    }
}
```

（2）在主工程的 build. gradle 文件配置 dependencies。根据项目需求添加 SDK 依赖，引入各个 SDK 功能最新版本，dependencies 配置方式见表 1-2。

**表 1-2　高德地图 SDK 依赖包代码**

| SDK | 引入代码 |
|---|---|
| 3D 地图 | compile 'com. amap. api：3dmap：latest. integration' |
| 2D 地图 | compile 'com. amap. api：map2d：latest. integration' |
| 导航 | compile 'com. amap. api：navi-3dmap：latest. integration' |
| 搜索 | compile 'com. amap. api：search：latest. integration' |
| 定位 | compile 'com. amap. api：location：latest. integration' |

主工程的 build. gradle 文件在 Project 目录中的位置如图 1-74 所示。

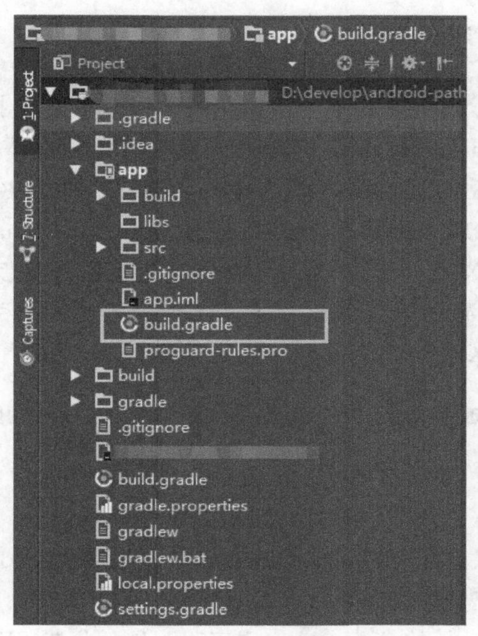


图　1-74　主工程 build. gradle 位置

以 3D 的 demo 工程为例添加 3d 地图 SDK、定位 SDK、搜索功能，配置如下：

```
android {
    defaultConfig {
        ndk {
            //设置支持的 SO 库架构（开发者可以根据需要，选择一个或多个平台的 so）
            abiFilters " armeabi"," armeabi-v7a"," arm64-v8a"," x86"," x86_64"
        }
    }
}
dependencies {
    compile fileTree (dir: 'libs', include: ['*.jar'] )
    //3D 地图 so 及 jar
    compile 'com.amap.api: 3dmap: latest.integration'
    //定位功能
    compile 'com.amap.api: location: latest.integration'
    //搜索功能
    compile 'com.amap.api: search: latest.integration'
}
```

以上为引入最新版本的 SDK，推荐这种方式。如需引入指定版本 SDK（所有 SDK 版本号均与官网发版一致），代码如下：

```
dependencies {
    compile fileTree (dir: 'libs', include: ['*.jar'] )
    compile 'com.amap.api: 3dmap: 5.0.0'
    compile 'com.amap.api: location: 3.3.0'
```

```
    compile 'com.amap.api:search:5.0.0'
}
```

注意：①3D 地图 SDK 和导航 SDK，5.0.0 版本以后全面支持多平台 so 库（armeabi、armeabi - v7a、arm64 - v8a、x86、x86_64），开发者可以根据需要选择（如果涉及到新旧版本更替请移除旧版本的 so 库之后替换新版本 so 库到工程中）。②navi 导航 SDK 5.0.0 以后的版本包含了 3D 地图 SDK，所以请不要同时引入 map3d 和 navi SDK。③如果 build 失败，提示 com.amap.api：XXX：X.X.X 找不到，请确认拼写及版本号是否正确，如果访问不到 jcenter 可以切换为 maven 仓库尝试一下。④依照上述方法引入 SDK 以后，不需要在 libs 文件夹下导入对应 SDK 的 so 和 jar 包，会有冲突。

### 1.4.14 开发环境配置 14——Android Studio ＋ 高德地图 Android 定位 SDK

Android 定位 SDK 是一套简单的基于位置的服务定位接口，可以使用这套定位 API 获取定位结果、逆地理编码（地址文字描述）以及地理围栏功能。

SHA1 获取、包名获取、API key 申请请参考高德地图 Android 地图 SDK 的做法。

Android Studio 工程配置方法如下。

新建一个 Empty Activity 的 Android 应用工程，然后集成 SDK。

**1. 通过拷贝集成 SDK**

（1）拷贝 jar 文件至 libs 文件夹下。将下载的定位 SDK jar 文件复制到工程（此处截图以官方示例 Demo 为例子）的 libs 目录下，如果有老版本定位 jar 文件存在，请删除。定位 SDK 无需 so 库文件支持，如图 1 - 75 所示。

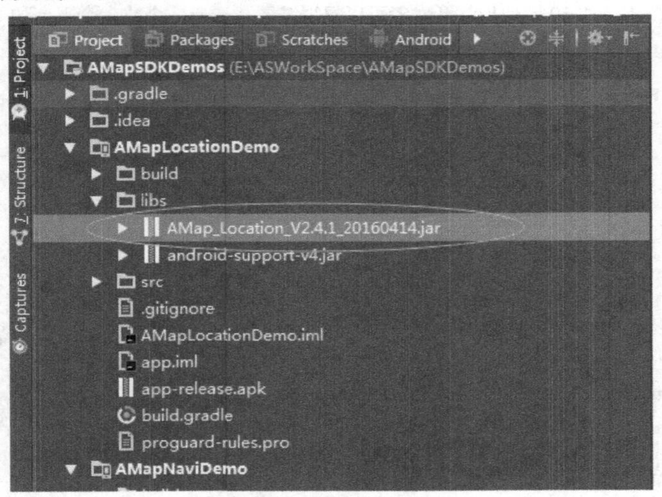


图 1 - 75　Jar 存放位置

（2）配置 build.gradle 文件。在 build.gradle 文件的 dependencies 中配置 compile fileTree（include：['*.jar']，dir：'libs'）。

**2. 通过 Gradle 集成 SDK**

（1）在 Project 的 build.gradle 文件中配置 repositories，添加 maven 或 jcenter 仓库地址。Android Studio 默认会在 Project 的 build.gradle 为所有 module 自动添加 jcenter 的仓库

地址，如果已存在，则不需要重复添加。Project 的 build. gradle 文件在 Project 目录中位置如图 1－76 所示。配置如下：

```
allprojects { repositories { jcenter () //或者 mavenCentral () } }
```

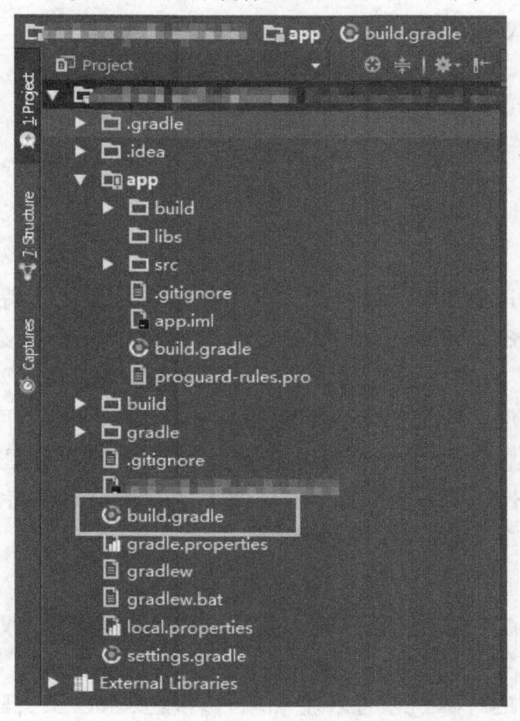


图 1－76　Project 的 build. gradle 文件位置

（2）在主工程的 build. gradle 文件中配置 dependencies。根据项目需求添加 SDK 依赖。引入各个 SDK 功能最新版本，dependencies 配置方式见表 1－2。主工程的 build. gradle 文件在 Project 目录中的位置如图 1－74 所示。

以 3D 的 demo 工程为例添加 3d 地图 SDK、定位 SDK、搜索功能，配置如下：

```
android {
   defaultConfig {
       ndk {
           //设置支持的 SO 库架构（开发者可以根据需要，选择一个或多个平台的 so）
           abiFilters " armeabi", " armeabi - v7a", " arm64 - v8a", " x86"," arm64 - v8a"," x86 _ 64"
       }
   }
}
dependencies {
     compile fileTree (dir: 'libs', include: ['*.jar'] )
     //3D 地图 so 及 jar
     compile 'com. amap. api: 3dmap: latest. integration'
     //定位功能
     compile 'com. amap. api: location: latest. integration'
     //搜索功能
```

```
    compile 'com.amap.api:search:latest.integration'
}
```

以上为引入最新版本的 SDK，推荐这种方式。如需引入指定版本 SDK（所有 SDK 版本号均与官网发版一致），代码如下：

```
dependencies {
    compile fileTree (dir:'libs', include:['*.jar'] )
    compile 'com.amap.api:3dmap:5.0.0'
    compile 'com.amap.api:location:3.3.0'
    compile 'com.amap.api:search:5.0.0'
}
```

注意：①3D 地图 SDK 和导航 SDK 在 5.0.0 版本以后全面支持多平台 so 库（armeabi、armeabi - v7a、arm64 - v8a、x86、x86 _ 64），开发者可以根据需要选择。如果涉及到新旧版本更替请移除旧版本的 so 库之后将新版本 so 库替换到工程中。②navi 导航 SDK 5.0.0 以后版本包含了 3D 地图 SDK，所以请不要同时引入 map3d 和 navi SDK。③如果 build 失败提示 com. amap. api：XXX：X. X. X 找不到，请确认拼写及版本号是否正确，如果访问不到 jcenter 可以切换为 maven 仓库尝试一下。④依照上述方法引入 SDK 以后，不需要在 libs 文件夹下导入对应 SDK 的 so 和 jar 包，会有冲突。

## 1.5 实验硬件环境、软件环境及数据

本节列出了实验所需的计算机硬件环境和软件环境要求以及实验数据的说明。

### 1.5.1 硬件环境

实验所需的计算机硬件环境配置要求见表 1 - 3。

表 1 - 3 计算机硬件环境配置要求

| 项目名称 | 配置要求 |
| --- | --- |
| 处理器 | 最低配置双核 2.00GHz 主频，推荐酷睿 i7 或同级别处理器 |
| 内存（RAM） | 8G 或以上 |
| 硬盘空间 | 100GB 或以上 |
| 图形适配器 | 显存 4GB 或以上，处理芯片推荐 NVIDIA GTX580 或以上级别，OpenGL 版本 2.0 及以上，24 位图形加速器，使用最新显卡驱动 |
| 网络适配器 | 100M 或以上网络适配器 |

### 1.5.2 软件环境

实验需要的相关软件见表 1 - 4。

表1-4　实验软件下载地址

| 软件名称 | 下载地址 |
| --- | --- |
| Eclipse | https：//www. eclipse. org/downloads/ |
| Android Studio | http：//www. android-studio. org/ |
| PostgreSQL | https：//www. postgresql. org/download/ |
| PostGIS | http：//postgis. net/install/ |
| MySQL | https：//www. mysql. com/downloads/ |
| Tomcat | https：//tomcat. apache. org/ |
| ESMap | https：//www. esmap. cn/ |
| WiFiCollect | https：//www. jianguoyun. com/p/DSyFc0cQzsSiBhiMt4UE |
| 百度地图 Android SDK | https：//lbsyun. baidu. com/ |
| 高德地图 Android SDK | https：//lbs. amap. com/ |
| GeoServer | http：//geoserver. org/download/ |
| MyBatis | https：//github. com/mybatis/mybatis-3/releases |
| Spring Boot | https：//github. com/spring-projects/spring-boot/ |
| GpsGate | https：//gpsgate. com/ |
| Google Earth | https：//earth. google. com/ |
| map tool | https：//www. jianguoyun. com/p/DemLViwQzsSiBhi7l4YE |
| mps-sdk | https：//www. jianguoyun. com/p/DemLViwQzsSiBhi7l4YE |

### 1.5.3　实验数据说明

本书编写的实验不需要特定的配套实验数据，部分实验中提到的图片或空间数据都可以根据自身实际情况进行替换。

# 第 2 章

# 程序调试技术

## 2.1 概述

程序调试是程序员最基本的技能之一，其重要性甚至超过学习一门语言。不会调试的程序员意味着他即使会一门语言，也不能编出好的程序。

对程序员来说，不仅要会编写程序，还要上机调试通过。初学者的程序往往不能一次顺利通过，即使有经验的程序员也常会出现某些疏忽导致程序不能通过。上机调试的目的不只是验证程序的正确性，还要程序员掌握程序调试的技术，提高动手能力。程序的调试具有很强的技术性和经验性，其效率高低在很大的程度上依赖于程序员的经验。有经验的人很快就能发现错误，而初学者在计算机显示出错误信息并告诉他哪一行有错后可能还找不出错误所在，所以初学者调通一个程序往往比编写程序花的时间还要多。调试程序的经验固然可以借鉴他人的，但更重要的是靠实践来积累。调试程序是程序设计课程的一个重要环节，上机之前要做好程序调试的准备工作，主要包括下面几点：

（1）采用模块化、结构化方法设计程序。

（2）编程时要为调试程序提供足够的灵活性。

（3）适当地在程序中放置一些调试用的程序代码（如输出中间结果），在完成后将其屏蔽。

（4）精心准备调试程序所用的数据。

### 2.1.1 调试程序的基本办法

程序调试主要有两种方法，即静态调试和动态调试。程序的静态调试就是在程序编写完后，由人工“代替”或“模拟”计算机对程序进行仔细检查，主要检查程序中的语法规则和逻辑结构的正确性。实践表明，有很大一部分错误可以通过静态检查来发现。通过静态调试，可以大大缩短上机调试的时间，提高上机的效率。程序的动态调试就是实际上机调试，它贯穿在编译、连接和运行的整个过程中。根据程序编译、连接和运行时计算机给出的错误信息进行程序调试，这是程序调试中最常用的方法，也是最初步的动态调试。在此基础上，通过分段隔离、设置断点、跟踪打印进行程序调试。实践表明，对于查找某些类型的错误来说，静态调试比动态调试更有效，而对于其他类型的错误则刚好相反。因此静态调试和动态调试是互相补充、相辅相成的，缺少其中任何一种方法都会使查找错误的效率降低。

### 2.1.2 静态调试

**1. 对程序语法规则进行检查**

(1) 语句正确性检查。

(2) 语法正确性检查。

**2. 检查程序的逻辑结构**

(1) 检查程序中各变量的初值和初值的位置是否正确。

(2) 检查程序中分支结构是否正确。

(3) 检查程序中循环结构的循环次数和循环嵌套的正确性。

(4) 检查表达式的合理与否。

程序的静态调试是程序调试非常重要的一步，初学者应培养自己静态检查的良好习惯，在上机前认真做好程序的静态检查工作。

### 2.1.3 动态调试

在静态调试中可以发现很多错误，但由于静态调试的特点，有一些比较隐蔽的错误无法检查出来，只有上机进行动态调试才能够找到这些错误。

**1. 编译过程中的调试**

通常，只要开始编译，编译器就会检查程序的语法等内容，如果出错则会将错误显示出来。

在编译过程中系统发现的错误主要有两类：基本语法错误和上下文关系错误。这些错误都在表面上，可以直接看见，也比较容易解决。关键是需要熟悉 Java 语言的语法规则和有关上下文关系的规定，按照这些规定检查程序，看看存在什么问题。

编译中，系统发现错误都能指出错误的位置。不同编译系统在这方面的能力有差异，在错误定位的准确性方面有所不同，有的系统只能指明发现错误的行，有的系统还能够指明行内位置。

一般来说，系统指明的位置未必是真实错误出现的位置，通常是错误出现在前，而系统发现错误在后，因为它检查到实际错误之后的某个地方，才能确认出了问题，因此报出错误信息。要确认一个错误的原因，应该从系统指明的位置开始向前检查。

系统的错误信息中都包含一段文字说明它所认定的错误原因。要仔细阅读这段文字，通常它提供了有关错误的重要线索，但错误信息未必准确，有时错误确实存在，但系统对错误的解释也可能不对，也就是说，在查找错误时，既要重视系统提供的错误信息，又不应为系统提供的错误信息所束缚。发现了问题，要想清楚错误的真正原因，然后再修改。不要蛮干，这时的最大诱惑就是想赶快改，看看错误会不会消失，但是蛮干的结果常常是原来的错误没有弄好，又搞出了新的错误。

另一个值得注意的地方是程序中的一个语法错误常常导致编译系统产生许多错误信息。如果改正了程序中一个或几个错误，后面的混乱了，就应该重新编译。改正一处常常能消去许多错误信息行。

**2. 连接过程中的调试**

编译通过后要进行连接，连接的过程也有查错的功能，它将指出外部调用和函数之间的联系及存储区设置等方面的错误。如果连接时有这类错误，编译系统也会给出错误信息，用户要对这些信息仔细判断，从而找出程序中的问题并改正。连接时较常见的错误有以下几类：

（1）某个外部调用有错，通常系统明确提示了外部调用的名字，只要仔细检查各模块中与该名字有关的语句，就不难发现错误。

（2）找不到某个库函数或某个库文件，这类错误是由于库函数名写错、疏忽了某个库文件的连接等。

（3）某些模块的参数超过系统的限制。如模块的大小、库文件的个数超出要求等。

引起连接错误的原因很多，而且很隐蔽，给出的错误信息也不如编译时直接、具体。因此，连接时的错误要比编译错误更难查找，需要仔细分析判断，而且对系统的限制和要求要有所了解。

**3. 运行过程中的调试**

运行过程中的调试是动态调试的最后一个阶段。这一阶段的错误大体可分为以下两类。

（1）运行程序时给出出错信息。运行时出错多与数据的输入、输出格式有关，与文件的操作有关。如果给出的数据格式有错，这时要对有关的输入、输出数据格式进行检查，一般容易发现错误。如果程序中的输入、输出函数较多，则可以在中间插入调试语句，采取分段隔离的方法，很快就可以确定错误的位置了。如果是文件操作有误，也可以针对程序中的有关文件的操作采取类似的方法进行检查。

（2）运行结果不正常或不正确。

## 2.2 程序调试的方法

程序调试中的难点是如何解决程序的运行错误，这种错误往往导致运行结果不正常或不正确。产生这种错误的原因很多，因此很难得出解决此类问题的通解。

程序动态调试的方法主要有两个：单步法和断点法。这两种方法都是在程序运行中观察程序内部状况，从而发现错误原因并纠正错误。

**1. 单步法**

单步调试法的基本思路是逐步执行程序中的语句，在执行过程中程序员可以观察各种变量的值、寄存器的值以及函数调用关系，语句执行顺序等内容，从而反向得出程序的控制流程和结果，进一步推断出错误原因及解决方法。

**2. 断点法**

采用单步法可以有效地发现错误原因，但程序很长或执行的步骤较多时，单步法就会显得麻烦，这时就要结合断点法。

断点调试方法的基本思路就是在程序中若干语句上设置断点，在执行过程中程序连续运行下去，直到遇到断点程序或断点条件满足时停下来，从停下的地方程序员可以采用单步法来调试程序。

断点法有效提升了单步法的效率，能快速达到调试目的。在什么地方正确设置断点也是一个难题，只能依赖于程序员的调试经验。

## 2.3　常用编译系统调试功能

下面给出常见编译系统的调试功能，这些编译系统包含 Eclipse、Android Studio、Visual C++（VC）、Turbo C（TC）、GCC（GDB）和 Java 等。这些调试功能在各个编译系统中叫法不尽相同，但作用是一样的，且大多有快捷键。

### 2.3.1　单步

**1. Step Into 单步**

“进入”单步调试功能，能够在遇到函数时进入到函数内部进行深入单步调试，如果是系统库函数代码，则有可能进入指令级而非源代码级的单步调试。

**2. Step Over 单步**

“跳过”单步调试功能，在遇到函数时直接运行该函数，将其当作“一步”来完成的单步调试。通常对已经调试正确的函数没有必要再次使用 Step Into，或者在调试系统库函数代码时使用 Step Over。

**3. Step Out 单步**

“跳出”单步调试功能，在函数内部执行 Step Out，程序将会“一步”执行剩余的语句，且转到该函数被调用处的下一语句。Step Out 能快速结束函数细致的调试。

**4. Step Into Function 单步**

“函数”单步调试功能是指程序执行遇到某个特定的函数时开始单步调试。

### 2.3.2　断点

断点是调试器设置的一个代码位置。当程序运行到断点时，程序中断执行，回到调试器。断点设置是最常用的技巧，调试时，只有设置了断点并使程序回到调试器才能对程序进行在线测试。

**1. 设置断点**

在光标所处的代码行上设置一个断点。

**2. 删除断点设置**

在光标所处的代码行上删除一个断点。

**3. Breakpoints 断点管理器**

断点管理器是指管理多个断点的对话框界面，在这里可以完成断点设置、删除等功能。

**4. 条件断点**

可以为一个断点设置一个条件，这样的断点称为条件断点。对于新加的断点，可以为断点设置一个表达式。当这个表达式发生改变时，程序就被中断。另外也可以设置让程序先执行多少次然后才达到断点。

**5. 数据断点**

数据断点先给出一个表达式。当这个表达式的值发生变化时，数据断点就到达。一般情况下，这个表达式应该由运算符和全局变量构成。

**6. 异常断点**

当程序发生异常时（例如错误的指针操作时），断点就到达。

**7. 消息断点**

Windows 程序可以对 Windows 消息进行截获，它有两种方式进行截获：窗口消息处理函数和特定消息中断。输入消息处理函数的名字，那么每次消息被这个函数处理时，断点就到达。

**8. 线程断点**

Windows 程序中，当执行指定的线程时，断点就到达。

### 2.3.3 观察

**1. 变量观察**

对程序中的变量、表达式进行观察。此时观察的方便性很重要，Visual C＋＋在这方面更胜一筹。

**2. 内存观察**

对全局中的内存（按存储地址）进行观察，方便观察数组和数据结构等。

**3. 寄存器观察**

显示当前所有寄存器的值，方便观察指令级代码。

**4. 堆栈观察**

调用堆栈反映了当前断点处函数是被哪些函数按照什么顺序调用的。

**5. 汇编观察**

汇编观察将按指令形式显示程序语句，提供更低级的面向 CPU 的调试。

**6. 输出观察**

输出观察是指在程序中增加对变量、表达式等的观察程序，这些程序在调试过程中会将结果输出到调试器的跟踪窗口上显示出来，在发行版本时无任何作用。

### 2.3.4 控制

**1. 启动调试**

启动调试过程，回到调试状态。

**2. 结束调试**

结束调试过程，回到编辑状态。

**3. 运行到光标**

启动调试过程，且执行程序直到光标所处的语句行上。

**4. 程序重置**

重新将程序设置到尚未运行状态，以便准备新一次调试。

**5. 远程调试**

远程调试是指将本机进入调试状态，调试另外一台计算机上的程序，程序进入调试状态后会回到 IDE 环境中，而有些程序（如实时控制软件）不允许在运行时其硬件设备（屏幕、键盘）等被别的过程（调试器）所使用，一旦被使用，会导致这些程序不能很好地工作，因此此时的调试器必须通过放置在另外一台计算机上来完成，即进行远程调试。

## 2.4　Eclipse 调试方法

### 2.4.1　调试透视图

调试中最常用的窗口见表 2-1。

**表 2-1　调试常用窗口**

| 窗口 | 说明 |
| --- | --- |
| Debug 窗口 | 主要显示当前线程方法调用栈以及代码行数（有调试信息的代码） |
| 断点 Breakpoints 窗口 | 断点列表窗口，可以方便地增加断点、设置断点条件、删除断点等 |
| 变量 Variables 窗口 | 显示当前方法的本地变量，非 static 方法，包含 this 应用，可以修改变量值 |
| 代码编辑窗口 | 编写代码 |
| 输出 Console 窗口 | 日志等输出内容调试时，可以将关注的组件级别设置低一点，以便获得更多输出信息 |

调试中常用的辅助窗口见表 2-2。

**表 2-2　调试辅助窗口**

| 窗口 | 说明 |
| --- | --- |
| 表达式 expression 窗口 | 写上自己需要观察的数据的表达式或修改变量值 |
| Display 窗口 | 可以在 display 中执行代码块，输出内容等 |
| 大纲 Outline 窗口 | 查看当前类的方法、变量等 |
| 类型层级 Type hierarchy 窗口 | 查看当前所在类的继承层次，包括实现接口、类继承层次 |
| 方法调用关系 Call hierarchy 窗口 | 查看当前方法被哪些方法调用，调用方法在哪些类中、在第几行，可以直接打开对应的方法 |
| 搜索结果 Search 窗口 | 结合快捷键可以查看变量、方法等在工作空间、项目、工作集中被引用或定义的代码位置 |

### 1. 透视图总览

Eclipse 透视图总览如图 2-1 所示，各类调试相关窗口如图 2-2 所示。

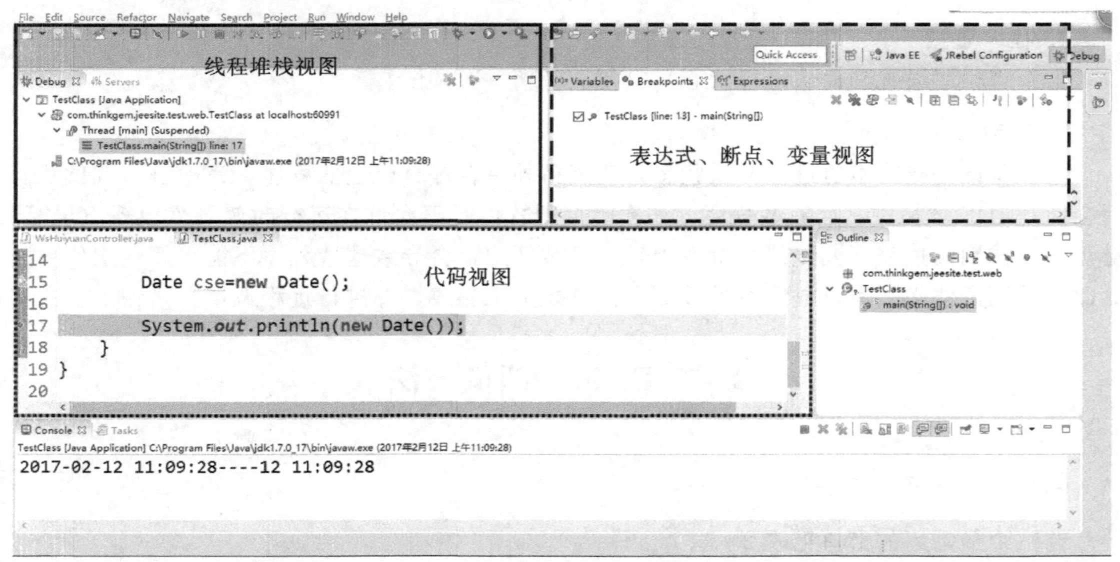


图 2-1　Eclipse 透视图

图 2-2　Eclipse 调试窗口

### 2. 线程堆栈视图（Debug View）

线程堆栈视图允许在工作台上管理正在调试和运行的程序，显示了正在调试的程序中挂起的线程的堆栈帧。程序中的每个线程作为树的节点出现，展示了正在运行的每个目标的进程。如果线程被挂起，它的堆栈帧会以子元素的形式展示。以下是一些常用的 debug 按钮。

（1）Skip All Breakpoints。将所有断点设置为被跳过的，设置了 Skip All Breakpoints 之后，所有断点上都会有一个斜线，表示断点将被跳过，线程不会在该断点处被挂起。

（2）Drop to Frame。该命令可以让程序回到当前方法的开头第一行重新开始执行或重新执行这个 Java 堆栈帧，也可以选择一个指定的堆栈帧，然后点击 Drop to Frame，这样就可以重新进入指定的堆栈帧。使用 Drop to Frame 时候需要注意：①不能 drop 到已经执行过的方法栈中的方法中；②drop 到 stack frame 中时，不会改变全局数据原有的值，如一个包含元素的 vertor 并不会被清空。

（3）Step Filters。该功能比较简单，就是当在 debug 的时候想要忽略一些不关注的类时，可以开启 Step Filters 进行过滤，程序会一直执行直到遇到未经过滤的位置或断点。Step Filters 功能由 Use Step Filters、Edit Step Filters、Filter Type、Filter Package 四项组成。具体操作步骤如下。

步骤 1：Windows→Preferences→Java→Debug→Step Filtering。

步骤 2：选择“Use Step Filters”。

步骤 3：在屏幕上选中所需的选项，可以添加自己代码库中的部分代码。

步骤 4：点击“Apply”。

原理上，Edit Step Filter 命令用于配置 Step Filter 规则，而 Filter Type 与 Filter Package 分别指的是过滤的 Java 类型与 JavaPackage。

（4）Step Return。跳出当前方法，在被调用方法的执行过程中，使用 Step Return 会在执行完当前方法的全部代码后跳出该方法返回到调用该方法的方法中。

（5）Step Over。在单步执行时，在函数内遇到子函数时不会进入子函数内单步执行，而是将子函数整个执行完在停止，也就是把子函数整体作为一步。

（6）Step Into。单步执行，遇到子函数就进入并且继续单步执行。

（7）Resume。恢复暂停的线程，直接从当前位置跳到下一个断点位置。

（8）Suspend。暂停选定的线程，这个时候可以进行浏览或者修改代码，检查数据等。Eclipse 通过 Suspend 与 Resume 来支持线程的暂挂与恢复。一般来讲，Suspend 适用于多线程程序的调试，当需要查看某一个线程的堆栈帧及变量值时，可以通过 Suspend 命令将该线程暂挂。Resume 用于恢复，有两种 Resume 需要注意：一是当在调试过程中修改程序代码，然后保存，点击 Resume，此时程序会暂挂于断点；二是当程序抛出异常时，运行 Resume，程序也会暂挂于断点。

（9）Terminate。Eclipse 通过 Terminate 命令终止对本地程序的调试。

（10）Disconnect。Eclipse 使用 Disconnect 命令来终止与远程 JVM 的 socket 连接。

调试数据查看功能列表见表 2 - 3。

**表 2 - 3　调试数据查看功能列表**

| 功能 | 描述 |
| --- | --- |
| Inspect | 察看选择的变量、表达式的值或执行结果，再次按 ctrl＋shift＋i 可以将当前表达式或值添加到 Expressions 窗口中查看 |
| Display | 显示选择的变量、表达式的值或执行结果，再次按 ctrl＋shift＋d 可以将当前表达式或值添加到 Display 窗口中显示 |

续表

| 功能 | 描述 |
| --- | --- |
| Execute | 执行选择表达式 |
| Run to Line | 执行到当前行（将忽略中间所有断点，执行到当前光标所在行） |
| All Instances | 查看选择的类的所有对象，这个功能超赞 |
| Instance Count | 查看选择的类的所有对象个数 |
| Watch | 添加当前变量、表达式到 Expressions 窗口中 |

**3. 变量视图（Variables View）**

Variables View 显示与 Debug View 中选定的堆栈帧相关的变量信息，调试 Java 程序时，变量可以选择将更详细的信息显示在详细信息窗格中。此外，Java 对象还可以显示出其包含的属性的值。在该窗口中选中变量，鼠标右键点击可以进行许多操作，主要操作如图 2-3 所示。

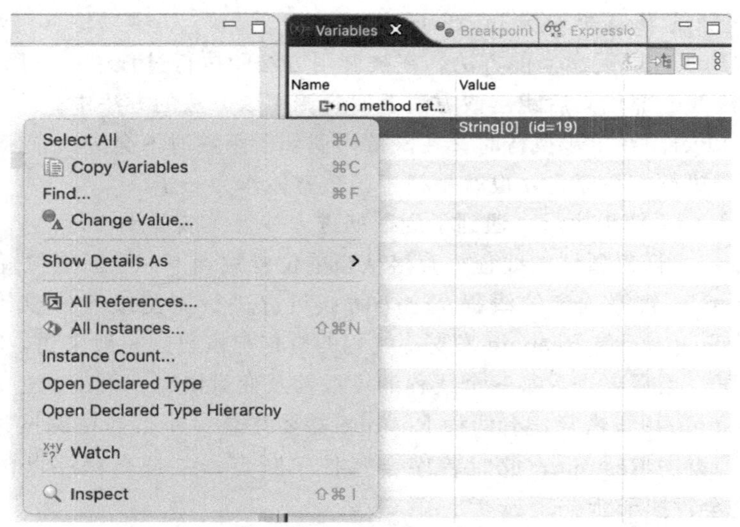


图 2-3 变量视图主要操作

All Instances：打开一个对话框来显示该 Java 类的所有实例，使用该功能需要 Java 虚拟机支持实例的检索。

All References：打开一个对话框来显示所有引用了该变量的 Java 对象。

Change Value：更改变量的值，该功能可以和 Drop to Frame 联合使用进行程序调试。使用这两个功能就可以代替重新 debug。

Copy Variables：复制变量的值，尤其在变量值很长（比如 json 数据）的时候，这个功能就派上用场了。

Find：一个类中变量特别多的时候可以进行查找。

**4. 断点视图（Breakpoints View）**

Breakpoints View 将列出在当前工作区间里设置的所有断点，双击断点可以进入到程序中该断点的位置。还可以启用或禁用断点，删除或添加新的断点，根据工作组或点命中计数给他们分组。使用断点时有两个技巧十分有用：①Hit Count，是指定断点处的代码段运行多少次，最典型的就是循环，如果要让一个循环执行 10 次就线程挂起，则指定 Hit Count 值为 10，那么当前的循环执行到第 9 次的时候就会停止；②Conditional 是条件判断，例如需要循环变量 i＝＝10 时，线程挂起，则条件设定为 i＝＝10，选择 Suspend when“true”。

如果上面的 Hit Count 和 Conditional 都选择的话，若表达式和值设置不合理则会失效。如果选择 Suspend when value changes，那么可能在 Conditional 在变量值发生改变的时候就挂起，如图 2－4 所示。

图 2－4　断点视图

### 5. 表达式视图 (Expressions View)

表达式视图如图 2－5 所示。

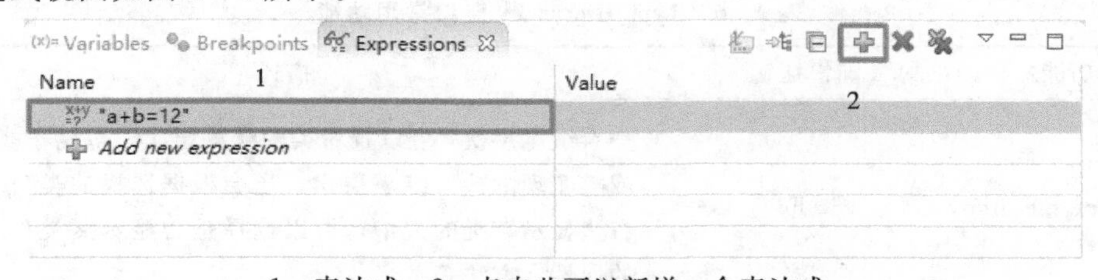


1—表达式；2—点击此可以新增一个表达式。

图 2－5 表达式视图

要在 Debug 透视图的编辑器中求表达式的值，选中设置有断点的一整行，并在上下文菜单中选择 Inspect 选项。表达式是在当前堆栈帧的上下文中求值的，其结果显示在 Display 窗口的 Expressions 视图中。如想要计算变量 a＋b 的值，那么就可以在表达式视图中加一个表达式 a＋b。

### 6. 显示视图 (Display View)

使用这个视图，输入或者演算一些新的代码，这些代码在当前的调试位置的上下文环境中被执行，这意味着可以使用所有变量甚至是内容助手。要执行代码的话，只需标记它，并使用右键菜单 Ctrl＋U（执行）或 Ctrl＋Shift＋I（检查）。

### 7. 代码查看辅助窗口

代码窗口常用功能见表 2－4。

表 2－4　代码窗口功能

| 功能 | 快捷键 | 描述 |
| --- | --- | --- |
| quick type hierarchy | Ctrl＋T | 查看当前类、接口的继承层次，默认进入时显示继承/实现当前类/方法的子类、子接口；再次按 Ctrl＋T，将显示当前类、接口继承/实现的超类/接口；调试时，经常用该功能，在接口或抽象类的方法调用处按 Ctrl＋T 查看实现类，直接导航到对应的实现方法中 |
| quick outline | Ctrl＋O | 查看当前类的大纲，包括方法，属性等内容 |
| open declarations | F3 | 查看变量、属性、方法定义 |

Call Hierarchy 窗口常用功能见表 2－5。

表 2－5　Call Hierarchy 窗口常用功能

| 功能 | 快捷键 | 描述 |
| --- | --- | --- |
| open call hierarchy | Ctrl＋Alt＋H | 查看方法被调用层次，可以看当前方法被调用的地方或当前方法调用了其他类的方法 |

Type Hierarchy 窗口常用功能见表 2－6。

表 2－6　Type Hierarchy 窗口常用功能

| 功能 | 快捷键 | 描述 |
| --- | --- | --- |
| open type hierarchy | F4 | 查看继承层次，可以查看类的继承层次，包括子类父类或类实现的接口继承层次，还会根据选择的类/接口在右边显示该类的大纲；可以选择是否显示父类/父接口的属性、方法等 |

Search 窗口常用功能见表 2－7。

表 2-7 Search 窗口常用功能

| 功能 | 快捷键 | 描述 |
| --- | --- | --- |
| declarations | Ctrl+G | 相同的方法签名在工作空间中及第三方 jar 包中被定义的位置 |
| references | Ctrl+Shif+H | 当前选中的变量、属性、方法在工作空间中及第三方 jar 包中被引用的位置 |

### 2.4.2 调试 (Debug)

在源代码文件中，在想要设置断点的代码行的前面的标记行处双击鼠标左键就可以设置断点，在相同位置再次双击即可取消断点。有时不想一行一行地执行代码，如一个 for 循环会循环 1000 多遍，只想在第 500 遍的时候让线程挂起进行调试，这时可以使用条件断点。设置条件断点：可以给该断点设置触发条件，一旦满足某条件是才开始调试，可以在断点处点击鼠标右键，选择 Breakpoint Properties 进入断点设置页面，通过 Hit Count 和 Conditional 可以设置条件和执行次数。

**1. 断点类型及断点窗口**

在调试中可以设置的断点类型有五种：行断点（line breakpoints）、方法断点（method breakpoints ）、观察断点（watch breakpoints）、异常断点（exception breakpoints）、类加载断点（class load breakpoints）。

1）行断点

如图 2-6 所示，1.1、1.4 为在方法中的某一行上设置断点。1.3 中可以设置行断点挂起线程的条件，1.2 中设置访问次数。1.3 中的条件为：spring 在注册 Bean 定义（register Bean Definition）时，如果是 org. springframework. demo. MyBean，就挂起线程，可以开始单步调试了。对于 1.2 中 Hit count 的使用，一般是在循环中，第 N 个对象的处理有问题，设置 Hit count = N，重调试时，可以方便到达需要调试的循环次数时，停下来调试。

2）方法断点

如图 2-6 所示，2.1、2.2 为在方法上设置断点。方法断点的优点是可以在 2.3 中设置方法进入或者退出，停下来调试，类似行断点，而且只有行断点和方法断点有条件和访问次数的设置功能。方法断点还有另外一个优点，如果代码编译时，指定不携带调试信息，行断点是不起作用的，只能设置方法断点。有兴趣的读者可以通过 A1 将 Add line number…前的勾去掉，调试下看看。

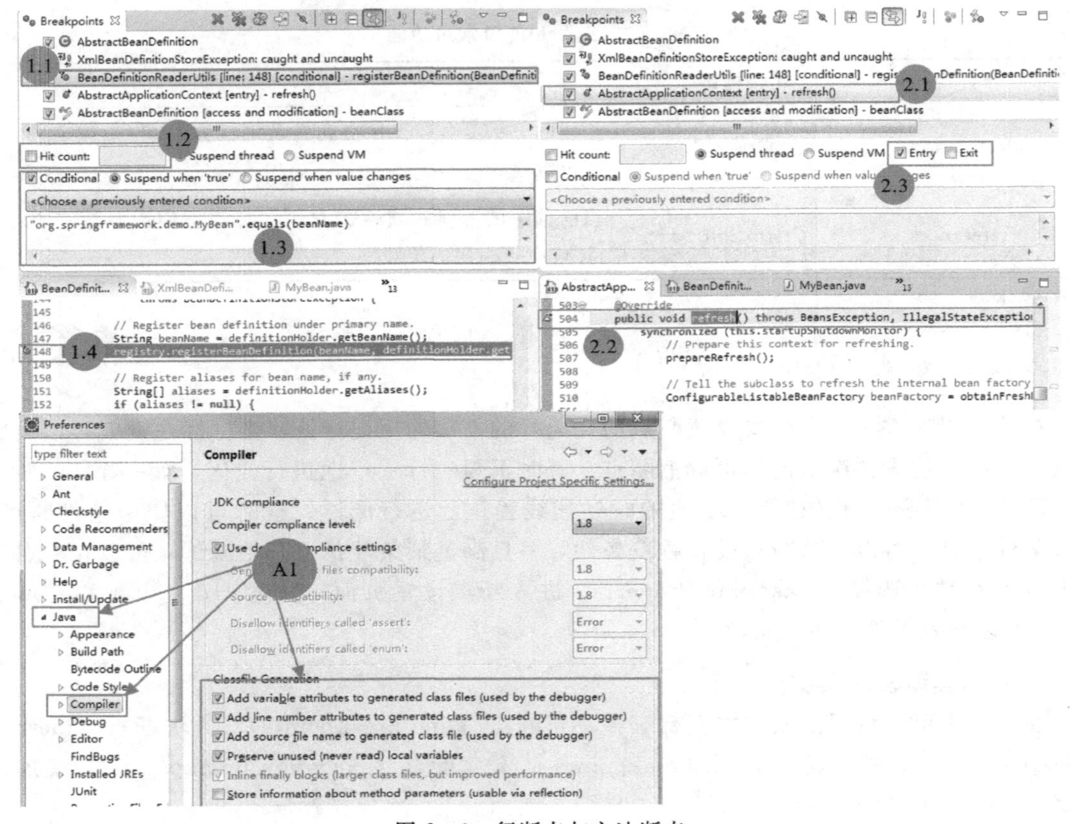


图 2-6　行断点与方法断点

3）观察断点

如图 2-7 所示，3.1、3.3 为在成员变量上设置的断点。只有对象成员变量有效果，静态成员变量不起作用。3.2 为可以设置变量被访问或者设置的时候挂起线程，也就是类似 3.4 的所有对成员变量的访问或者设置的方法都会被监控到。

4）异常断点

如图 2-7 所示，异常断点可以在 4.6 中添加，或点击日志信息中输出的异常类信息添加。异常断点 4.1 中出现系统异常时，4.2、4.4 分别为在被捕获异常的抛出位置和程序未捕获的异常抛出位置，挂起线程，也可以在 4.3、4.5 中指定是否包括异常的子类也被检测。另外，除了以上正常设置的异常挂起，从 java→debug 中可以设置挂起执行，主要有以下两个：①是否在发生全局未捕获时挂起（Suspend execution on uncaught exceptions），调试时，经常有异常挂起影响调试，但是若没有设置异常断点的情况，就可以勾选掉这个选项；②是否在编译错误时挂起，一般在边调试边改代码时会发生这种情况；另外要提及的是有 main 方法启动的应用，可以在调试配置中勾选 A3 中的 Stop in main，程序进入时，会挂起线程，等待调试。

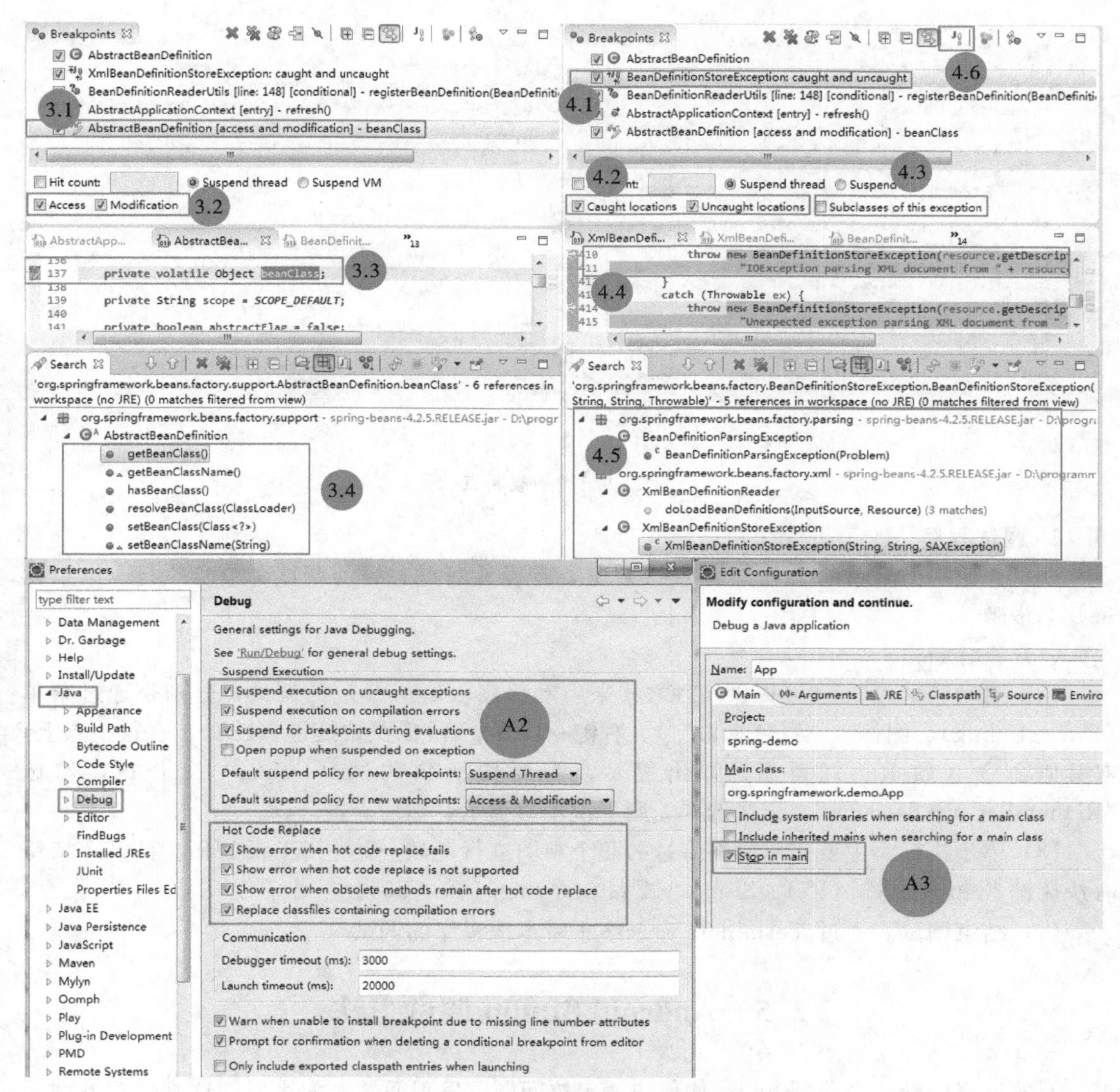


图 2-7　观察断点与异常断点

5）类加载断点

如图 2-8 所示，5.1 为在类名上设置的断点。接口上是打不了类加载断点的，但是抽象类是可以，只是在调试的时候断点不会明显进入 classloader 中，单步进入只会进入到子类的构造方法中，非抽象类在挂起线程后单步进入就会到 5.3 的 classloader 中（如果没有 filter 过滤掉的话）。在 5.2 中的类加载断点不管是设置在抽象或者非抽象类上，都会在类第一次加载或者第一个子类第一次被加载时，挂起线程。

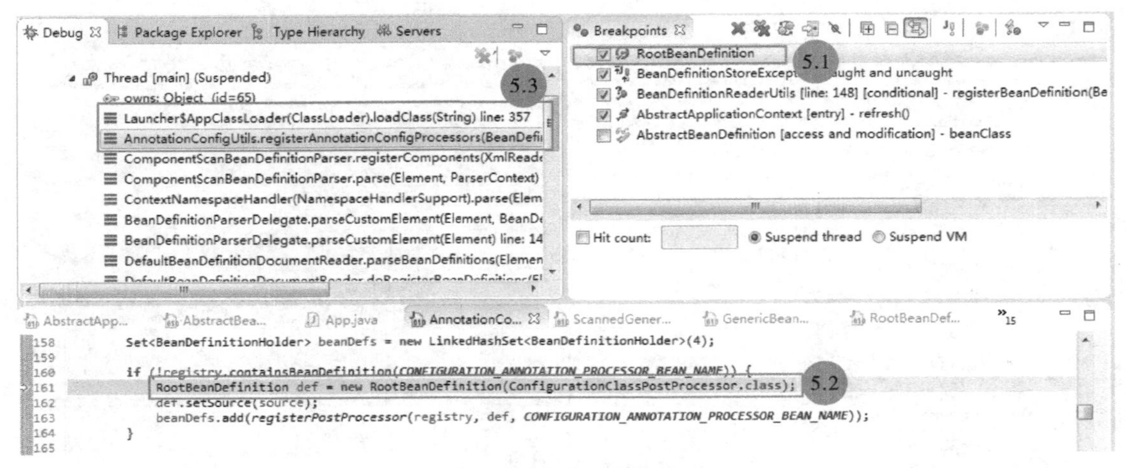

图 2-8　类加载断点

**2. 调试程序**

这里介绍一个简单的Java程序调试，主要有设置断点、启动调试、单步执行、结束调试几个步骤。

（1）设置断点。

（2）启动调试。Eclipse提供四种方式来启动程序（Launch）的调试，分别是通过菜单（Run→Debug）、图标（“绿色臭虫”）、右键→Debug As以及快捷键（F11），在这一点上，与其他命令（如Run）类似。弹出提示，需要切换到调试（Debug）工作区，勾选“Remember my decision”，记住选择，则下次不再提示，然后点击Yes。

（3）单步执行。主要使用前面讲过的几个视图进行调试，其中debug视图中的几个按钮有快捷键Step Retuen（F7）、Step Over（F6）、Step Into（F5）。

（4）结束调试。通过Terminate命令终止对本地程序的调试。

## 2.5　Android Studio 调试方法

开发过程中难免会遇到bug，如何快速定位问题并发现问题尤为重要，这直接关系到开发的效率。为此，必须要快速、准确地定位问题，提高开发效率并提升代码质量。本节介绍Android Studio中的Debug调试基础和技巧，帮助读者高效精准地定位问题、发现问题、解决问题。

一般来说，Android Studio有两种调试模式：一是使用attach process，启动APK之后设置断点，条件触发后进入调试模式；二是提前设置断点，用Debug模式编译安装这个app。

这里介绍attach process模式的Android Studio调试，图2-9为进入Debug模式后的界面。

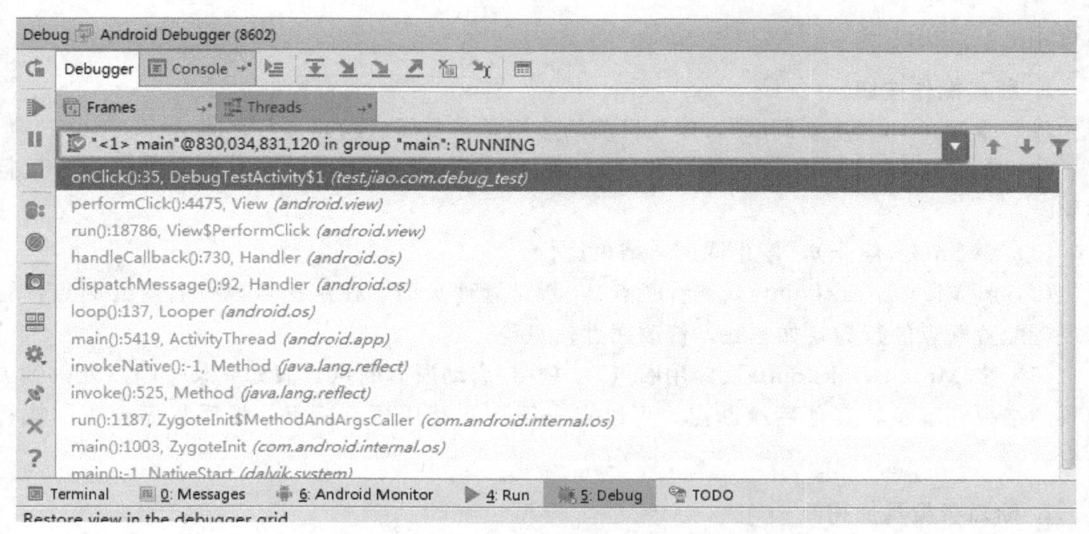


图 2-9　Debug 模式界面

### 2.5.1　单步调试

该部分提供的调试操作主要有 Step Over、Step Into、Force Step Into、Step Out、Drop Frame，下面分别介绍：

(1) Show Execution Point（显示执行位置），光标将定位到当前正在调试的位置。

(2) Step Over（单步跳过），将导致程序向下执行一行。如果当前行是一个方法调用，此行调用的方法被执行完毕后再到下一行。

(3) Step Into（单步跳入），执行该操作将导致程序向下执行一行。如果该行有自定义的方法，则进入该方法内部继续执行，需要注意如果是类库中的方法，则不会进入方法内部。

(4) Force Step Into（强制单步跳入），和 Step Into 功能类似，主要区别是：如果当前行有任何方法，则不管该方法是自行定义还是类库提供的，都能跳入到方法内部继续执行。

(5) Drop Frame（中断执行），中断执行并返回到方法执行的初始点，在这个过程中该方法对应的栈帧会从栈中移除。换言之，如果该方法是被调用的，则返回到当前方法被调用处，并且所有上下文变量的值也恢复到该方法未执行时的状态。

(6) Force Run to Cursor（强制运行到光标），忽略所有的断点，跳转到当前光标所在的位置调试。

(7) Evaluate expression（求值表达式），点击该按钮会在当前调试的语句处嵌入一个交互式解释器，在该解释器中可以执行任何想要执行的表达式进行求值操作。假如当前断点处有一个 result 的返回值，单击该按钮会弹出一个对话框，在该对话框中可以对该 result 进行各种表达式操作。

### 2.5.2　断点管理

在 Android Studio 调试过程中，断点可以让程序暂停在需要的地方，帮助分析程序运行。

**1. 断点操作按钮**

（1） Return（重新调试），停止目前的应用并且重新启动。

（2） Resume Program（继续调试），跳转到下一个断点处，如果没有断点，则运行结束。

（3） Stop（停止），停止调试，结束运行。

（4） View BreakPoints（查看断点），断点管理页面，在这里可以查看所有断点，管理或者配置断点的行为，如删除，修改属性信息等。

（5） Mute BreakPoints（禁用断点），禁用/启动所有断点，假如在某个断点处得到了想要的结果并不想看其他后续断点，可以点击该按钮禁用所有断点，然后程序会正常执行结束。

**2. 断点类型及使用**

在 Android Studio 中，断点分为五类：条件断点、日志断点、异常断点、方法断点、属性断点。

（1）条件断点。特定条件发生的断点，可将某个断点设置为只对某种事件感兴趣。最典型的应用就是在列表循环中，希望在某特定元素出现时暂停程序运行。假如有一个数组里面有 1、2、3、4、5 五个值，想在值等于 3 的时候停下来，可以设置条件断点，如图 2-10 所示。

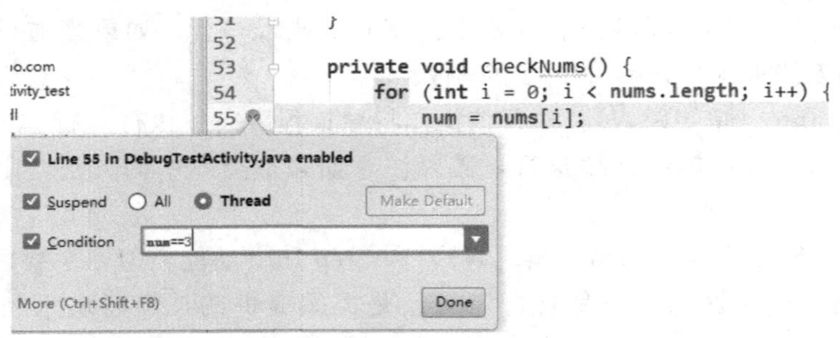


图 2-10　设置条件断点

右击断点，在弹出的对话框中设置相应的条件，运行看到如图 2-11 所示效果。

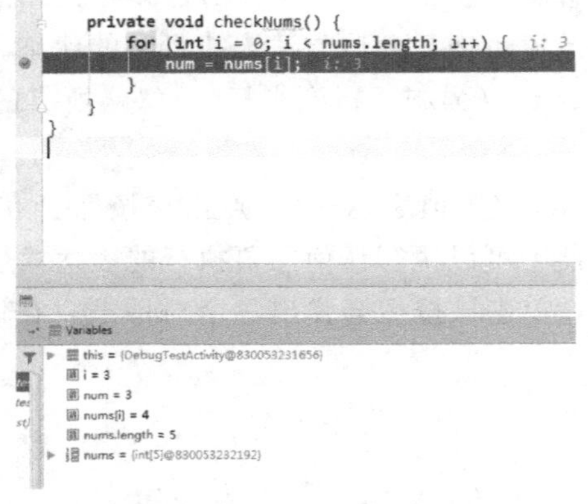


图 2-11　条件断点运行效果

可以看到在 num==3 的时候，程序停了下来。

(2) 日志断点。调试的时候希望打印日志定位异常代码，缩小范围之后再使用断点解决问题。所以经常做的事情就是在代码里面添加日志信息，输出函数参数，返回信息，输出感兴趣的变量信息等。但是这样做的问题在于需要重新编译运行程序，并且添加了很多无用的代码且不好管理，此时可以考虑使用日志断点。日志断点不会使程序停下来，在输出日志信息后继续执行，如图 2-12 所示。

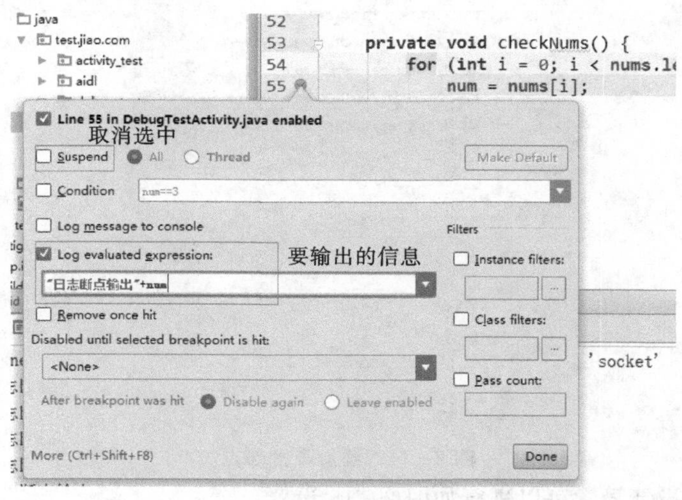


图 2-12 日志断点

右击断点，在图 2-12 的对话框中进行设置后，可以看到如图 2-13 运行效果。

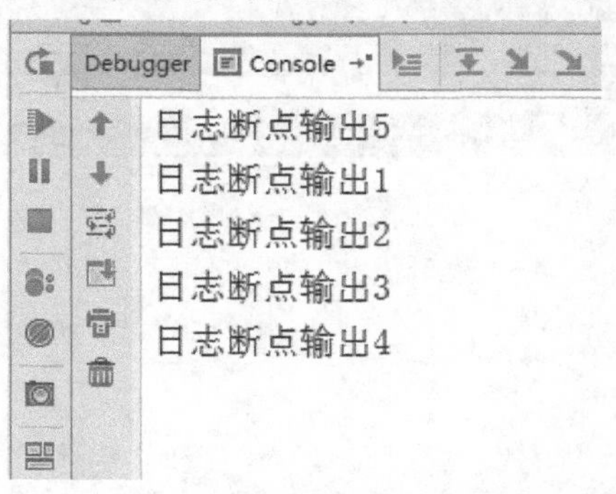


图 2-13 日志断点输出效果

(3) 异常断点。有些情况下，程序员只对异常感兴趣或者只对某些特定的异常感兴趣，并希望在程序发生异常时能停下来，这样就会留下比较多的线索，方便快速找到问题的根源。

举例说明，首先添加一个异常断点并单击，然后在弹出的对话框中进行如图 2-14 所示设置。

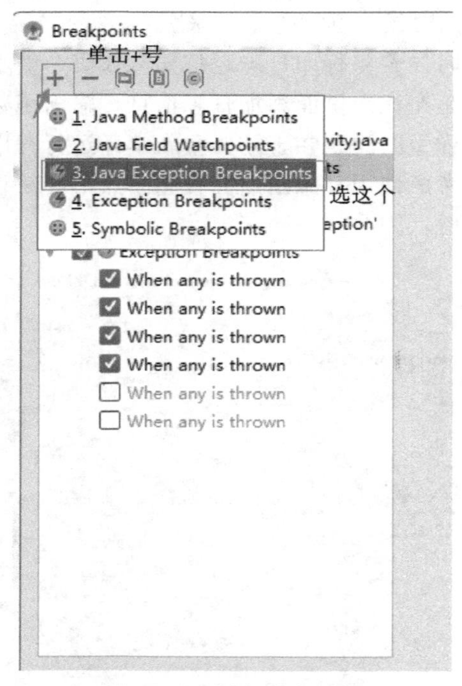


图 2-14　添加异常断点

如果只关心空指针异常可以进行如图 2-15 设置。

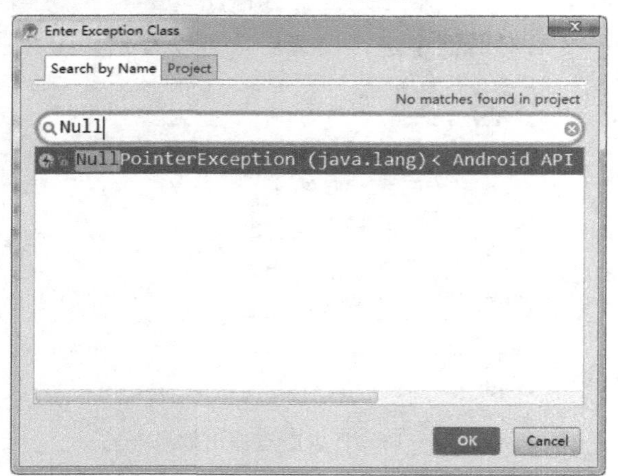


图 2-15　空指针异常断点

选中空指针异常即可，人为设置一个空指针异常后，看到如图 2-16 所示运行效果。

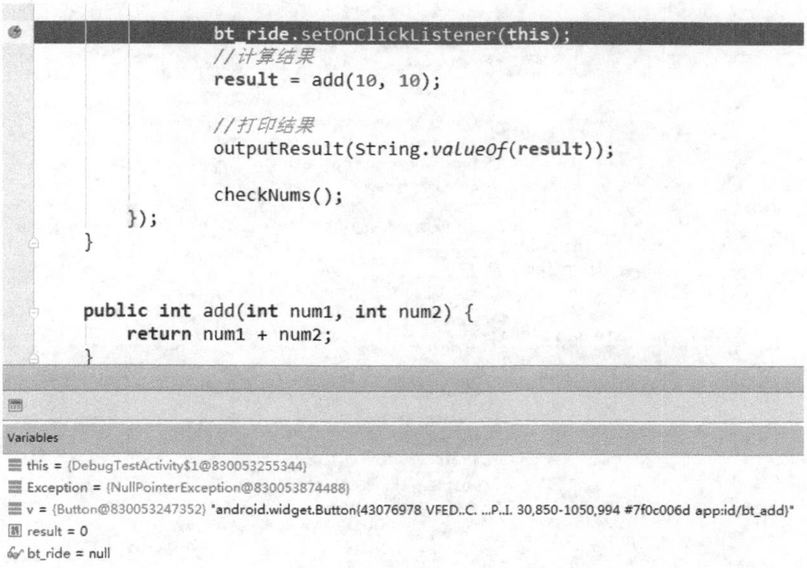

```
            bt_ride.setOnClickListener(this);
            //计算结果
            result = add(10, 10);

            //打印结果
            outputResult(String.valueOf(result));

            checkNums();
        });
    }


    public int add(int num1, int num2) {
        return num1 + num2;
    }
```

```
Variables
this = {DebugTestActivity$1@830053255344}
Exception = {NullPointerException@830053874488}
v = {Button@830053247352} "android.widget.Button{43076978 VFED..C. ...P..I. 30,850-1050,994 #7f0c006d app:id/bt_add}"
result = 0
bt_ride = null
```

图 2-16　空指针异常运行效果

图中的 bt _ ride 是一个空值的 Button，可以看到，当程序发生空指针异常后会将光标直接定位到发生异常的位置。

(4) 方法断点。传统的调试方式是以行为单位的，即单步调试，但很多时候关心的是某个函数的参数，返回值。使用方法断点可以在函数级别进行调试，如果经常跳进、跳出函数或者只对某个函数的参数感兴趣，这种类型的断点非常实用。具体使用方法是在感兴趣的方法头那一行打上断点，这时候会发现断点图标不一样，这就是方法断点，如图 2-17 所示。

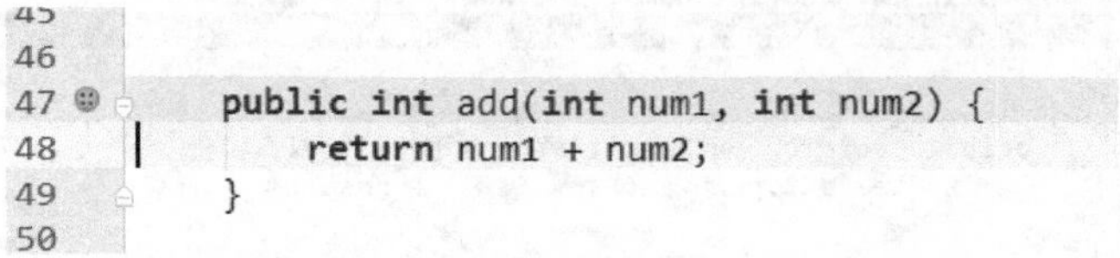

```
45
46
47      public int add(int num1, int num2) {
48          return num1 + num2;
49      }
50
```

图 2-17　方法断点

(5) 监控断点 (Field WatchPoint)，可以在某个 Field 被访问或者修改时让程序断下来，如图 2-18 所示。

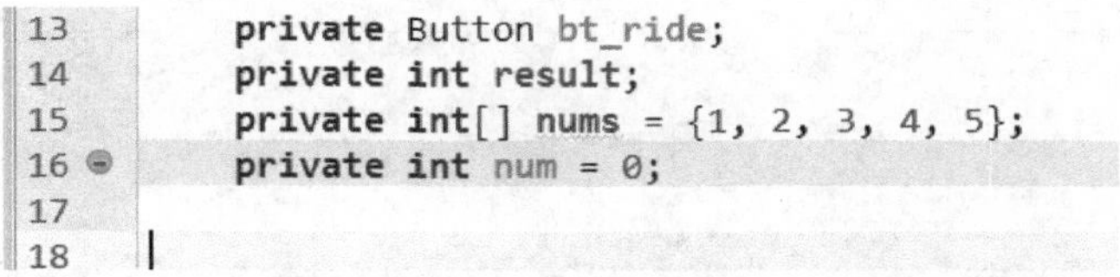

```
13      private Button bt_ride;
14      private int result;
15      private int[] nums = {1, 2, 3, 4, 5};
16      private int num = 0;
17
18
```

图 2-18　监控断点

### 2.5.3　变量观察

调试的时候，如果希望查看某个变量的值，只需要按图 2-19 设置，则可以在变量观察区看到该变量的值。

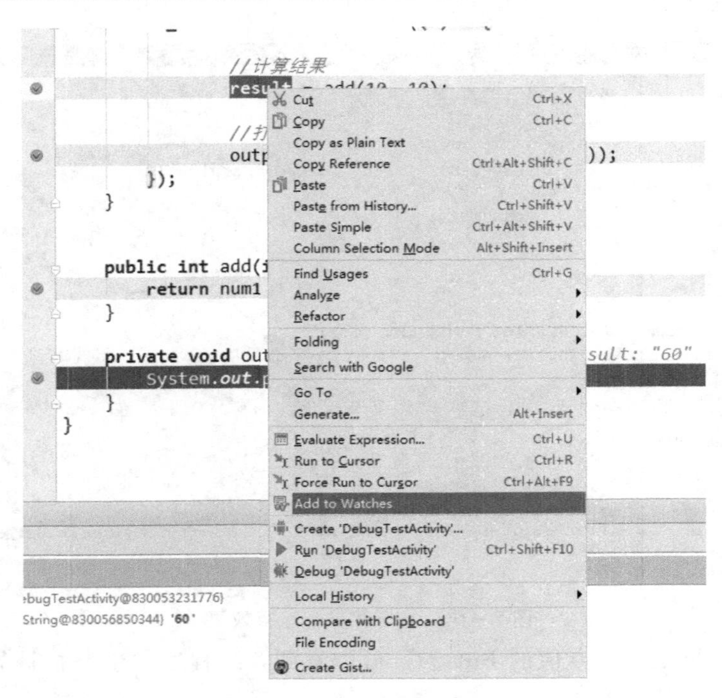


图 2-19　变量观察

如果在调试过程中突然想要了解这个变量换一个值后的运行结果，可以在调试过程中修改该变量的值，具体操作如图 2-20 所示。右击变量 num2 选择 set value 可以弹出对话框重新设置 num2 的值，如图 2-21 所示。

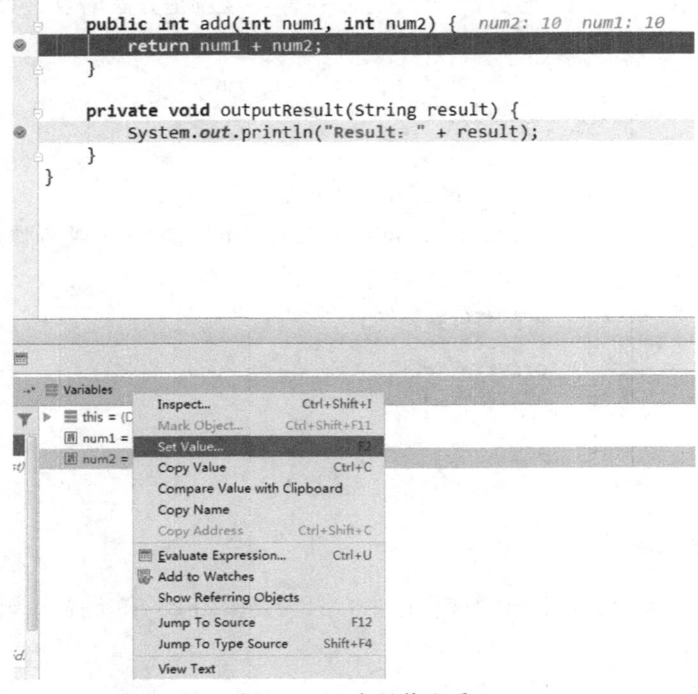


图 2-20　变量值查看

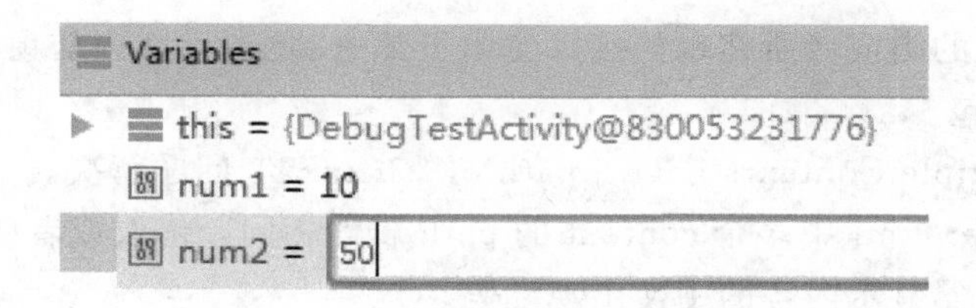


图 2 - 21　变量值设置

num2 的值原先为 10，修改为 50，回车即可生效，运行结果发生变化，如图 2 - 22 所示。

```
            //计算结果
            result = add(10, 10);

            //打印结果
            outputResult(String.valueOf(result));
        });
    }

    public int add(int num1, int num2) {
        return num1 + num2;
    }

    private void outputResult(String result) {
        System.out.println("Result: " + result);
    }
}
```

```
Variables
▶ this = {DebugTestActivity$1@830053256160}
▶ v = {Button@830053248168} "android.widget.Button{43076ca8 VFED..C. ...P..I. 30,850-1050,994 #7f0c006d app:id/bt_add}"
  result = 60
```

图 2 - 22　变量值调整运行效果

# 2.6　常见调试错误信息

## 2.6.1　Eclipse 常见报错及解决办法

（1）报错：Error querying database. Cause：Java. sql. SQLException：ORA - 00923：未找到要求的 FROM 关键字。

解决办法：SQL 语法问题，工程出现乱码，编码方式不对，看日志找到对应乱码位置，调整 workspace 的编码方式即可。

（2）报错：ORA - 01722：无效数字 SQLSTMT：OPEN C _ DYNAMIC _ SQL。

解决办法：数据库中存在异常数据，这里即是某个字段数据的值同时存在字符串型数字和字符串，删除字符串类型数据。

（3）报错：Eclipse hierarchy of the type is inconsistent。

解决办法：继承的类或者所实现的接口使用了其他 jar 包，而当前项目却没有引入该 jar 包，应引入对应 jar 包。

(4) 报错：Multiple Contexts have a path of " /xxxx" 问题解决。

解决办法：server. xml 中多个 context 的 path 属性相同，修改或者删除一个即可。

(5) 报错：浏览器显示内容的中文出现乱码。

解决办法：将 Eclipse 首选项中 workspace 的字符集改成 GBK 的，再重新运行项目。

(6) 报错：Java. sql. SQLException：ORA - 01789：查询块具有不正确的结果列数 \ n \ n；bad SQL grammar []。

解决办法：Java 数据类型与数据库表的不一致，按需修改。

(7) 报错：Java. lang. OutOfMemoryError：PermGen space。

解决办法：给 Tomcat 增加内存或者减少运行在 Tomcat 中的项目。

(8) 报错：Java. net. ConnectException：Connection timed out：connect。

解决办法：删除其他在 Tomcat webapp 目录下暂时不运行的项目。

(9) 报错：Error starting endpoint。

解决办法：Tomcat 端口和其他进程端口冲突，关掉其他进程。

(10) 报错：Can't load AMD 64 - bit . dll on a IA 32 - bit'platform。

解决办法：使 Tomcat 和 JDK 位数相同。

(11) 报错：Standard Server. await：create [8005]。

解决办法：修改 Tomcat 配置文件 server. xml 中的端口号，将 8080 端口改为其他端口号。

(12) 报错：An internal error occurred during：" Building workspace" . Javaheap space。

解决办法：工程根目录中找到项目中 . project 文件，删除这两处。

第一处：

```
<buildCommand>
        <name>org.eclipse.wst.jsdt.core.javascriptValidator</name>
        <arguments>
        </arguments>
<buildCommand>
```

第二处：

```
<nature>org.eclipse.wst.jsdt.core.jsNature</nature>
```

(13) 报错：An internal error occurred during：" Building workspace" . GC overhead limit exceeded。

解决办法：打开 Eclipse 安装目录下的 eclipse. ini 文件，将 - Xmx512m 修改为 - Xmx1024m，然后重启 Eclipse。

(14) 报错：Server Tomcat v8. 0 Server at localhost was unable to start within 45 seconds. If the server requires more time，try increasing the timeout in the server editor。

解决办法：双击底部 Servers 中的 Tomcat，打开页面设置 Timeouts 时间为 450，如图 2 - 23 所示。

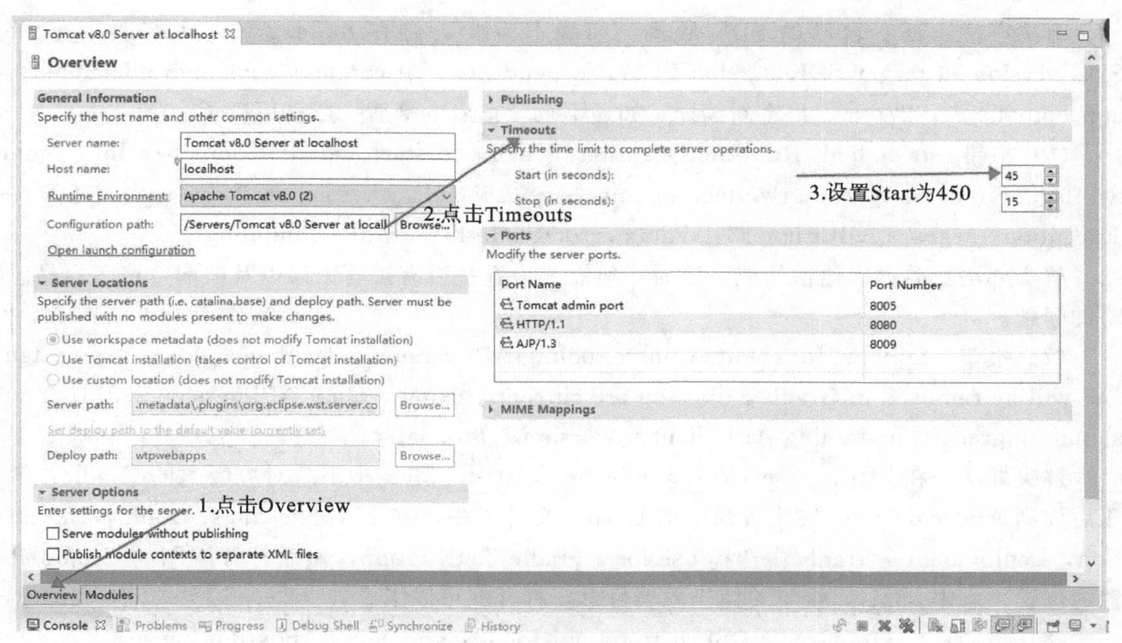


图 2－23　Tomcat 设置

## 2.6.2　Android Studio 常见报错及解决办法

（1）报错：Execution failed for task ′：app：preDebugAndroidTestBuild′. > Conflict with dependency ′com. android. support：support－annotations′ in project ′：app′. Resolved versions for app (26.1.0) and test app (27.1.1) differ。

解决办法：在 build. gradle 文件中加入以下代码，然后点击右上角的 sync Now，运行完即可。

```
configurations.all {
        resolutionStrategy.force 'com.android.support:support-annotations:26.1.0'
    }
```

（2）报错：Failed to find target with hash string ′android－版本号′ in SDK 路径。

解决办法：菜单 Tools→Android→SDK Manager 中 SDK Platforms，点击下方 show package details，然后在出现的 SDK 版本中选择对应报错的版本号后点击 apply 进行下载并安装，再重新 build 即可。

（3）报错：Failed to find Build Tools revision xx. x. xx（版本号）。

解决办法：菜单 Tools→Android→SDK Manager 中 SDK Tools，点击下方 show package details，然后在出现的 SDK Tools 版本中选择对应报错的版本号后点击 Apply 进行下载并安装，再重新 build 即可。

（4）报错：This Gradle plugin requires a newer IDE able to request IDE model level 3. For Android Studio this means version 3.0＋。

解决办法：在项目的 gradle. properties 配置文件中添加 android.injected.build.model.only.versioned＝3，然后 Try again 即可。

（5）报错：(24，13) Failed to resolve：com. android. support：appcompat－v7：XX.＋。

解决办法：查看自己的 SDK 版本，如版本为 27，则在 build. gradle 中修改 compile SDK version 和 target SDK version 为 27，dependencies 中 compile 'com. android. support：appcompat - v7：27. +'，再重新编译。如还不行，重启电脑后一般就可以了。

（6）报错：Java. lang. RuntimeException：Unable to start activity ComponentInfo {com. tw. flag. myuniversity/com. tw. flag. myuniversity. Award}：android. database. sqlite. SQLite-Exception：near " TABLEnotes"：syntax error (code 1)：，while compiling。

解决办法：数据库语法错误，这时一般需要检查是否有拼写错误以及缺漏空格等容易忽略的问题。

（7）报错：Support for clients using a tooling API version older than 3. 0 was deprecated and will be removed in Gradle 5. 0. You are currently using tooling API version 2. 2. 1. You should upgrade your tooling API client to version 3. 0 or later。

解决办法：在 http：//services. gradle. org/distributions/中下载对应版本的 Gradle，解压后放到 AndroidStudio 安装目录下的 Gradle 文件夹中，在 File→settings→Build，Execution，Deployment→Gradle 中选择 use local gradle distribution，然后打开刚刚的 Gradle 放置的位置，点击 apply，接着关掉当前项目重新打开就可以了。

（8）报错：(5，0) Gradle DSL method not found：'google () ' Possible causes。

解决办法：把 build. gradle 中的所有 google() 替换成 { url'https：//maven. google. com'}，再重新 build。

（9）报错：daemon not running；starting now at tcp：9999，Android Studio loading devices 为灰色，无法真机调试。

解决办法：将 C：\ Users \ 29983 \ AppData \ Local \ Android \ Sdk \ platform - tools 下的 adb. exe 复制到 C：\ Windows \ SysWOW64 文件夹下。

（10）报错：x86 emulation currently requires hardware acceleration。

解决办法：首先在 BIOS 里开启 Virtualization Technology 功能，然后安装 Intel HAXM，最后 AVD 即可启动。如果还解决不了，推荐使用第三方 AVD——genymotion，这个比 Android Studio 自带的更快、更易用。

（11）报错：SDK 安装不上，此时这就是用户名文件夹的问题了，项目存放文件夹名称中不能包含空格。

解决办法：可以将文件夹改名，删除空格或更换路径。

（12）报错：Android Studio 安装一直停留在 fetching Android sdk compoment information 界面。

解决办法：①找到安装的 Android Studio 目录下的 bin 目录。找到 idea. properties 文件，用文本编辑器打开；②在 idea. properties 文件末尾添加一行：disable. android. first. run ＝true ，然后保存文件；③关闭 Android Studio 后重新启动，便可进入界面。

（13）报错：Failed to fetch URL http：//dl - ssl. google. com/android/repository/repository. xml，reason：Connection timed out：connect。

解决办法：打开 SDK 目录 安装时默认地址为 C：\ Users \ Administrator \ AppData \ Local \ Android \ sdk 。打开 SDKManager，选择 Tools 下的 Options，勾选 others 中第一个选项。然后打开 C：\ Windows \ System32 \ drivers \ etc 中的 hosts 文件，在最后一行

添加如下内容：

```
203.208.46.146 www.google.com
74.125.113.121 developer.android.com
203.208.46.146 dl.google.com
203.208.46.146 dl-ssl.google.com
```

（14）报错：Gradle project sync failed . Please fix your project and try again。

解决办法：① File→Invalidate caches/Restart...，关闭 Android Studio，然后重命名或者删除用户目录下的 .gradle 文件夹，重启 Android Studio 下载 Gradle，重新编译项目；② 打开 File 下的 Settings 搜索 gradle，将 Offline work 选上；③ 从其他项目中拷贝 gradle 和 .gradle 两个目录，覆盖本项目的这两个目录。

（15）报错：ADB not responding. If you′d liketo retry, then please manually kill "adb.exe" and ......

解决办法：出现这个错误一般是 5037 的端口号被占用，可以尝试以 Win＋ R 打开运行，输入 cmd 打开命令提示符，输入命令 netstat - ano ｜ findstr " 5037" 查找占用5037 端口号进程的 PID，如下：

```
C:\Users\asus>netstat-ano | findstr " 5037"
  TCP    127.0.0.1:5037        0.0.0.0:0                    LISTENING       964
  TCP    127.0.0.1:5037        127.0.0.1:51336      TIME_WAIT       0
  TCP    127.0.0.1:5037        127.0.0.1:51337      TIME_WAIT       0
```

此时占用端口的是 PID 为 964 的进程。

杀死进程有两种办法：①输入" askkill /pid 964 - f"；②按下快捷键" Ctrl ＋ Alt ＋ Del" 打开任务管理器，找到对应的 PID 号，点击“结束进程”。

（16）报错：com.android.dex.DexException：Multipledex files define（重复引用包）。

解决办法：将 build.gradle 中的代码：

```
dependencies {
        compilefileTree (dir:'libs', include:['*.jar'] )
        testCompile'junit:junit:4.12'
        compile'com.android.support:appcompat—v7:23.4.0'
    }
```

改成：

```
dependencies {
        providedfileTree (dir:'libs', include:['*.jar'] )
       testCompile'junit:junit:4.12'
       compile'com.android.support:appcompat-v7:23.4.0'
    }
```

（17）报错：Could not findcom.android.support.constraint：constraint - layout：1.0.7 - alpha3。

解决办法：Tools→Android→SDK Manager→点击 SDK Tools 标签→选择 show pack details，找到 support repository→constraintlayout for android 就可以看到现在系统中是否安装了 constraint - layout：1.0.7 - alpha3，若没有安装，选择想要安装的版本，点击 apply，会出现下载安装界面。

（18）报错：Error：Could notdownloadhamcrest - core. jar（org. hamcrest：hamcrest - core：1. 3)：No cached versionavailablefor offline mode。

解决办法：删掉或者注释 build. gradle 中的 testCompile 'junit：junit：4. 12'，然后打开 File→Settings，在左上角的搜索栏中输入 InstantRun，将右边的 Enable Instant Run to hotswap code/resource changes ondeploy（default enabled）前面的对勾去掉。

（19）报错：Unable to tunnel throughproxy. Proxy returns " HTTP/1. 1 400 Bad Request"。

解决办法：Settings→选中 Use local gradle distribution→设置与 studio 版本匹配的 gradle→OK。

（20）报错：http：//schemas. android. com/apk/res/android URI is not registered。

解决办法：File→Settings→Plugin→勾选 AndroidSupport。

（21）报错：(48，0) Declaring custom 'clean' task when using the standard Gradle lifecycle plugins is not allowed。

解决办法：输入如下代码即可。

```
task clean (type: Delete) {
  delete rootProject. buildDir
}
```

（22）报错：All flavors must now belong to a named flavor dimension。

解决办法：在 build. gradle 中的 defaultConfig 中添加 flavorDimensions "1" 就可以了，后面的 1 一般是跟 versionCode 相同。

（23）报错：Java. util. concurrent. ExecutionException：com. android. tools. aapt2. Aapt-2Exception。

解决办法：在 gradle. properties 中关闭 APPT2 编译，加上如下代码即可。

```
android. enableAapt2=false
```

（24）报错：Unable to merge dex。

解决办法：Jar 包重复导致的问题，建议打开每个 jar 包里面的内容去检查包名。

（25）报错：Plugin with id 'com. github. dcendents. android - maven' not found。

解决办法：在 Project 下 build. grade 里面添加全局依赖如下，添加完之后同步即可。

```
buildscript {
repositories {
  jcenter ()
}
dependencies {
  classpath 'com. android. tools. build: gradle: 3. 1. 3'
  //1. 自动化 maven 打包插件
  classpath 'com. github. dcendents: android - maven - gradle - plugin: 2. 0'
  //2. 自动上传至 Bintray 平台插件
  classpath " com. jfrog. bintray. gradle: gradle - bintray - plugin: 1. 7. 3"
  // NOTE: Do not place your application dependencies here; they belong
  // in the individual module build. gradle files
```

```
    }
}
```

（26）报错：Manifest merger failed with multiple errors，see logs。

解决办法：在项目的 Application 节点中加入 tools：replace 来替换三方库中的相关属性，如下：

```
<application ... tools: replace=" android: allowBackup, android: icon" >
```

（27）报错：No static field xxxx of type I in class Lcom/xxx/xxx/R $ id；控件 id 找不到问题问题描述。

解决办法：如果可以找到此 id 的话，说明 layout. xml 有重复的，把当前的 layout. xml 修改一下名字，主工程和 Model 中的布局文件名称 layout. xml 也不可以相同。注意：需要修改的是 layout. xml 的名字而不是该控件的 id 的名字。

# 第二部分

## 基础实验

# 第3章

# Java 开发基础

## 3.1 实验一 Java开发基础

实验学时：2；实验类型：验证；实验要求：必修。

### 3.1.1 实验目的

通过本实验的学习，使学生掌握Java开发的基础知识，培养学生运用Eclipse编程环境进行Java开发的技能。

### 3.1.2 实验内容

（1）Eclipse的Java开发环境配置；

（2）Java的变量、语句、数组和表达式的使用。

### 3.1.3 实验原理、方法和手段

Java是一门面向对象编程语言，不仅吸收了C++语言的各种优点，还摒弃了C++里难以理解的多继承、指针等概念，因此Java语言具有功能强大和简单易用的特点。Java语言作为静态面向对象编程语言的代表，极好地实现了面向对象理论，允许程序员以优雅的思维方式进行复杂编程。Java具有简单性、面向对象、分布式、健壮性、安全性、平台独立与可移植性、多线程、动态性等特点。Java可以编写桌面应用程序、Web应用程序、分布式系统和嵌入式系统应用程序等。

### 3.1.4 实验设备与组织运行要求

实验设备及软件：个人计算机，JavaJDK与Eclipse Enterprise Edition软件；

开发环境配置：1、2；

实验采用集中在电脑机房的授课形式。

### 3.1.5 实验步骤

（1）Eclipse编写类代码（类名要求：姓名英文，如Zhangaiguo）实现“Hello World!”显示。

主要操作过程：

①File→New→JavaProject(ExpeBasicJava)→Next......;②右键点击ExpeBasicJava→New→Package(mgis. course);③右键点击ExpeBasicJava→New→Class(Zhangaiguo)→勾选public static void main(String[] args);④在该main()主方法中输入代码System. out. printf("Hello world!");;⑤右键点击ExpeBasicJava. src. mgis. course下面的Zhangaiguo→Run As→JavaApplication，即可在下方的console窗口查看运行显示的结果。

(2) 在上面的类中添加第一个方法，完成功能：用while语句求100以内所有奇数的和。

主要操作过程：

①添加一个与main () 主方法并列的求奇数和方法，代码如下。

```
Public int sumOdd (int ceilingNumber) {
        int i, sum;
        sum=0;
        i=1;
        while (i<=ceilingNumber) {
                sum+=i;
                i+=2;
        }
        System.out.println (" sum=" +sum);
    return sum;
  }
```

②在该main () 主方法中输入代码Zhangaiguo zag=new Zhangaiguo (); zag. sumOdd (100); ③右键点击ExpeBasicJava. src. mgis. course下面的Zhangaiguo→Run As→JavaApplication，即可在下方的console窗口查看运行显示的结果。

(3) 在上面的类中添加第二个方法，完成以下功能：输入两数组：a= { {1, 5}, {2, 3}, {6, 5} }, b= { {4, 2}, {2, 6}, {5, 7} }，将它们整合为一个新的二维数组c，其元素为a、b两数组对应元素的和。

主要操作过程：

①添加一个与main () 主方法并列的矩阵求和方法，代码如下。

```
public int [] [] sumMatrix (int [] [] matrix1, int [] [] matrix2) {
        int row=matrix1.length;
     int column=matrix1 [0] .length;
     int [] [] matrixAddition = new int [row] [column];
        for (int i=0; i<row; i++) {
             for (int j=0; j<column; j++) {
                   matrixAddition [i] [j] =matrix1 [i] [j] +matrix2 [i] [j];
                                                      }
             }
     for (int i=0; i<row; i++) {
             for (int j=0; j<column; j++) {
         System.out.print (matrixAddition [i] [j] +" " );
             }
```

```
        System.out.println ();
        }
        return matrixAddition;
    }
```

②在该 main () 主方法中输入代码 int [] [] a= {{1, 5}, {2, 3}, {6, 5} }; int [] [] b= {{4, 2}, {2, 6}, {5, 7} }; zag.sumMatrix (a, b); ③右键点击 ExpeBasicJava. src. mgis. course 下面的 Zhangaiguo→Run As→JavaApplication，即可在下方的 console 窗口查看运行显示的结果。

(4) 将数组 a 中的元素全部改为自己学号的后两位数，运行程序代码，在下课前提交程序结果的截图，截图请集中保存在一个 word 文档中，word 文档统一用自己的学号+名字英文全称命名（如 1320012142 张泓）。

### 3.1.6 思考题

在 Eclipse 中新建一个项目，并根据以下代码实现：输出所有 1 到 300 间的满足 $x^2+y^2=z^2$ 的整数 x，y，z 的组合（要求 x，y，z 各不相同）。

```
publicclassTest _ key {
  publicstaticvoidmain (String [] args) {
    intx, y, z;
    intmax= (int) (Math.sqrt (300) );
    for (x=1; x<=max; x++) {
      for (y=1; y<=max; y++) {
      if (y==x) continue;
      z= (int) (Math.sqrt (x*x+y*y) );
      if (z>300) break;
        if (z*z==x*x+y*y)
        System.out.println (x+" \t" +y+" \t" +z);
      }
    }
  }
}
```

思考题参考代码及运行结果如图 3 - 1 所示。

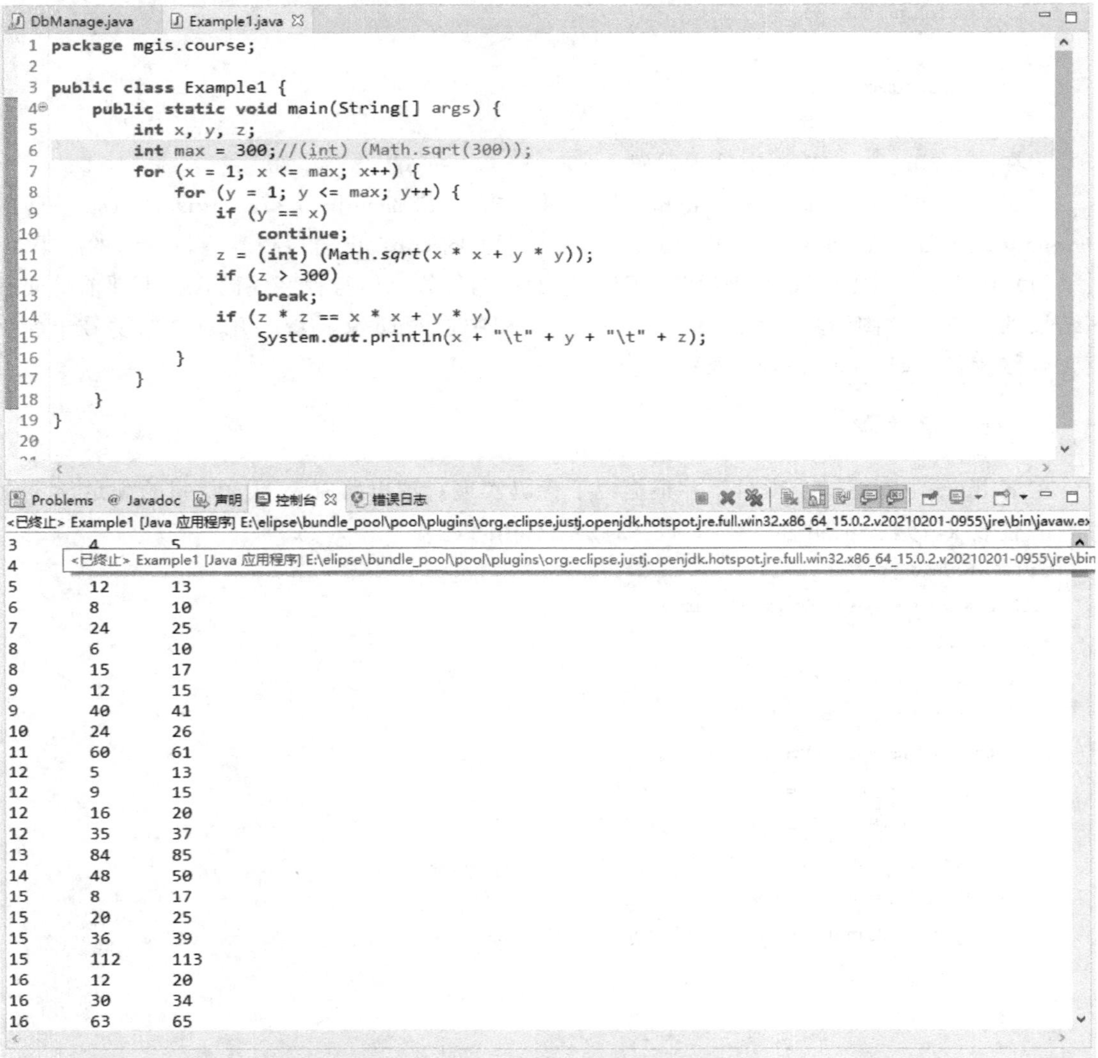

DbManage.java　Example1.java

```
 1 package mgis.course;
 2
 3 public class Example1 {
 4     public static void main(String[] args) {
 5         int x, y, z;
 6         int max = 300;//(int) (Math.sqrt(300));
 7         for (x = 1; x <= max; x++) {
 8             for (y = 1; y <= max; y++) {
 9                 if (y == x)
10                     continue;
11                 z = (int) (Math.sqrt(x * x + y * y));
12                 if (z > 300)
13                     break;
14                 if (z * z == x * x + y * y)
15                     System.out.println(x + "\t" + y + "\t" + z);
16             }
17         }
18     }
19 }
20
```

Problems　@ Javadoc　声明　控制台　错误日志

<已终止> Example1 [Java 应用程序] E:\elipse\bundle_pool\pool\plugins\org.eclipse.justj.openjdk.hotspot.jre.full.win32.x86_64_15.0.2.v20210201-0955\jre\bin\javaw.ex

```
3	4	5
4	<已终止> Example1 [Java 应用程序] E:\elipse\bundle_pool\pool\plugins\org.eclipse.justj.openjdk.hotspot.jre.full.win32.x86_64_15.0.2.v20210201-0955\jre\bin
5	12	13
6	8	10
7	24	25
8	6	10
8	15	17
9	12	15
9	40	41
10	24	26
11	60	61
12	5	13
12	9	15
12	16	20
12	35	37
13	84	85
14	48	50
15	8	17
15	20	25
15	36	39
15	112	113
16	12	20
16	30	34
16	63	65
```

图 3-1　思考题代码及运行结果

## 3.2　实验二　基于 JDBC 连接的 Java/PostgreSQL 数据库开发

实验学时：2；　实验类型：验证；　实验要求：必修。

### 3.2.1　实验目的

通过本实验的学习，使学生掌握基于 JDBC 连接的 Java/PostgreSQL 数据库开发知识，培养学生运用 Eclipse 编程环境进行 PostgreSQL 数据库的增加、删除、更新和查询功能开发的能力。

### 3.2.2　实验内容

（1）PostgreSQL 数据库的基本知识；

（2）基于 Java 的 PostgreSQL 数据库的增、删、改、查开发。

### 3.2.3　实验原理、方法和手段

Java 语言对各类数据库都有较好地开发支持。PostgreSQL 是对象关系型数据库管理系统。PostgreSQL 支持大部分 SQL（structured query language，结构化查询语言）标准并且提供了许多其他现代特性，如复杂查询、外键、触发器、视图、事务完整性、多版本并发控制等。PostgreSQL 也可以用许多方法扩展，如通过增加新的数据类型、函数、操作符、聚集函数、索引等。人们可以免费使用、修改和分发 PostgreSQL，不论是私用、商用、还是学术研究使用。通过 Java 语言的 Java 数据库连接应用开发，能够实现对 PostgreSQL 数据表的按系统要求的增、删、改、查自动管理。

### 3.2.4　实验设备与组织运行要求

实验设备及软件：个人计算机，JavaJDK、Eclipse EE、PostgreSQL 数据库、pgAdmin 软件；

开发环境配置：1、2、3；

实验采用集中在机房的授课形式。

### 3.2.5　实验步骤

（1）开始→程序→PostgreSQL，打开 pgAdmin Ⅲ 数据库管理工具软件，连接数据库服务器，然后选择 Server Groups→Servers→PostgreSQL→Databases→template _ postgis→Schemas→Public→Tables，右键创建一个新表 classlist，并建立如下字段：stuno - text，name - text，classname - text（如在导入表的时候提示路径不对，在首选项→二进制路径中把路径改为 psql. exe 的存放位置，即 psql 的安装路径）；

（2）打开班级课程点名册的 excel 电子表格，表格数据确保仅留下学号、姓名和班级三列字段及其对应数据，然后将次表格另存为 csv 格式文件，并将其编码改为 UTF - 8；

（3）在 pgAdmin Ⅲ 中，右键点击 classlist 表，选择 Import...，导入第 3 步中的 csv 文件，至此，已将数据存入 PostgreSQL 数据表；

（4）在 Eclipse 中，新建 JavaProject 项目 ExpeJavaDB，并在 ExpeJavaDB 项目中添加 Package 包名 mgis. course，然后新建 JavaClass 类 New→Class 名为 DbManage；

（5）右键选择 ExpeJavaDB，然后点击 Build Path→Configure Build Path→Add External JARs...，添加 postgresql - 9. 3 - 1101. jdbc41. jar 的数据库驱动包；

（6）建立 PostgreSQL 数据库的连接，代码如下。

```
/**
 * @method getConn () 获取数据库的连接
 * @return Connection
 */
```

```
public Connection getConn () {
  String driver = " org.postgresql.Driver";
  String url = " jdbc: postgresql: //localhost: 5432/template _ postgis"; // template _ postgis 是数据库名
  String username = " postgres";
  String password = " postgres";
  Connection conn = null;
  try {
    Class.forName (driver); // classLoader, 加载对应驱动
    conn = (Connection) DriverManager.getConnection (url, username, password);
  } catch (ClassNotFoundException e) {
    e.printStackTrace ();
  } catch (SQLException e) {
    e.printStackTrace ();
  }
  return conn;
}
```

在此过程中，若出现报错“不支援 10 验证类型”，请核对您已经组态 pg _ hba. conf 文件包含客户端的 IP 位址或网路区段，以及驱动程序所支援的验证架构模式已被支援。原因是 pg 配置 pg _ hba. conf 修改过，加密方式由默认换成 SHA - 256，导致客户端驱动包版本太低，连接异常。解决方法：①找到本地的 psql 安装路径中 pg _ hba. conf 所在位置；②将以下代码粘贴至该文件末尾处，如图 3 - 2 所示；③重启服务即可，如图 3 - 3 所示。

```
# "local" is for Unix domain socket connections only
local   all        all                          trust
# IPv4 local connections:
host    all        all        127.0.0.1/32      trust
# IPv6 local connections:
host    all        all        ::1/128           trust
```

图 3 - 2　代码复制

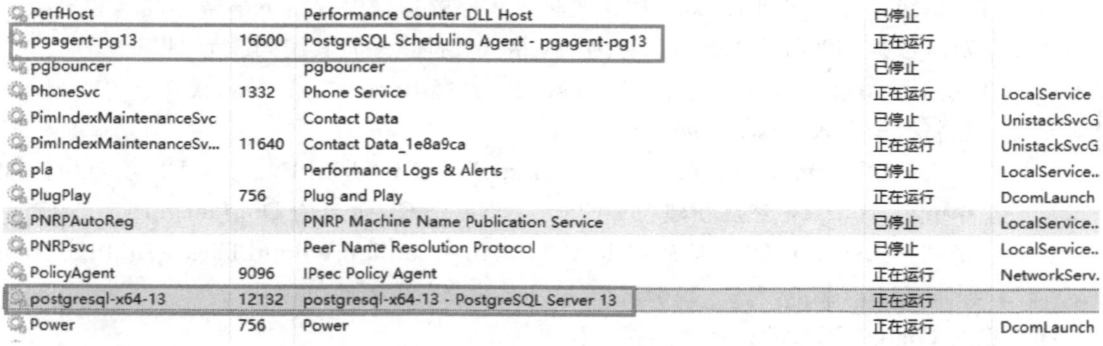

| | | | | |
|---|---|---|---|---|
| PerfHost | | Performance Counter DLL Host | 已停止 | |
| pgagent-pg13 | 16600 | PostgreSQL Scheduling Agent - pgagent-pg13 | 正在运行 | |
| pgbouncer | | pgbouncer | 已停止 | |
| PhoneSvc | 1332 | Phone Service | 正在运行 | LocalService |
| PimIndexMaintenanceSvc | | Contact Data | 已停止 | UnistackSvcG |
| PimIndexMaintenanceSv... | 11640 | Contact Data_1e8a9ca | 正在运行 | UnistackSvcG |
| pla | | Performance Logs & Alerts | 已停止 | LocalService.. |
| PlugPlay | 756 | Plug and Play | 正在运行 | DcomLaunch |
| PNRPAutoReg | | PNRP Machine Name Publication Service | 已停止 | LocalService.. |
| PNRPsvc | | Peer Name Resolution Protocol | 已停止 | LocalService.. |
| PolicyAgent | 9096 | IPsec Policy Agent | 正在运行 | NetworkServ. |
| postgresql-x64-13 | 12132 | postgresql-x64-13 - PostgreSQL Server 13 | 正在运行 | |
| Power | 756 | Power | 正在运行 | DcomLaunch |

图 3 - 3　PostgreSQL 服务重启

（7）查询数据表中的记录，代码如下。

```
/ * *
 * @method Integer getAll () 查询并打印表中数据
```

```
  * @return Integer 查询并打印表中数据
  */
public String [] [] getAll () {
  Connection conn = getConn ();
  String sql = " select * from public.classlist";
  PreparedStatement pstmt;
  String [] [] classInfo=null;
  try {
    pstmt = (PreparedStatement) conn.prepareStatement (sql,
        Java.sql.ResultSet.TYPE_SCROLL_INSENSITIVE,
        Java.sql.ResultSet.CONCUR_READ_ONLY);
    ResultSet rs = pstmt.executeQuery ();
    rs.last ();
    int rowNum=rs.getRow ();
    rs.beforeFirst ();
    int colNum=rs.getMetaData () .getColumnCount ();
    // 把查询结果放入二维数组
    classInfo = new String [rowNum] [colNum];
    for (int i = 0; rs.next (); i++) {
      for (int j = 0; j < colNum; j++) {
        classInfo [i] [j] = rs.getObject (j + 1) .toString ();
      }
    }
    // 输出二维数组
    for (int i = 0; i < classInfo.length; i++) {
      for (int j = 0; j < classInfo [0] .length; j++) {
        System.out.print (classInfo [i] [j] + " \t" );
      }
      System.out.println ();
    }
  } catch (SQLException e) {
    e.printStackTrace ();
  }
  return classInfo;
}
```

（8）在数据表中添加一条记录，代码如下。

```
/**
  * @method 存入数据表
  * @return i
  */
public int insert (String [] record) {
  int i = 0;
  Connection conn = getConn ();
```

```
        String sqlAll = " select * from public.classlist";
        String sql = " insert into public.classlist (name, classname, stuno) values (?,?,?) ";
        PreparedStatement pstmt;
        PreparedStatement pstmtAll;

        try {
          pstmtAll = (PreparedStatement) conn.prepareStatement (sqlAll, Java.sql.ResultSet.TYPE_SCROLL_IN-
SENSITIVE,
              Java.sql.ResultSet.CONCUR_READ_ONLY);
          ResultSet rsAll = pstmtAll.executeQuery ();
          int colNum = rsAll.getMetaData () .getColumnCount ();
          pstmtAll.close ();
          pstmt = (PreparedStatement) conn.prepareStatement (sql);
          for (int j = 1; j < =colNum; j++) {
            pstmt.setString (j, record [j - 1] );
          }
          i = pstmt.executeUpdate ();
          pstmt.close ();
          conn.close ();
        } catch (SQLException e) {
          e.printStackTrace ();
        }
        return i;
      }
```

在main方法中执行该方法。

```
      public static void main (String [] args) {
          DbManage dm = new DbManage ();
          Connection con = dm.getConn ();
            String [] [] com = dm.getAll ();
            String [] information = { "1712002144"," Wangwu"," 1" };
            int cop = dm.insert (information);
            String [] update = { "1712002101"," Wangwu"," 1" };
          int coq = dm.update (update);
          Int cog = dm.delete ( "1712002144" );
      }
```

（9）在数据表中更新一条记录，代码如下。

```
      /**
        * @method 更新数据表
        * @return i
        */
      public int update (String [] record) {
        int i=0;
        Connection conn = getConn ();
```

```
    String sql = " update classlist set name = ?, classname = ? where stuno=?";
    try {
      PreparedStatement pstmt= (PreparedStatement) conn.prepareStatement (sql);
      pstmt.setString (1, record [1] );
      pstmt.setString (2, record [2] );
      pstmt.setString (3, record [0] );
        i = pstmt.executeUpdate ();
        System.out.println (" 成功向 classlist 表中更新" + i + " 条记录" );
    } catch (SQLException e) {
      // TODO Auto - generated catch block
      e.printStackTrace ();
    }
    return i;
}
```

在 main 方法中执行该方法。

```
public static void main (String [] args) {
    DbManage dm = new DbManage ();
    Connection con = dm.getConn ();
      String [] [] com = dm.getAll ();
      String [] information = { "1712002144"," Wangwu"," 1" };
      int cop = dm.insert (information);
      String [] update = { "1712002101"," Wangwu"," 1" };
    int coq = dm.update (update);
    Int cog = dm.delete ( "1712002144" );
}
```

（10）在数据表中删除一条记录，代码如下。

```
/**
  * @method 删除数据表记录
  * @return i
  */
public int delete (String recordId) {
    int i=0;
    Connection conn = getConn ();
    String sql = " delete from classlist where stuno=?";
    try {
      PreparedStatement pstmt= (PreparedStatement) conn.prepareStatement (sql);
      pstmt.setString (1, recordId);
        i = pstmt.executeUpdate ();
        System.out.println (" 成功向 classlist 表中删除" + i + " 条记录" );
    } catch (SQLException e) {
      // TODO Auto - generated catch block
      e.printStackTrace ();
```

```
    }
    return i;
}
```

在 main 方法中执行该方法，此处可以依据不同的字段来进行数据的删除。

```
public static void main (String [] args) {
    DbManage dm = new DbManage ();
    Connection con = dm.getConn ();
        String [] [] com = dm.getAll ();
        String [] information = { "1712002144"," Wangwu"," 1" };
        int cop = dm.insert (information);
        String [] update = { "1712002101"," Wangwu"," 1" };
    int coq = dm.update (update);
    Int cog = dm.delete ( "1712002144" );
}
```

(11) 程序代码运行，并在数据库表中把第一行记录改为自己的信息，得到类似图 3-4 的效果。

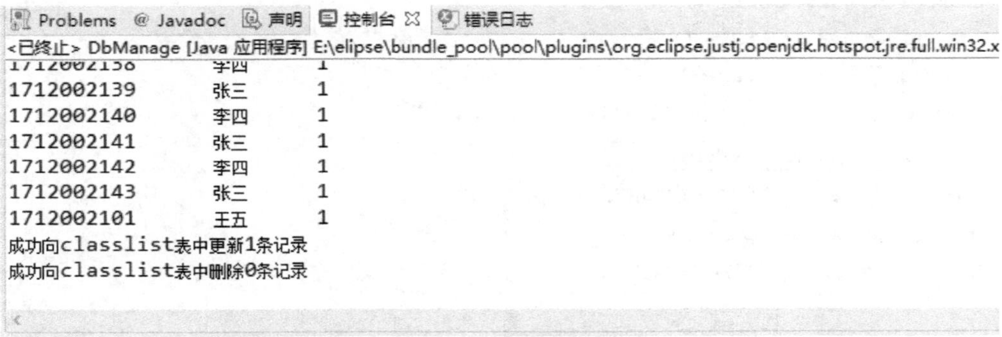

```
Problems  @ Javadoc  声明  控制台 ☒  错误日志
<已终止> DbManage [Java 应用程序] E:\elipse\bundle_pool\pool\plugins\org.eclipse.justj.openjdk.hotspot.jre.full.win32.x
1712002138      李四      1
1712002139      张三      1
1712002140      李四      1
1712002141      张三      1
1712002142      李四      1
1712002143      张三      1
1712002101      王五      1
成功向classlist表中更新1条记录
成功向classlist表中删除0条记录
```

图 3-4　程序运行效果图

### 3.2.6　思考题

尝试针对 MySQL 数据库的增、删、改、查的处理。

## 3.3　实验三　基于 MyBatis 的 Java/PostgreSQL 数据库开发

实验学时：2；　实验类型：验证；　实验要求：必修。

### 3.3.1　实验目的

通过本实验的学习，使学生掌握基于 MyBatis 映射工具的 Java/PostgreSQL 数据库开发知识，培养学生运用 Eclipse 编程环境进行 PostgreSQL 数据库的增加、删除、更新和查询功能开发的能力。

### 3.3.2 实验内容

(1) MyBatis和MySQL数据库的基本知识;
(2) 基于MyBatis的Java/PostgreSQL数据库的增、删、改、查开发。

### 3.3.3 实验原理、方法和手段

MyBatis是支持普通SQL查询、存储过程和高级映射的优秀的持久层框架。MyBatis消除了几乎所有的JDBC代码和参数的手工设置以及结果集的检索。MyBatis使用简单的XML或注解用于配置和原始映射,将接口和Java的POJOs (plain ordinary Javaobjects,普通的Java对象)映射成数据库中的记录。

MyBatis应用程序主要使用SqlSessionFactory实例,SqlSessionFactory实例可以通过SqlSessionFactoryBuilder获得。SqlSessionFactoryBuilder可以从一个xml配置文件或者一个预定义的配置类的实例获得。

通常用xml文件构建SqlSessionFactory实例,同时推荐在这个配置中使用类路径资源(classpath resource),包括用文件路径或file://开头的url创建的实例。MyBatis有一个实用类——Resources,它有很多方法,可以方便地从类路径及其他位置加载资源。

### 3.3.4 实验设备与组织运行要求

实验设备:个人计算机;
开发环境配置:1、2、3;
实验组织采用集中在机房的授课形式。

### 3.3.5 实验步骤

(1) 建立PostgreSQL数据库的数据表(admin),其结构见表3-1。

表3-1 Admin数据表设计

| 字段名称 | 数据类型 |
|---|---|
| id | Int,serial not null |
| username | String |
| password | String |
| create _ time | Date,timestamp without time zone |

(2)用Eclipse建立JavaProject,并按照图3-5所示建立配置文件(configuration. xml)、映射文件(admin. xml)及Java文件。

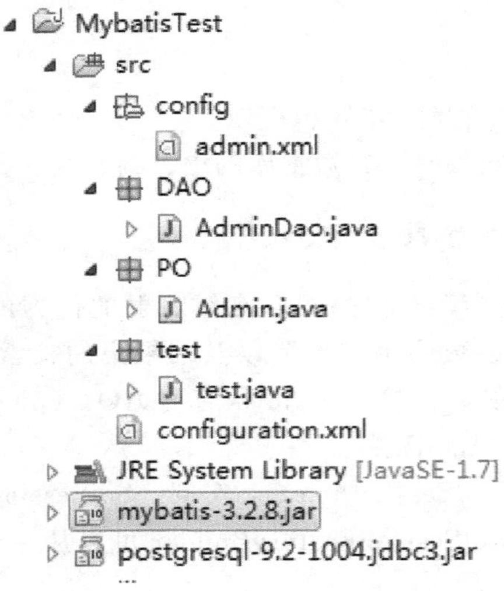

```
MybatisTest
  src
    config
      admin.xml
    DAO
      AdminDao.java
    PO
      Admin.java
    test
      test.java
    configuration.xml
  JRE System Library [JavaSE-1.7]
  mybatis-3.2.8.jar
  postgresql-9.2-1004.jdbc3.jar
  ...
```

图 3－5　项目文件结构图

(3) 编写如下的 configuration. xml 配置文件代码。

```
<? xml version=" 1.0" encoding=" UTF-8" ? >
<! DOCTYPE configuration
  PUBLIC " -//mybatis.org//DTD Config 3.0//EN"
  " http: //mybatis.org/dtd/mybatis-3-config.dtd" >
<configuration>
  <settings>
    <setting name=" cacheEnabled" value=" true" />
  </settings>
  <typeAliases>
    <! --给实体类起一个别名 user -->
    <typeAlias alias=" Admin" type=" PO.Admin" />
  </typeAliases>
  <! --数据源配置 这块用 BD2 数据库-->
  <environments default=" development" >
    <environment id=" development" >
      <transactionManager type=" jdbc" />
      <dataSource type=" POOLED" >
        <property name=" driver" value=" org.postgresql.Driver" />
        <property name=" url"
          value=" jdbc: postgresql: //127.0.0.1: 5432/desktop? charSet=utf-8" />
        <property name=" username" value=" postgres" />
        <property name=" password" value=" gjs@yl" />
      </dataSource>
    </environment>
  </environments>
<mappers>
    <! -- userMapper.xml 装载进来 同等于把 "dao" 的实现装载进来-->
```

```
    <mapper resource=" config/admin.xml" />
  </mappers>
</configuration>
```

（4）编写如下的 admin. xml 映射文件代码。

```
<? xml version=" 1.0" encoding=" UTF-8" ? >
<! DOCTYPE mapper PUBLIC " -//mybatis.org//DTD Mapper 3.0//EN"
  " http://mybatis.org/dtd/mybatis-3-mapper.dtd" >
<! --这块等于dao接口的实现 namespace必须和接口的类路径一样-->
<mapper namespace=" DAO.AdminDao" >
  <! -- type是在configuration.xml里定义过的typeAlias -->
  <resultMap id=" AdminResult" type=" Admin" >
    <result column=" id" property=" id" jdbcType=" INTEGER" />
    <result column=" username" property=" username" jdbcType=" VARCHAR" />
    <result column=" password" property=" password" jdbcType=" VARCHAR" />
    <result column=" create_time" property=" createTime" jdbcType=" TIMESTAMP" />
  </resultMap>
  <insert id=" addAdmin" parameterType=" Admin" useGeneratedKeys=" true" keyProperty=" id" >
    insert into
    admin (username, password, create_time)
    values (# {username}, # {password}, now () )
  </insert>
  <update id=" updateAdmin" parameterType=" Admin" >
    update admin set
    username=# {username: VARCHAR}, password=# {password: VARCHAR} where
    id=# {id: INTEGER}
  </update>
  <select id=" findAdmin" parameterType=" int" resultMap=" AdminResult" >
    select *
    from admin where id = # {id: INTEGER}
  </select>
  <delete id=" deleteAdmin" parameterType=" int" >
    delete
    from admin where
    id=# {id: INTEGER}
  </delete>
  <select id=" countAdmin" resultType=" int" >
    select count (*) from admin
  </select>
  <select id=" listAdmin" resultMap=" AdminResult" >
    select * from admin order by id
  </select>
</mapper>
```

（5）编写如下的 AdminDao. Java 数据存取接口代码。

```
package DAO;
importJava.util.List;
import PO.Admin;
public interface AdminDao {
  public Integer addAdmin (Admin user);
  public boolean updateAdmin (Admin user);
  public boolean deleteAdmin (Integer Id);
  public Admin findAdmin (Integer Id);
  public int countAdmin ();
  public List<Admin> listAdmin ();
}
```

(6) 编写如下的 AdminDao.Java 持久对象实现代码。

```
package PO;
importJava.util.Date;
  public class Admin {
  private Integer id;
  private String username;
  private String password;
  private Date createTime;
  public Integer getId () {
  return id;
  }
  public void setId (Integer id) {
7     this.id = id;
  }
  public String getUsername () {
    return username;
  }
  public void setUsername (String username) {
    this.username = username;
  }
  public String getPassword () {
  return password;
  }
  public void setPassword (String password) {
    this.password = password;
  }
  public Date getCreateTime () {
    return createTime;
  }
  public void setCreateTime (Date createTime) {
    this.createTime = createTime;
  }
```

```
    @Override
    public String toString () {
        return " Admin [id=" + id + ", username=" + username + ", password="
            + password + ", createTime=" + createTime + " ] ";
    }
}
```

（7）编写如下的 test. Java 测试代码。

```
package test;
importJava. io. Reader;
importJava. util. List;
import org. apache. ibatis. io. Resources;
import org. apache. ibatis. session. SqlSession;
import org. apache. ibatis. session. SqlSessionFactory;
import org. apache. ibatis. session. SqlSessionFactoryBuilder;
import DAO. AdminDao;
import PO. Admin;
/ * *
   * myBatis 数据库连接测试
   * /
public class test {
    / * *
      * 获得 MyBatis SqlSessionFactory，SqlSessionFactory 负责创建 SqlSession,
      * 一旦创建成功，就可以用 SqlSession 实例来执行映射语句，commit，rollback，close 等方法
      * /
  public static void main (String [] args) throws Exception {
      Reader reader = Resources. getResourceAsReader (" configuration. xml" );
      SqlSessionFactoryBuilder ssfBuilder = new SqlSessionFactoryBuilder ();
      SqlSessionFactory sqlSessionFactory = ssfBuilder. build (reader);
      SqlSession sqlSession = sqlSessionFactory. openSession ();
      AdminDao adminDao = sqlSession. getMapper (AdminDao. class);
      Admin admin = new Admin ();
      admin. setUsername (" gaojs" );
      admin. setPassword (" 123" );
      Integer aRet = adminDao. addAdmin (admin);
      System. out. println (" addAdmin, aRet:" + aRet);
      System. out. println (" addAdmin:" + admin);
      Admin found = adminDao. findAdmin (admin. getId () );
      System. out. println (" findAdmin:" + found);
      found. setPassword (" 1234" );
      boolean uRet = adminDao. updateAdmin (found);
      System. out. println (" updateAdmin, uRet:" + uRet);
      Admin found2 = adminDao. findAdmin (admin. getId () );
      System. out. println (" findAdmin:" + found2);
```

```
        int count = adminDao.countAdmin ();
        System.out.println (" countAdmin, count:" + count);
        List<Admin> list = adminDao.listAdmin ();
        System.out.println (" listAdmin, list:" + list);
        boolean dRet = adminDao.deleteAdmin (admin.getId () );
        System.out.println (" deleteAdmin:" + dRet);
        sqlSession.commit ();
        sqlSession.close ();
    }
}
```

(8) 运行测试，运用 pgAdmin 可视化管理工具查看 PostgreSQL 数据表插入数据后的变化。

### 3.3.6 思考题

尝试基于 MyBatis 的针对 MySQL 数据库的增、删、改、查的处理。

## 3.4 实验四 基于 Spring Boot + MyBatis+MySQL 的 JavaWeb 应用开发

实验学时：2；实验类型；验证 实验要求：必修。

### 3.4.1 实验目的

通过本实验的学习，使学生掌握基于 Spring Boot 与 MyBatis 框架的 Java/MySQL 数据库开发知识，培养学生运用 Eclipse 编程环境进行 JavaWeb 应用设计与开发，实现 MySQL 数据库的增加、删除、更新和查询功能开发的能力。

### 3.4.2 实验内容

(1) 了解 Spring Boot、MyBatis 和 MySQL 数据库的基本知识；
(2) 基于 JavaWeb 应用开发。

### 3.4.3 实验原理、方法和手段

Spring Boot 是由 Pivotal 团队提供的基于 Spring4.0 设计的全新框架，其设计目的是用来简化新 Spring 应用的初始搭建以及开发过程。该框架使用了特定的方式进行配置，从而使开发人员不再需要定义样板化的配置。通过这种方式，Spring Boot 致力于在蓬勃发展的快速应用开发领域成为领导者。

Spring Boot + MyBatis +MySQL 的结合使用，可以快速搭建网络应用的服务器端程序，并对数据库进行增、删、改、查管理。

### 3.4.4 实验设备与组织运行要求

实验设备及软件：个人计算机，JavaJDK、Eclipse EE、MySQL 数据库、MySQL Workbench 软件；

开发环境配置：1、2、7、9、10；

实验组织采用集中在机房的授课形式。

### 3.4.5　实验步骤

（1）选择 Eclipse 工具条上的 file→new→other→spring boot→Spring Starer Project，然后点击 Next。

如图 3－6 所示，勾选 JDBC、MySQL、Web、MyBatis，点击 Finish，一个 Spring Boot 项目就新建好了。

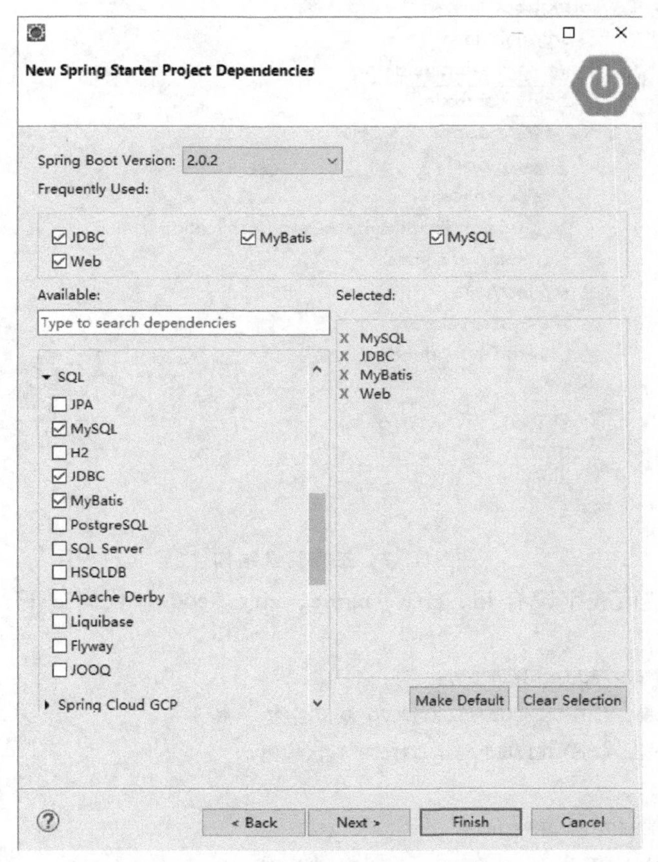


图 3－6　设置 Spring Boot 项目依赖

新建工程中遇到的问题：新建好工程的 pom. xml 第一行报错，原因是有些 jar 未下载，将 maven 的 settings. xml 文件的地址修改为国内的镜像地址即可，代码如下。

```
<settings xmlns = " http://maven.apache.org/SETTINGS/1.0.0" xmlns:xsi = " http://www.w3.org/2001/XMLSchema - instance"
  xsi:schemaLocation=" http://maven.apache.org/SETTINGS/1.0.0 https://maven.apache.org/xsd/settings-1.0.0.xsd" >
<! --设置本地仓库的地址-->
  <localRepository>$ {user.home} /.m2/repository</localRepository>
  <mirrors>
    <mirror>
```

```
        <id>alimaven</id>
        <name>aliyun maven</name>
        <url>http://maven.aliyun.com/nexus/content/repositories/central</url>
        <mirrorOf>central</mirrorOf>
      </mirror>
    </mirrors>
  </settings>
```

完整的工程目录如图 3-7 所示。

```
springboot_mybatis_demo [boot]
  src/main/java
    com.example.demo
      controller
      mapper
      model
      service
      SpringbootMybatisDemoApplication.java
  src/main/resources
  src/test/java
  JRE System Library [JavaSE-1.8]
  Maven Dependencies
  src
  target
  mvnw
  mvnw.cmd
  pom.xml
```

图 3-7　工程目录结构

（2）创建一张城市表字段有 id、city _ name、city _ code，代码如下。

```
CREATE TABLE 'city' (
  'Id' int (11) NOT NULL AUTO _ INCREMENT,
  'city _ name' varchar (50) DEFAULT NULL COMMENT '城市名称',
  'city _ code' varchar (255) DEFAULT NULL COMMENT '地区编码',
  PRIMARY KEY ('Id')
) ENGINE=InnoDB DEFAULT CHARSET=utf8;
```

（3）在 Eclipse 中运用 mybatis generator 自动生成 mapping、model、mapper。在 pom.xml 文件中的<plugin>并列添加，代码如下。

```
  <plugin>
                  <groupId>org.mybatis.generator</groupId>
                  <artifactId>mybatis-generator-maven-plugin</artifactId>
                  <version>1.3.6</version>
                  <configuration> <configurationFile> $ {basedir} /src/main/resources/generator/gen-
eratorConfig.xml</configurationFile>
                      <overwrite>true</overwrite>
                      <verbose>true</verbose>
                  </configuration>
```

```
</plugin>
```

编写如下的 generatorConfig.xml 配置文件，代码如下。

```
<? xml version=" 1.0" encoding=" UTF - 8"? >
<! DOCTYPE generatorConfiguration
        PUBLIC " -//mybatis.org//DTD MyBatis Generator Configuration 1.0//EN"
        " http://mybatis.org/dtd/mybatis - generator - config _ 1 _ 0.dtd" >
<generatorConfiguration>
    <! --数据库驱动：选择本地硬盘上面的数据库驱动包-->
    <classPathEntry  location=" E:\mysql\mysql - connector - Java - 5.1.46.jar" />
    <context id=" DB2Tables"   targetRuntime=" MyBatis3" >
        <commentGenerator>
            <property name=" suppressDate" value=" true" />
            <! --是否去除自动生成的注释 true：是 ：false：否-->
            <property name=" suppressAllComments" value=" true" />
        </commentGenerator>
        <! --数据库链接 URL，用户名、密码-->
         < jdbcConnection driverClass = " com.mysql.jdbc.Driver" connectionURL = " jdbc:mysql://
127.0.0.1/springboottest" userId=" root" password=" Qq@123456" >
        </jdbcConnection>
        <javaTypeResolver>
            <property name=" forceBigDecimals" value=" false" />
        </javaTypeResolver>
        <! --生成模型的包名和位置-->
        <javaModelGenerator targetPackage=" com.example.demo.model" targetProject=" springboot _ myba-
tis _ demo/src/main/Java" >
            <property name=" enableSubPackages" value=" true" />
            <property name=" trimStrings" value=" true" />
        </javaModelGenerator>
        <! --生成映射文件的包名和位置-->
         <sqlMapGenerator targetPackage = " mapping" targetProject = " springboot _ mybatis _ demo/src/
main/resources" >
            <property name=" enableSubPackages" value=" true" />
        </sqlMapGenerator>
        <! --生成 DAO 的包名和位置-->
        <javaClientGenerator type=" XMLMAPPER" targetPackage=" com.example.demo.mapper" targetProject
=" springboot _ mybatis _ demo/src/main/Java" >
            <property name=" enableSubPackages" value=" true" />
        </javaClientGenerator>
        <! --要生成的表 tableName 是数据库中的表名或视图名 domainObjectName 是实体类名-->
        <table tableName=" city" domainObjectName=" City" enableCountByExample=" false" enableUpdate-
ByExample=" false" enableDeleteByExample=" false" enableSelectByExample=" false" selectByExampleQueryId="
false" ></table>
    </context>
```

```
</generatorConfiguration>
```

在 generatorConfig. xml 配置要生成代码的路径如图 3－8 所示。

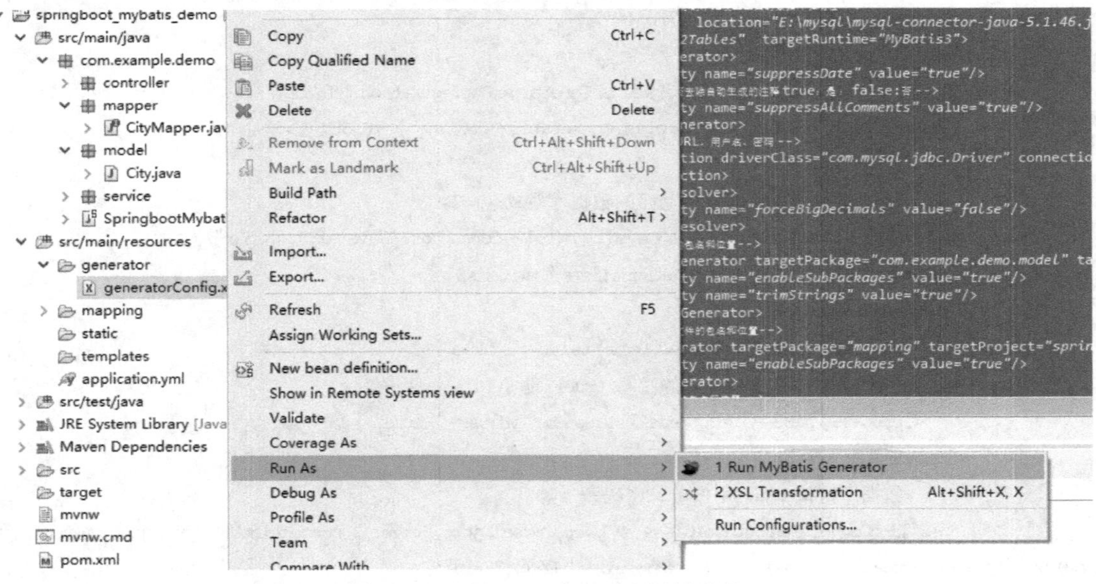

图 3－8 MyBatis Generator 调用路径

（4）在 controler 包下新建一个 CityController 类，用来处理请求，代码如下。

```
/ * *
    * @Title：CityController.Java
    * @Package com.example.demo.controller
    * @Description：TODO（用一句话描述该文件做什么）
    * @author wjk
    * @date 2018 年 5 月 10 日
    * @version V1.0
    * /
package com.example.demo.controller;
importJava.util.List;
import javax.annotation.Resource;
import org.springframework.web.bind.annotation.GetMapping;
import org.springframework.web.bind.annotation.RequestMapping;
import org.springframework.web.bind.annotation.RestController;
import com.example.demo.model.City;
import com.example.demo.service.CityService;
/ * *
    * @ClassName：CityController
    * @Description：CityController
    * @author wjk
    * @date 2018 年 5 月 10 日
    *
    * /
```

```
@RequestMapping (" /city" )
@RestController
public class CityController {
    @Resource
    private  CityService cityService;
    /**
     *
      * @Title: insertValus
      * @Description: 插入数据
      * @param 参数
      * @return void 返回类型
      * @throws
      * @author wjk
     */
    @GetMapping (" /insertValues" )
    public void insertValus () {
        City city =  new  City ();
        city.setCityCode (" 370000" );
        city.setCityName (" 山东" );
        city.setId (2);
        cityService.insertValues (city);
    }
    /**
     *
      * @Title: listCity
      * @Description: 查询所有的记录
      * @param @return 参数
      * @return List<City>返回类型
      * @throws
      * @author wjk
     */
    @GetMapping (" /list" )
    public List<City> listCity () {
        return  cityService.listCity ();
    }
    /**
     *
      * @Title: selectByPrimaryKey
      * @Description: TODO (这里用一句话描述这个方法的作用)
      * @param @return 参数
      * @return City 返回类型
      * @throws
     */
```

```
    @RequestMapping (" getCityById" )
    public City selectByPrimaryKey () {
        return  cityService.selectByPrimaryKey (1);
    }
}
```

（5）在 service 包下新建 CityService 类用来处理业务逻辑，代码如下。

```
/ * *
    * @Title: CityService.Java
    * @Package com.example.demo.service
    * @Description: TODO (用一句话描述该文件做什么)
    * @author wjk
    * @date 2018年5月10日
    * @version V1.0
    * /
package com.example.demo.service;
importJava.util.List;
import org.springframework.beans.factory.annotation.Autowired;
import org.springframework.stereotype.Service;
import com.example.demo.mapper.CityMapper;
import com.example.demo.model.City;
/ * *
    * @ClassName: CityService
    * @Description: CityService业务逻辑处理类
    * @author wjk
    * @date 2018年5月10日
    *
    * /
@Service
public class CityService {
    @Autowired
    private CityMapper cityMapper;
    / * *
     *
        * @Title: insertValues
        * @Description: insert city
        * @param @param city 参数
        * @return void 返回类型
        * @throws
     * /
    public void insertValues (City city) {
        cityMapper.insert (city);
    }
        / * *
```

```
        * @Title: listCity
        * @Description: list  all
        * @param @return 参数
        * @return List<City>返回类型
        * @throws
        */
    public List<City> listCity () {
        return (List<City>) cityMapper.selelctList ();
    }
    /**
     *
        * @Title: selectByPrimaryKey
        * @Description: find city  by  id
        * @param @param primaryKey
        * @param @return 参数
        * @return City 返回类型
        * @throws
     */
    public City  selectByPrimaryKey (int primaryKey) {
        return  cityMapper.selectByPrimaryKey (primaryKey);
    }
}
```

编写的 CityMapper 数据映射接口代码如下。

```
package com.example.demo.mapper;
importJava.util.List;
import org.apache.ibatis.annotations.Mapper;
import com.example.demo.model.City;
@Mapper
public interface CityMapper {
    /**
     *
        * @Title: deleteByPrimaryKey
        * @Description: 根据 city 表主键删除
        * @param @param id
        * @param @return 参数
        * @return int 返回类型
        * @throws
        * @author wjk
     */
    int deleteByPrimaryKey (Integer id);
    /**
     *
        * @Title: insert
```

```
     * @Description: 插入数据
     * @param @param record
     * @param @return 参数
     * @return int 返回类型
     * @throws
     * @author wjk
 */
int insert (City record);
/ * *
 *
     * @Title: insertSelective
     * @Description: TODO (这里用一句话描述这个方法的作用)
     * @param @param record
     * @param @return 参数
     * @return int 返回类型
     * @throws
     * @author wjk
 */
int insertSelective (City record);
/ * *
 *
     * @Title: selectByPrimaryKey
     * @Description: TODO (这里用一句话描述这个方法的作用)
     * @param @param id
     * @param @return 参数
     * @return City 返回类型
     * @throws
     * @author wjk
 */
City selectByPrimaryKey (Integer id);
/ * *
 *
     * @Title: updateByPrimaryKeySelective
     * @Description: TODO (这里用一句话描述这个方法的作用)
     * @param @param record
     * @param @return 参数
     * @return int 返回类型
     * @throws
     * @author wjk
 */
int updateByPrimaryKeySelective (City record);
/ * *
 *
```

```
        * @Title: updateByPrimaryKey
        * @Description: TODO（这里用一句话描述这个方法的作用）
        * @param @param record
        * @param @return 参数
        * @return int 返回类型
        * @throws
        * @author wjk
     */
    int updateByPrimaryKey (City record);
    /**
     *
        * @Title: selelctList
        * @Description: TODO（这里用一句话描述这个方法的作用）
        * @param @return 参数
        * @return City 返回类型
        * @throws
     */
    List<City> selelctList ();
}
```

编写的 CityMapper.xml 映射配置文件如下。

```
<?xml version="1.0" encoding="UTF-8"?>
<!DOCTYPE mapper PUBLIC "-//mybatis.org//DTD Mapper 3.0//EN" "http://mybatis.org/dtd/mybatis-3-mapper.dtd">
<mapper namespace="com.example.demo.mapper.CityMapper">
<resultMap id="BaseResultMap" type="com.example.demo.model.City">
<id column="Id" jdbcType="INTEGER" property="id" />
<result column="city_name" jdbcType="VARCHAR" property="cityName" />
<result column="city_code" jdbcType="VARCHAR" property="cityCode" />
</resultMap>
<sql id="Base_Column_List">
  Id, city_name, city_code
</sql>
<select id="selectByPrimaryKey" parameterType="Java.lang.Integer" resultMap="BaseResultMap">
  select
<include refid="Base_Column_List" />
  from city
  where Id = #{id, jdbcType=INTEGER}
</select>
<delete id="deleteByPrimaryKey" parameterType="Java.lang.Integer">
  delete from city
  where Id = #{id, jdbcType=INTEGER}
</delete>
<insert id="insert" parameterType="com.example.demo.model.City">
```

```
  insert into city (Id, city_name, city_code
  )
  values (# {id, jdbcType=INTEGER}, # {cityName, jdbcType=VARCHAR}, # {cityCode, jdbcType=VARCHAR}
  )
</insert>
<insert id=" insertSelective" parameterType=" com.example.demo.model.City" >
  insert into city
<trim prefix=" (" suffix=" ) " suffixOverrides="," >
<if test=" id ! = null" >
    Id,
</if>
<if test=" cityName ! = null" >
    city_name,
</if>
<if test=" cityCode ! = null" >
    city_code,
</if>
</trim>
<trim prefix=" values (" suffix=" ) " suffixOverrides="," >
<if test=" id ! = null" >
    # {id, jdbcType=INTEGER},
</if>
<if test=" cityName ! = null" >
    # {cityName, jdbcType=VARCHAR},
</if>
<if test=" cityCode ! = null" >
    # {cityCode, jdbcType=VARCHAR},
</if>
</trim>
</insert>
<update id=" updateByPrimaryKeySelective" parameterType=" com.example.demo.model.City" >
  update city
<set>
<if test=" cityName ! = null" >
    city_name = # {cityName, jdbcType=VARCHAR},
</if>
<if test=" cityCode ! = null" >
    city_code = # {cityCode, jdbcType=VARCHAR},
</if>
</set>
  where Id = # {id, jdbcType=INTEGER}
</update>
<update id=" updateByPrimaryKey" parameterType=" com.example.demo.model.City" >
```

```
  update city
  set city _ name = # {cityName, jdbcType=VARCHAR},
    city _ code = # {cityCode, jdbcType=VARCHAR}
  where Id = # {id, jdbcType=INTEGER}
</update>
<resultMap id=" BaseResultMap" type=" com.example.demo.model.City" >
<id column=" Id" jdbcType=" INTEGER" property=" id" />
<result column=" city _ name" jdbcType=" VARCHAR" property=" cityName" />
<result column=" city _ code" jdbcType=" VARCHAR" property=" cityCode" />
</resultMap>
<sql id=" Base _ Column _ List" >
  Id, city _ name, city _ code
</sql>
<select id=" selectByPrimaryKey" parameterType=" Java.lang.Integer" resultMap=" BaseResultMap" >
  select
<include refid=" Base _ Column _ List" />
  from city
  where Id = # {id, jdbcType=INTEGER}
</select>
<delete id=" deleteByPrimaryKey" parameterType=" Java.lang.Integer" >
  delete from city
  where Id = # {id, jdbcType=INTEGER}
</delete>
<insert id=" insert" parameterType=" com.example.demo.model.City" >
  insert into city (Id, city _ name, city _ code
   )
  values (# {id, jdbcType=INTEGER}, # {cityName, jdbcType=VARCHAR}, # {cityCode, jdbcType=VARCHAR}
   )
</insert>
<insert id=" insertSelective" parameterType=" com.example.demo.model.City" >
  insert into city
<trim prefix=" (" suffix=" ) " suffixOverrides="," >
<if test=" id ! = null" >
      Id,
</if>
<if test=" cityName ! = null" >
      city _ name,
</if>
<if test=" cityCode ! = null" >
      city _ code,
</if>
</trim>
<trim prefix=" values (" suffix=" ) " suffixOverrides="," >
```

```
<if test=" id ! = null" >
      # {id, jdbcType=INTEGER},
</if>
<if test=" cityName ! = null" >
      # {cityName, jdbcType=VARCHAR},
</if>
<if test=" cityCode ! = null" >
      # {cityCode, jdbcType=VARCHAR},
</if>
</trim>
</insert>
<update id=" updateByPrimaryKeySelective" parameterType=" com.example.demo.model.City" >
  update city
<set>
<if test=" cityName ! = null" >
      city_name = # {cityName, jdbcType=VARCHAR},
</if>
<if test=" cityCode ! = null" >
      city_code = # {cityCode, jdbcType=VARCHAR},
</if>
</set>
  where Id = # {id, jdbcType=INTEGER}
</update>
<update id=" updateByPrimaryKey" parameterType=" com.example.demo.model.City" >
  update city
  set city_name = # {cityName, jdbcType=VARCHAR},
    city_code = # {cityCode, jdbcType=VARCHAR}
  where Id = # {id, jdbcType=INTEGER}
</update>
<resultMap id=" BaseResultMap" type=" com.example.demo.model.City" >
<id column=" Id" jdbcType=" INTEGER" property=" id" />
<result column=" city_name" jdbcType=" VARCHAR" property=" cityName" />
<result column=" city_code" jdbcType=" VARCHAR" property=" cityCode" />
</resultMap>
<sql id=" Base_Column_List" >
  Id, city_name, city_code
</sql>
<select id=" selectByPrimaryKey" parameterType=" Java.lang.Integer" resultMap=" BaseResultMap" >
  select
<include refid=" Base_Column_List" />
  from city
  where Id = # {id, jdbcType=INTEGER}
</select>
```

```
<delete id=" deleteByPrimaryKey" parameterType=" Java.lang.Integer" >
  delete from city
  where Id = # {id, jdbcType=INTEGER}
</delete>
<insert id=" insert" parameterType=" com.example.demo.model.City" >
  insert into city (Id, city_name, city_code
    )
  values (# {id, jdbcType=INTEGER}, # {cityName, jdbcType=VARCHAR}, # {cityCode, jdbcType=VARCHAR}
    )
</insert>
<insert id=" insertSelective" parameterType=" com.example.demo.model.City" >
  insert into city
<trim prefix=" (" suffix=" ) " suffixOverrides="," >
<if test=" id ! = null" >
      Id,
</if>
<if test=" cityName ! = null" >
      city_name,
</if>
<if test=" cityCode ! = null" >
      city_code,
</if>
</trim>
<trim prefix=" values (" suffix=" ) " suffixOverrides="," >
<if test=" id ! = null" >
      # {id, jdbcType=INTEGER},
</if>
<if test=" cityName ! = null" >
      # {cityName, jdbcType=VARCHAR},
</if>
<if test=" cityCode ! = null" >
      # {cityCode, jdbcType=VARCHAR},
</if>
</trim>
</insert>
<update id=" updateByPrimaryKeySelective" parameterType=" com.example.demo.model.City" >
  update city
<set>
<if test=" cityName ! = null" >
      city_name = # {cityName, jdbcType=VARCHAR},
</if>
<if test=" cityCode ! = null" >
      city_code = # {cityCode, jdbcType=VARCHAR},
```

```
</if>
</set>
  where Id = # {id, jdbcType=INTEGER}
</update>
<update id=" updateByPrimaryKey" parameterType=" com.example.demo.model.City" >
  update city
  set city_name = # {cityName, jdbcType=VARCHAR},
    city_code = # {cityCode, jdbcType=VARCHAR}
  where Id = # {id, jdbcType=INTEGER}
</update>
<select id=" selelctList" resultMap=" BaseResultMap" >
      select * from  city
</select>
</mapper>
```

编写的 Spring Boot 应用 application. yml 配置文件如下。

```
server:
  port: 8088
spring:
  datasource:
    name: localhost
    url: jdbc: mysql: //localhost: 3306/springboottest
    username: root
    password: Qq@123456
    driver-class-name: com.mysql.jdbc.Driver
    filters: stat
    maxActive: 20
    initialSize: 1
    maxWait: 60000
    minIdle: 1
    timeBetweenEvictionRunsMillis: 60000
    minEvictableIdleTimeMillis: 300000
    validationQuery: select 'x'
    testWhileIdle: true
    testOnBorrow: false
    testOnReturn: false
    poolPreparedStatements: true
    maxOpenPreparedStatements: 20
mybatis:
  mapper-locations: classpath: mapping/*.xml
  type-aliases-package: com.example.demo.model
```

Spring Boot 的主程序入口类文件名为“项目名+Application”，类里面有@SpringBoot-Application 注解，并在该注解的下一行添加@MapperScan（"com. example. demo. mapper"），

从而将 mapper 文件扫描进来，到此工程就已经搭建起来了。

（6）如图 3－9 所示，启动工程测试。

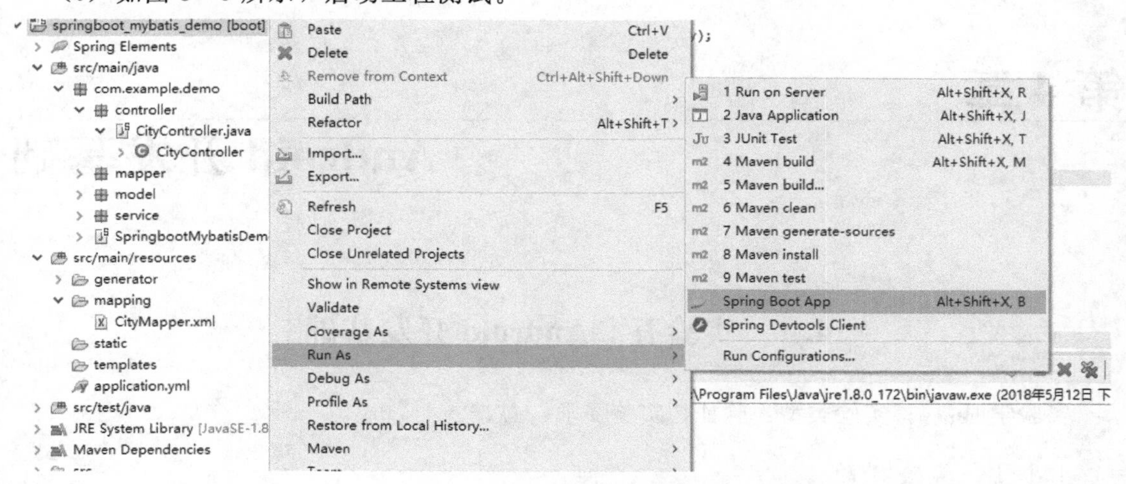


图 3－9 启动工程测试

访问 http：//localhost：8088/city/insertValues 进行数据插值测试，如图 3－10 所示。

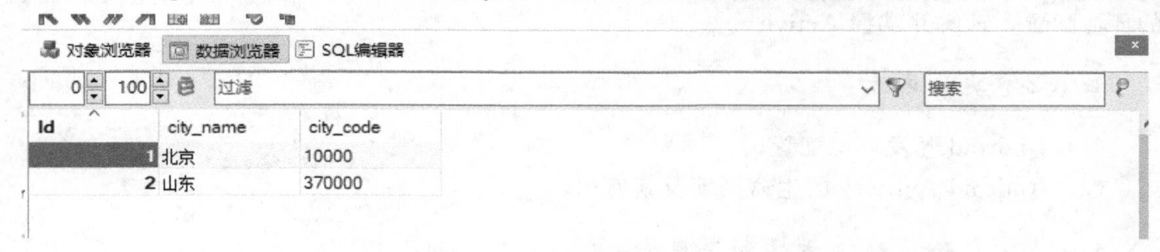


| Id | city_name | city_code |
|---|---|---|
| 1 | 北京 | 10000 |
| 2 | 山东 | 370000 |

图 3－10 数据插值测试

访问 http：//localhost：8088/city/list 查看数据，如图 3－11 所示，因为使用的是 @RestController 注解，所以界面显示的是 json。@RestController 注解相当于@ResponseBody ＋ @Controller 合在一起的作用。

[{"id":1,"cityName":"北京","cityCode":"10000"},{"id":2,"cityName":"山东","cityCode":"370000"}]

图 3－11 运行效果查看

### 3.4.6 思考题

理解并分析 Spring Boot 框架的运行原理。

# 第4章

# Android 开发基础

## 4.1 实验五 Android 开发基础

实验学时：4；实验类型：验证；实验要求：必修。

### 4.1.1 实验目的

通过本实验的学习，使学生掌握 Android 开发的基础知识，培养读者了解 Android 开发的环境配置，理解并掌握 Activity。

### 4.1.2 实验内容

(1) Android 开发环境配置；
(2) Android Activity 的生命周期及其使用。

### 4.1.3 实验原理、方法和手段

本次实验将开发一个 XML 布局文件，该布局文件里面包含一个文本输入框和一个按钮。先简单解释一下 Android 界面的构成。Android app 的界面是使用 View 和 ViewGroup 构建起来的（如图 4-1 所示）。View 通常就是常见的 UI 小部件，如按钮、文本控件等；而 ViewGroup 是一个 View 的容器，它可以限制这个容器里面的 View 是如何排列的，比如 GridView 是网格类型的排序方式，ListView 是一个从上往下顺序排列的列表。在 Android 系统中开发界面的时候，可以使用 XML 文件来定义界面 UI 以及 UI 的层次结构等。Android 里面的布局其实都是属于某一类 ViewGroup，本次实验中会用到线性布局 Linear-Layout。

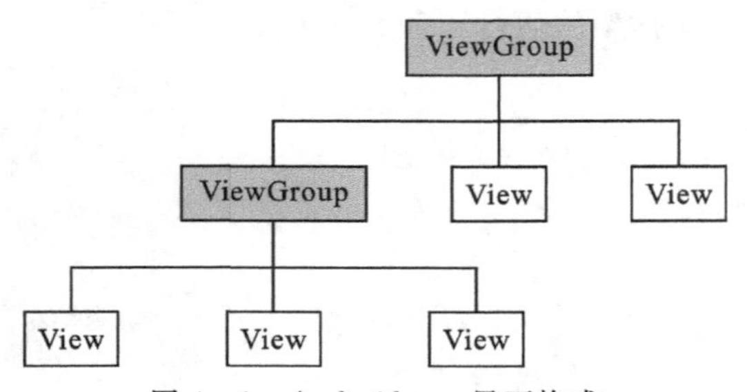


图 4-1 Android app 界面构成

### 4.1.4 实验设备与组织运行要求

实验设备及软件：个人计算机，JavaJDK、Android Studio 软件；

开发环境配置：1、4；

实验采用集中在电脑机房的授课形式。

### 4.1.5 实验步骤

（1）打开 Android Studio，新建一个 Application Project（ExpeBasicAndroid），全部采用默认设置。

（2）在 Android Studio 的 res/layout 文件夹下，打开 activity _ main. xml 文件。一开始创建项目的时候，Blank Activity 模版会自动创建这个 xml 布局文件，这里会自动生成一个 RelativeLayout 相对布局，并且里面有一个 TextView 文本控件，显示一行文字“HelloWorld!”。

（3）把 RelativeLayout 改成 LinearLayout 元素，给 LinearLayout 元素添加一个属性 android：orientation 并设为 horizontal，删除 LinearLayout 的 padding 和 tools：context 属性，最后修改成 res/layout/activity _ main. xml。

```
<LinearLayout xmlns：android=" http：//schemas. android. com/apk/res/android"
      xmlns：tools=" http：//schemas. android. com/tools"
      android：layout _ width=" match _ parent"
      android：layout _ height=" match _ parent"
      android：orientation=" horizontal" >
</LinearLayout>
```

LinearLayout 是一个横向或者竖向顺序排列 view 元素的布局，可以通过 android：orientation 的属性来设置横竖的方向。每一个子元素都会按照横向或纵向顺序一个接着一个地显示在这个布局里面。其他两个属性 android：layoutwidth 和 android：layoutheight 分别代表了这个布局的宽和高。由于 LinearLayout 在界面上是一个根视图的布局，所以一般会把宽和高设置成" match _ parent"。这个值表示尽可能扩大当前布局，让其填满父布局。这里 LinearLayout 已经是根视图的布局，所以直接铺满整个屏幕。

（4）Android 项目的资源文件夹下有一个专门存放字符串的资源文件 res/value/strings. xml。在这里添加一个名为“edit _ message”的新字符串，将值设置为“输入信息”。具体操作为：①在 AndroidStudio 里面找到 res/values 目录，打开 strings. xml；②添加一行代码，string 名称为“edit _ message”，值为“输入信息”；③添加一行代码，string 名称为“button _ send”，值为“发送”，下一步会做一个按钮，所以这里提前添加一下按钮上的文字；④删掉“Hello World”字符串。最后，strings. xml 文件代码如下。

```
<resources>
<string name=" app _ name" >My Application</string>
<string name=" edit _ message" >Enter a message</string>
<string name=" button _ send" >Send</string>
<string name=" action _ settings" >Settings</string>
</resources>
```

对于用户界面中的文本，尽量都使用 string 资源。当用资源来处理的时候，只修改这个资源的内容就可以改变所有引用了这个资源的地方，这使得该 app 在未来有很好的可维护性。这种把字符串外部化的操作方式还有益于 app 的本地化开发，即自动兼容多套语言。

(5) 接下来添加按钮，具体操作为：①在 Android Studio 中选择 res/layout 目录，编辑 activity _ main. xml 文件；②在 LinearLayout 元素中定义一个 Button 元素，把它放在 TextView 元素后面；③设置这个按钮的 id 为 “button _ name”；④设置这个按钮的宽和高属性都是 “wrap _ content”，这样按钮的大小就会根据设置在按钮上的文字大小自动调整；⑤定义按钮的 android：text 属性，值为在上面定义过的 “button _ send” 这个 string 资源。此时，整个布局文件 res/layout/activity _ main. xml 如下。

```
<LinearLayout xmlns: android=" http: //schemas. android. com/apk/res/android"
    xmlns: tools=" http: //schemas. android. com/tools"
    android: layout _ width=" match _ parent"
    android: layout _ height=" match _ parent"
    android: orientation=" horizontal"
    tools: context=" xmut. cs. sims. expe7. myapplication6. MainActivity" >
<TextView android: id=" @+id/edit _ message"
      android: layout _ weight=" 1"
        android: layout _ width=" 0dp"
        android: layout _ height=" wrap _ content"
        android: hint=" @string/edit _ message" />
<Button android: id=" @+id/button _ name"
        android: layout _ width=" wrap _ content"
        android: layout _ height=" wrap _ content"
        android: text=" @string/button _ send" />
</LinearLayout>
```

(6) 接下来给该 Button 按钮添加一个点击事件，并实现功能：当编辑框为 “请显示我的姓名” 时，点击按钮后，编辑框的内容更新为自己的姓名。具体操作为修改 MainActivity. Java 类中的代码如下。

```
Button bt _ name;
TextView tv _ name;
protected void onCreate (Bundle savedInstanceState) {
    super. onCreate (savedInstanceState);
    setContentView (R. layout. activity _ main);
    bt _ name = (Button) findViewById (R. id. button _ name);
    et _ name= (TextView) findViewById (R. id. edit _ message);
    bt _ name. setOnClickListener (new View. OnClickListener () {
          @Override
          public void onClick (View view) {
if (et _ name. getText () . toString () . trim () . equals (" 请显示我的名字" ) ) {
                  et _ name. setText ( "张爱国" );
        };
    }
```

```
    } );
}
```

(7) 运行该 Project，并使用 AVD 创建一个 Android 虚拟机。

(8) 在打开的 app 中的文本框中输入“请显示我的姓名”，然后点击 Send 按钮，查看运行结果，如果一切正常，文本框将会显示自己设定的名字。

(9) 发布该 Android Application（Build - Build APK（s）），并把生成的 APK 安装程序在任意一台 Android 手机进行安装和测试。

### 4.1.6　思考题

尝试给按钮添加其他事件，显示不同的效果。

## 4.2　实验六　Android 开发 Activity 类

实验学时：2；实验类型：验证；实验要求：必修。

### 4.2.1　实验目的

通过本实验的学习，使学生掌握 Android Activity 类开发的基础知识，培养学生运用 Android Studio 编程环境进行 Intent 的多个 Activity 之间的跳转开发的能力。

### 4.2.2　实验内容

(1) Android Studio 的 Activity 类开发；
(2) 运用 Intent 实现多个 Activity 之间的数据传输。

### 4.2.3　实验原理、方法和手段

Intent（意图）主要是解决 Android 应用的各项组件之间的通信。Intent 负责对应用中一次操作的动作和动作涉及的数据进行描述，Android 则根据此 Intent 的描述，负责找到对应的组件，将 Intent 传递给调用的组件，并完成组件的调用。

因此，Intent 在这里起着一个媒体中介的作用，专门提供组件互相调用的相关信息，实现调用者与被调用者之间的解耦。例如，在一个联系人维护的应用中，当在一个联系人列表屏幕（假设对应的 Activity 为 listActivity）上点击某个联系人后，希望能够跳出此联系人的详细信息屏幕（假设对应的 Activity 为 detailActivity）。为了实现这个目的，listActivity 需要构造一个 Intent，这个 Intent 用于告诉系统要做“查看”动作，此动作对应的查看对象是“某联系人”，然后调用 startActivity (Intent intent)，将构造的 Intent 传入，系统会根据此 Intent 中的描述到 ManiFest 中找到满足此 Intent 要求的 Activity，系统会调用找到的 Activity（即为 detailActivity)，最终传入 Intent，detailActivity 则会根据此 Intent 中的描述执行相应的操作。

### 4.2.4　实验设备与组织运行要求

实验设备及软件：个人计算机，JavaJDK、Android Studio 软件；

开发环境配置：1、3；

实验采用集中在电脑机房的授课形式。

### 4.2.5 实验步骤

（1）打开 Android Studio，新建一个 Project（ExpeActivity），输入项目名称，并在 Company domain 里填写 mgis. course，其余采用默认设置。

（2）选中 src/main/Java/ mgis. course，右键 New→Activity→Empty Activity。

（3）在 activity _ main. xml 的 Design 模式下，删除“Hello World”的 TextView 文本框，同时添加一个 Plain Text 文本编辑框，并设置其 Text 属性为“我是要传递的蚊子”。

（4）在 activity _ main. xml 的 Design 模式下，给界面添加一个 Button 按钮，然后转到 Text 模式下，在 Button 属性的最后一行添加 android：onClick＝" skip"，代码如下。

```
<? xml version=" 1.0" encoding=" utf-8"? >
<LinearLayout xmlns: android=" http: //schemas.android.com/apk/res/android"
  xmlns: tools=" http: //schemas.android.com/tools"
  android: layout _ width=" match _ parent"
  android: layout _ height=" match _ parent"
  tools: context=" com.example.aigo.myapplication.MainActivity" >
<Button
        android: id=" @+id/button"
        android: layout _ width=" wrap _ content"
        android: layout _ height=" wrap _ content"
        android: text=" Button"
        android: onClick=" skip"
        />
<EditText
        android: id=" @+id/editText"
        android: layout _ width=" wrap _ content"
        android: layout _ height=" wrap _ content"
        android: text=" 我是要传递的蚊子!" />
</LinearLayout>
```

（5）双击打开 MainActivity. Java，并添加与 onCreate（Bundle savedInstanceState）方法并列的 skip（View view）方法如下。

```
public void skip (View view) {
        EditText editText= (EditText) findViewById (R.id.editText);
        Intent intent=new Intent ();
        intent.setClass (MainActivity.this, Main2Activity.class);
        intent.putExtra (" data", editText.getText () .toString () );
        startActivity (intent);
  }
```

（6）再新建一个 Activity，步骤同第 3 步。

（7）在该 Activity 中，添加一个 Button，以及给 Button 添加 onClick 属性。

(8) 设置TextView文本框接收第一个Activity传递过来的数据，代码如下。

```
protected void onCreate (Bundle savedInstanceState) {
        super.onCreate (savedInstanceState);
        setContentView (R.layout.activity_main2);
        Intent i=getIntent (); //因为Mian2Activity是通过intent来启动的，所以通过getIntent来获取
与                                  这个Activity相关的数据
        TextView textView= (TextView) findViewById (R.id.textView);
        textView.setText(i.getStringExtra("data"));//因为MainActivity里通过putExtra传递时名字是data
    }
```

(9) 修改配置文件Manifests/AndroidManifest.xml如下。

```
<?xml version="1.0" encoding="utf-8"?>
<manifest xmlns:android="http://schemas.android.com/apk/res/android"
   package="com.example.aigo.myapplication">
<uses-permission android:name="android.permission.INTERNET"></uses-permission>
<application
        android:allowBackup="true"
        android:icon="@mipmap/ic_launcher"
        android:label="@string/app_name"
        android:supportsRtl="true"
        android:theme="@style/AppTheme">
<activity android:name=".MainActivity">
<intent-filter>
<action android:name="android.intent.action.MAIN" />
<category android:name="android.intent.category.LAUNCHER" />
</intent-filter>
</activity>
<activity android:name=".Main2Activity">
<intent-filter>
<action android:name="android.intent.action.MAIN" />
<category android:name="android.intent.category.LAUNCHER" />
</intent-filter>
</activity>
</application>
</manifest>
```

(10) 最后连接手机，运行程序，查看效果。

(11) 结合以上的知识和Android界面设计请完成以下任务：

将图4-2设为登录界面，具有两个TextView文本显示框和一个Button按钮，点击“从模板选择和输入”按钮，进入图4-3的界面，然后在图4-3中输入学号（EditText）、姓名，并从下拉框（Spinner）中选择专业班级、学院，点击“提交返回”按钮，使得在图4-3中输入和选择的信息按照“学号+姓名+专业班级+学院”的组合信息显示在图4-2的TextView中。

提示：图4-3的两个下拉框为Spinner控件，下拉框中必须要有两个以上的可供选项。

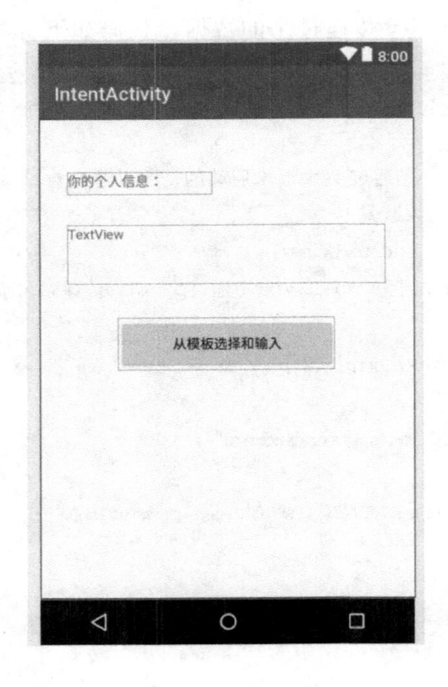


图 4-2　登录界面

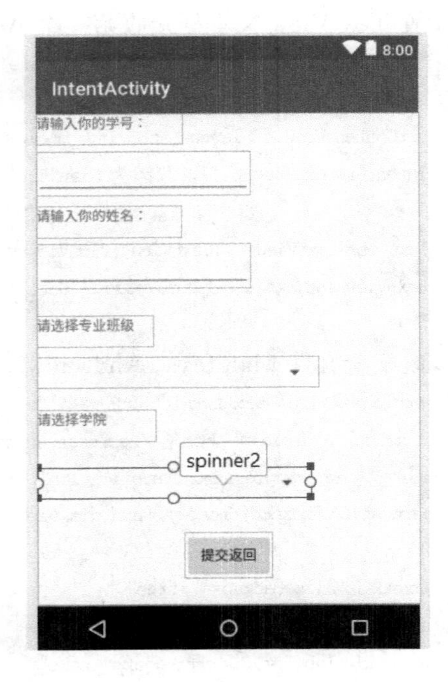


图 4-3　信息输入界面

### 4.2.6　思考题

尝试理解配置文件 Manifests/AndroidManifest.xml 中的路径设置。

## 4.3　实验七　Android 移动数据管理

实验学时：2；实验类型：验证；实验要求：必修。

### 4.3.1　实验目的

通过本实验的学习，使学生掌握 Android 开发的基础知识，培养学生使用和开发 Android 内置的 SQLite 移动数据管理的能力。

### 4.3.2　实验内容

(1) Android SQLite 数据库的数据“增、删、改、查”操作开发；
(2) Android SQLite 数据的可视化管理。

### 4.3.3　实验原理、方法和手段

SQLite 是 Android 移动操作系统中内置的一款轻量级数据库。它起初是 D. Richard Hipp 建立的公有领域项目，其设计目标是嵌入式的，占用资源非常的低，只需要几百 KB

的内存就够了。它能够支持 Windows/Linux/Unix 等主流的操作系统，同时能够跟很多程序语言相结合，如 Tcl、C＃、PHP、Java 等，还有 ODBC（open database connetivity，由微软公司开发的用来与数据库管理系统通信的一个标准的应用接口）。相比于 Mysql、PostgreSQL 这两款开源的世界著名数据库管理系统，它的处理速度比他们都快。SQLite 的第一个 Alpha 版本诞生于 2000 年 5 月。

### 4.3.4　实验设备与组织运行要求

实验设备及软件：个人计算机，JavaJDK、Android Studio 软件；
开发环境配置：1、3；
实验采用集中在电脑机房的授课形式。

### 4.3.5　实验步骤

（1）本实验任务是把身高和体重数据存入 SQLite 数据库，然后从 SQLite 数据库中读取身高和体重，计算 BMI 值（body mass index，身体质量指数），并在程序界面中显示。

（2）在 Android Studio 中新建项目名称 ExpeSqlite，并建立 DB 类用于 SQLite 数据库管理，类代码如下。

```
//DB 类的代码如下（这里只列出了查询、增加的方法，其他删除、更新的方法也可以类似地编写）：
package mgis.course;
import android.content.Context;
import android.database.Cursor;
import android.database.SQLException;
import android.database.sqlite.SQLiteDatabase;
import android.database.sqlite.SQLiteOpenHelper;
public class DB {
    //定义静态变量；
    private static final String DATABASE_NAME=" bmidata.db";
    private static final int DATABASE_VERSION=1;
    private static final String DATABASE_TABLE=" bmidatatable";
    private static final String DATABASE_CREATE=" create table bmidatatable (" +" id integer," +" name
text," +" height integer," +" weight integer" +" );";
    private static class DatabaseHelper extends SQLiteOpenHelper {
        public DatabaseHelper (Context context) {
            super (context, DATABASE_NAME, null, DATABASE_VERSION);
            // TODO Auto-generated constructor stub
        }
        @Override
        public void onCreate (SQLiteDatabase db) {
            // TODO Auto-generated method stub
            db.execSQL (DATABASE_CREATE);
        }
        @Override
```

```
        public void onUpgrade (SQLiteDatabase db, int oldVersion, int newVersion) {
            // TODO Auto-generated method stub
            db.execSQL (" drop table if exists " +DATABASE_TABLE); //exists后有空格
            onCreate (db);
        }
    }
    private Context mCtx=null;
    private DatabaseHelper dbHelper;
    private SQLiteDatabase db;
    public DB (Context ctx) {
        this.mCtx=ctx;
    }
    public DB open () throws SQLException {
        dbHelper=new DatabaseHelper (mCtx);
        db=dbHelper.getWritableDatabase ();
        return this;
    }
    public void close () {
        dbHelper.close ();
    }
    public static final String KEY_ROWID=" id";
    public static final String KEY_NAME=" name";
    public static final String KEY_HEIGHT=" height";
    public static final String KEY_WEIGHT=" weight";
    //将查询到的数据库数据赋给指针Cursor;
    public Cursor getAll () {
        return db.rawQuery (" select * from bmidatatable", null);
    }
    //根据数据表的行id查询数据表的单行数据赋给指针Cursor;
    public Cursor get (long rowID) throws SQLException {
        Cursor mCursor=db.query (DATABASE_TABLE, new String [] {KEY_ROWID, KEY_NAME, KEY_HEIGHT,
KEY_WEIGHT}, KEY_ROWID+" =" +rowID, null, null, null, null);
        if (mCursor! =null) {
            mCursor.moveToFirst ();
        }
        return mCursor;
    }
  //添加字段
  public long insertInfo (int id, String name, int height, int weight) {
/* ContentValues */
      ContentValues cv = new ContentValues ();
      cv.put (KEY_ROWID, id);
      cv.put (KEY_NAME, name);
```

```
        cv.put (KEY _ HEIGHT, height);
        cv.put (KEY _ WEIGHT, weight);
        long row = db.insert (DATABASE _ TABLE, null, cv);
        return row;
    }
}
```

新建一个 Empty Activity（名为 BMI），在 Activity 界面中添加一个 Button 按钮和一个 TextView 文本框，Button 按钮添加监听动作用于触发计算 BMI 的动作，TextView 文本框用于显示计算得到的 BMI 值。对这部分内容若不清楚可参见实验三和实验四。新建的 Empty Activity 要在 manifests - AndroidManifests. xml 里进行注册申明。

```
<intent - filter>
<action android: name=" android.intent.action.MAIN" />//决定应用的入口 Activity，也就是启动应用时首先显示哪一个 Activity。

<category android: name=" android.intent.category.LAUNCHER" />//表示 activity 应该被列入系统的启动器(launcher)(允许用户启动它)。Launcher 是安卓系统中的桌面启动器，是桌面 UI 的统称。
</intent - filter>
```

（3）在 BMI. Java 类里写入代码，用于对 DB 类的调用，实现对 SQLite 数据表中的数据管理，代码如下。

（1）在 onCreate（Bundle savedInstanceState）方法上面添加如下代码，用于定义数据库和数据指针。

```
    private DB mDbHelper;
private Cursor mBodyCursor;
```

（2）在 onCreate（Bundle savedInstanceState）方法中添加如下代码，用于打开 SQLite 数据库。

```
mDbHelper=new DB (this);
mDbHelper.open ();
mDbHelper.insertInfo (1," Who", 165, 54);
```

（3）在 onClick（View arg0）方法中添加如下代码。

```
mBodyCursor=mDbHelper.get (1); //获取数据表 id=1 对应的行数据
String strName=mBodyCursor.getString (1); //获取姓名
int strHeight=mBodyCursor.getInt (2); //获取身高
int strWeight=mBodyCursor.getInt (3); //获取体重
double height=strHeight;
double height=strHeight;
double weight=strWeight;
double bmi=weight/Math.pow (height/100, 2);
TextView txtView= (TextView) findViewById (R.id.textViewBmi);
txtView.setText (strName+" 's BMI is " +bmi);
```

（4）运行程序，点击计算按钮，查看是否有计算 BMI 值。然后可以改变数据表的数据，并更改 BMI 类中 mBodyC ursor=mDbHelper. get（1）指定的 id 值，查看计算的 BMI 值是否有变化。

#### 4.3.6 思考题

运用 SQLite 数据库可视化工具 DB Browser for SQLite 查看生成的 bmidata 数据表。

## 4.4 实验八 Android 客户端与服务端网络通信

实验学时：4；实验类型：验证；实验要求：必修。

#### 4.4.1 实验目的

通过本实验的学习，使学生掌握 Android 开发的中级开发知识，培养学生使用 Android 客户端与服务器进行数据通信与传输的能力。

#### 4.4.2 实验内容

（1）Android 客户端与 Tomcat 网络服务的交互；
（2）Servlet 与 Android 客户端的通信。

#### 4.4.3 实验原理、方法和手段

Servlet 是在服务器上运行的小程序。这个词是在 Java applet 环境中创造的，Java applet 是一种当作单独文件跟网页一起发送的小程序，它通常在客户端运行，为用户进行运算或者根据用户互作用定位图形等。

服务器上需要一些根据用户输入访问数据库的程序，这些通常是使用公共网关接口（common gateway interface，CGI）应用程序完成的。然而，在服务器上运行 Java 编程语言实现的 Java Servlet 程序，在通信量大的服务器上，Java Servlet 的优点在于它们的执行速度比 CGI 程序快。各个用户请求被激活成单个程序中的一个线程，而无需创建单独进程，这意味着服务器端处理请求的系统开销将明显降低。同时，Java Servlet 可通过 Tomcat 与 Android app 进行数据交互通信。

#### 4.4.4 实验设备与组织运行要求

实验设备及软件：个人计算机，JavaJDK、Eclipse、Tomcat、Android Studio 软件；
开发环境配置：1、2、4、5；
实验采用集中在电脑机房的授课形式。

#### 4.4.5 实验步骤

（1）在 Eclipse 中按照 File→New→Project→Web→Dynamic Web Project→next 新建一个名为“ExpeAndroidCommServlet”的“Dynamic Web Project”项目，并选择 Apache Tomcat 作为“target runtime”。

（2）右键 ExpeAndroidCommServlet 项目，并按照 New→Other→Web→Servelt 新建一个名为“DoubleMeServlet”的 Servlet 类，然后，添加如下代码。

```
importJava.io.IOException;
        importJava.io.OutputStreamWriter;
        import javax.servlet.ServletException;
        import javax.servlet.ServletInputStream;
        import javax.servlet.annotation.WebServlet;
        import javax.servlet.http.HttpServlet;
        import javax.servlet.http.HttpServletRequest;
        import javax.servlet.http.HttpServletResponse;

        @WebServlet (" /DoubleMeServlet" )
        public class DoubleMeServlet extends HttpServlet {
            private static final long serialVersionUID = 1L;
            public DoubleMeServlet () {
                super ();
            }

            protected void doGet (HttpServletRequest request, HttpServletResponse response) throws Servle-
tException, IOException {
                response.getOutputStream () .println (" Hurray !! This Servlet Works" );
            }

            protected void doPost (HttpServletRequest request, HttpServletResponse response) throws Serv-
letException, IOException {
                try {
                    int length = request.getContentLength ();
                    byte [] input = new byte [length];
                    ServletInputStream sin = request.getInputStream ();
                    int c, count = 0 ;
                    while ( (c = sin.read (input, count, input.length-count) ) ! = -1) {
                      count +=c;
                    }
                    sin.close ();
                    String recievedString = new String (input);
                    response.setStatus (HttpServletResponse.SC_OK);
                    OutputStreamWriter writer = new OutputStreamWriter (response.getOutputStream () );
                    Integer doubledValue = Integer.parseInt (recievedString) * 2;
                    writer.write (doubledValue.toString () );
                    writer.flush ();
                    writer.close ();
                } catch (IOException e) {
                    try {
                      response.setStatus (HttpServletResponse.SC_BAD_REQUEST);
                      response.getWriter () .print (e.getMessage () );
```

```
                    response.getWriter().close();
                } catch (IOException ioe) {
                }
            }
        }
    }
```

(3)右键ExpeAndroidCommServlet项目，并按照Servletproject→Runas→RunonServer的顺序运行项目，然后指定一个已安装和运行中的网络服务器 Tomcat，接着在打开的 web 浏览器的地址栏输入 http：//localhost：8080/ ExpeAndroidCommServlet /DoubleMeServlet，即可看到 MyServletProject 项目设置的主页内容“Hurray!! This Servlet Works”。

(4) 从本步骤开始，在 Android Studio 中创建 Android 客户端 app，并建立与服务器端的 Servlet 通信传输。

(5) 在 Android Studio 中新建一个命名为“ExpeAndroidCommClient”的 Android Application，并添加如下代码。

```
importJava.io.BufferedReader;
importJava.io.InputStreamReader;
importJava.io.OutputStreamWriter;
importJava.net.URL;
importJava.net.URLConnection;
import android.app.Activity;
import android.os.Bundle;
import android.util.Log;
import android.view.View;
import android.view.View.OnClickListener;
import android.widget.Button;
import android.widget.EditText;
public class DoubleMeActivity extends Activity implements OnClickListener {
    EditText inputValue=null;
    Integer doubledValue =0;
    Button doubleMe;

    @Override
    public void onCreate (Bundle savedInstanceState) {
        super.onCreate (savedInstanceState);
        setContentView (R.layout.calculate);
        inputValue = (EditText) findViewById (R.id.inputNum);
        doubleMe = (Button) findViewById (R.id.doubleme);
        doubleMe.setOnClickListener (this);
    }

    @Override
    public void onClick (View v) {
```

```
        switch (v.getId () ) {
        case R.id.doubleme:
                new Thread (new Runnable () {
                        public void run () {
                          try {
                          URL url = new
URL (" http://10.0.2.2:8080/ ExpeAndroidCommServlet /DoubleMeServlet" );
                          URLConnection connection = url.openConnection ();
                          String inputString = inputValue.getText () .toString ();
                          //inputString = URLEncoder.encode (inputString, " UTF-8" );
                          Log.d (" inputString", inputString);
                          connection.setDoOutput (true);
                          OutputStreamWriter out = new
OutputStreamWriter (connection.getOutputStream () );
                          out.write (inputString);
                          out.close ();
                          BufferedReader in = new BufferedReader (new
InputStreamReader (connection.getInputStream () ) );
                          String returnString=" ";
                          doubledValue =0;
                          while ( (returnString = in.readLine () ) ! = null)
                            {
                            doubledValue= Integer.parseInt (returnString);
                          }
                          in.close ();
                          runOnUiThread (new Runnable () {
                            public void run () {
                              inputValue.setText (doubledValue.toString () );
                            }
                          } );
                          } catch (Exception e)
                            {
                            Log.d (" Exception", e.toString () );
                          }
                        }
                    } ) .start ();
            break;
            }
        }
    }
```

（6）重新命名 ExpeAndroidCommClient 应用下的 main.xml 为 calculate.xml，并添加如下代码。

```
<! --? xml version=" 1.0" encoding=" utf - 8"? -->
< LinearLayout xmlns: android=" http: //schemas.android.com/apk/res/android"
              android: layout _ width=" fill _ parent"
              android: layout _ height=" fill _ parent"
              android: orientation=" vertical" >
< TextView
        android: id=" @+id/textView1"
        android: layout _ width=" wrap _ content"
        android: layout _ height=" wrap _ content"
        android: text=" Enter your number to be doubled. " >< /TextView>
< EditText
        android: id=" @+id/inputNum"
        android: layout _ width=" match _ parent"
        android: layout _ height=" wrap _ content" >
< /EditText>
< Button
        android: id=" @+id/doubleme"
        android: layout _ width=" wrap _ content"
        android: layout _ height=" wrap _ content"
        android: text=" Double Me" >< /Button>
< /LinearLayout>
```

(7) 在 AndroidManifest. xml 配置文件中添加一行 Internet 网络权限语句，< uses - permission android：name=" android. permission. INTERNET" />，代码如下。

```
<! --? xml version=" 1.0" encoding=" utf - 8"? -->
<manifest android: versionname=" 1.0" android: versioncode=" 1"
package=" com.app.myapp"
xmlns: android=" http: //schemas.android.com/apk/res/android" >
<uses-permission android: name=" android.permission.INTERNET" ></uses - permission>
<uses-sdk android: minsdkversion=" 13" ></uses - sdk>
<application android: label=" @string/app _ name"
android: icon=" @drawable/ic _ launcher" >
<activity android: name=" .DoubleMeActivity" android: label=" @string/app _ name" >
<intent - filter>
<action android: name=" android.intent.action.MAIN" ></action>
<category android: name=" android.intent.category.LAUNCHER" ></category>
</intent - filter>
</activity>
</application>
</manifest>
```

(8)运行ExpeAndroidCommClient的AndroidApplication，将会得到如图4-4、图4-5所示的结果。

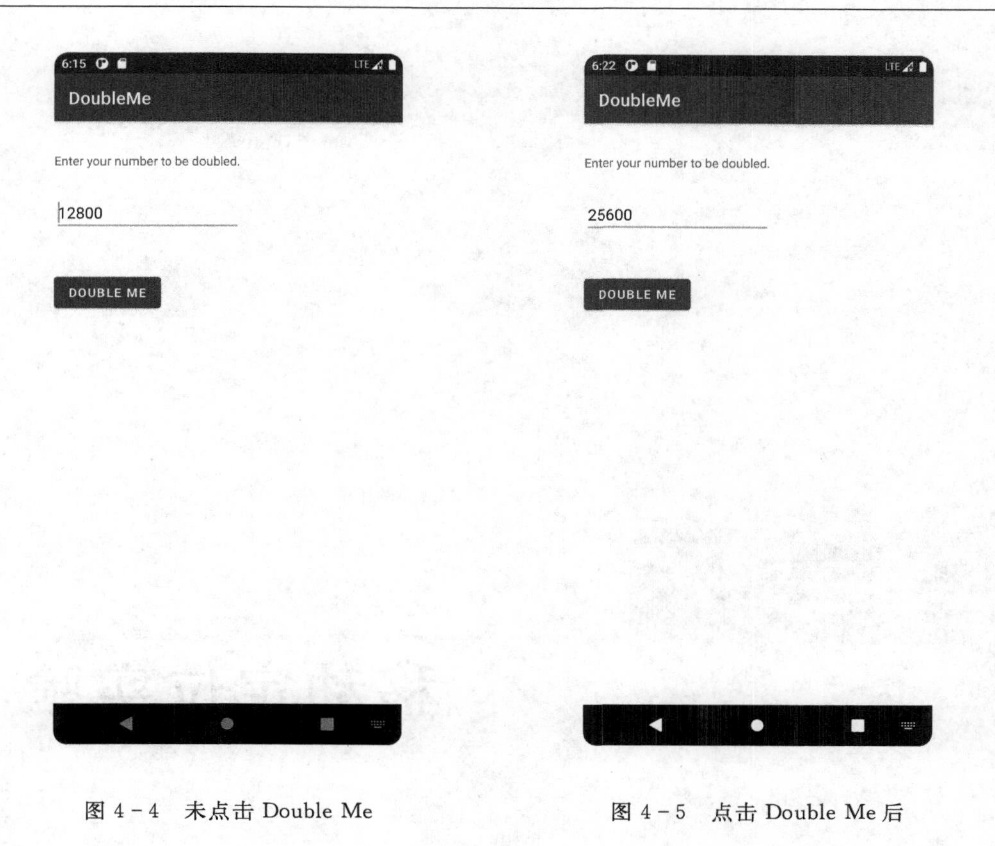


图 4-4　未点击 Double Me

图 4-5　点击 Double Me 后

### 4.4.6　思考题

运用 Sockets 方式实现服务器端与 Android 终端的数据交互。

# 第三部分

# 移动定位实验

# 第 5 章

# RSSI 指纹库的室内定位

## 5.1 实验九 室内空间平面图及格网制作

实验学时：2；实验类型：验证；实验要求：必修。

### 5.1.1 实验目的

通过本实验的学习，使学生掌握一种室内定位导航用到的底图制作知识，培养学生运用各种图形软件创建室内平面图用于创建显示的导航地图的能力。

### 5.1.2 实验内容

（1）AutoCAD 的简单矢量图形绘制；
（2）基于 DGGS 的室内平面图制作。

### 5.1.3 实验原理、方法和手段

地理格网是一种统一、简单的地理空间划分和定位参照系统。人们依据统一规则，将地面区域按照一定经纬度或地面距离进行连续分割，并将空间不确定性控制在一定范围内形成规则多边形，每个多边形均称为格网单元，从而构成分级、分层次的多级格网体系，实现地面空间离散化，并赋予统一编码。地理格网的组成包括格元、格边和格点。格元代表了区域面状特征，格点确定了格元的基本位置和点状特征，格边度量了格元间的关系。

### 5.1.4 实验设备与组织运行要求

实验设备及软件：个人计算机，AutoCAD 等相关图形处理工具软件；
开发环境配置：6；
实验采用集中在电脑机房的授课形式。

### 5.1.5 实验步骤

（1）依据如图 5-1 给定的 1#实验楼平面图，运用 ESMap（在线室内地图编辑）、ArcMap、AutoCAD 或 Adobe Photoshop 等工具绘制和补充 1 号实验楼二层室内空间近似地图，如图 5-2、图 5-3 所示，本次实验推荐使用 ESMAP 编辑器。

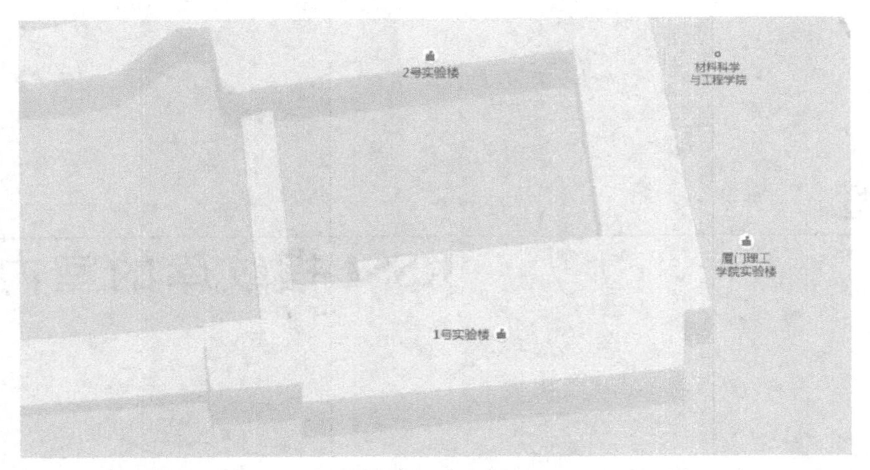


图 5-1　底图

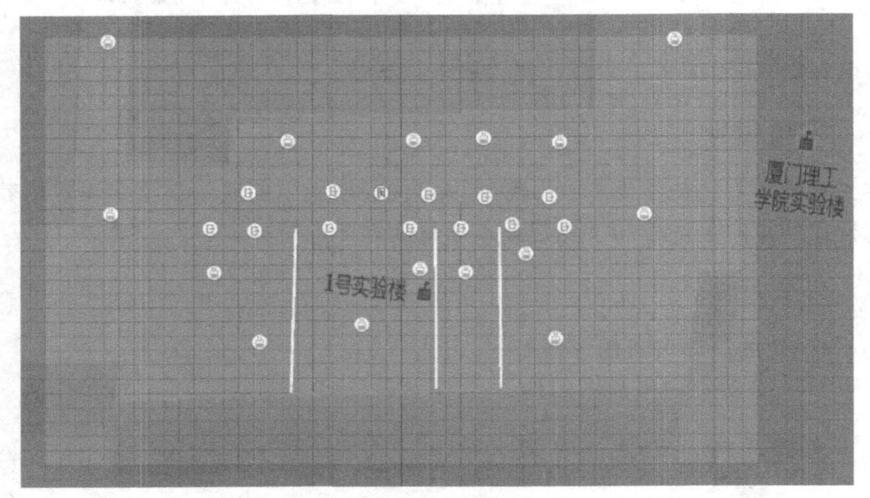


图 5-2　ESMap 编辑图

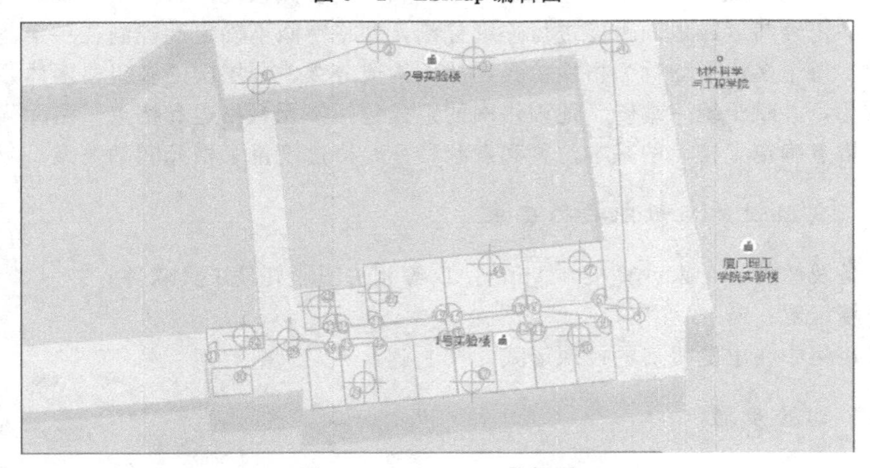


图 5-3　AutoCAD 编辑图

（2）采用 ESMap、ArcMap、AutoCAD 或 Photoshop 等图形工具给室内空间近似地图添加约 30 行×50 列的正方形格网（AutoCAD 的格网图案填充或阵列方法）。

(3)对创建的格网进行地址编码(本次实验为行列编码，左下角黑色网格为(1,1))，如图 5-4 所示。另外，保存好本次实验课的图形，将用于下次实验课的 RSSI 指纹数据采集。

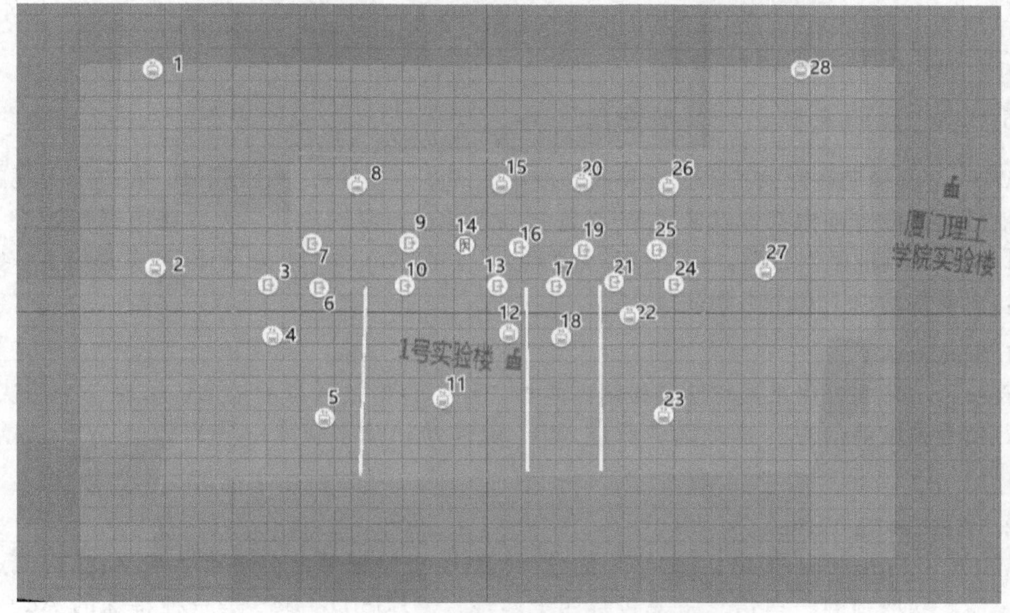


图 5-4　含室内空间和格网的效果图

(4) 根据叠加的 1＃实验楼的二楼平面图和格网图 5-4，找出可用于室内最短路径导航的网络节点（类似图中标注了序号的点、所有的门）和节点间的线段长度（网格个数），并用适当的文档或表格记录下来（见表 5-1），为后续的导航算法提供基础数据。

**表 5-1　网络节点及长度**

| 顶点号 | 直连顶点号与距离 |
|---|---|
| 1 | (2, 13)，(28, 39) |
| 2 | (1, 13)，(3, 8)，(6, 12)，(7, 11)，… |
| 依次类推 | 依次类推 |

### 5.1.6　思考题

在该格网区域中，如何求取任意两点之间的最短路径。

## 5.2　实验十　基于 Android 的 WiFi 传感器 RSSI 信息读取

实验学时：2；实验类型：验证；实验要求：必修。

### 5.2.1　实验目的

通过本实验的学习，使学生掌握手机 WiFi RSSI 传感数据采集的基础知识，培养学生运用 Android 开发 RSSI 指纹采集软件、SQLite 数据库存储的能力。

### 5.2.2 实验内容

(1) 基于 Android 的 WiFi RSSI 数据的采集开发;
(2) SQLite 移动数据库应用。

### 5.2.3 实验原理、方法和手段

WiFi 是一种无线联网技术，常见的是使用无线路由器发射 WiFi 信号，在这个无线路由器的信号覆盖的范围内都可以采用 WiFi 连接的方式进行联网。如果无线路由器连接了一个 ADSL 线路或其他联网线路，则又被称为“热点”。在 Android 中为 WiFi 开发提供了一些功能包，主要包括以下几个类和接口。

**1. ScanResult**

ScanResult 主要用来描述已经检测出的接入点，包括接入点的地址、名称、身份认证、频率、信号强度等信息。其实就是通过 WiFi 硬件的扫描来获取一些周边的 WiFi 热点的信息。

**2. WiFiConfiguration**

WiFiConfiguration 是 WiFi 网络的配置，包括安全设置等，在连通一个 WiFi 接入点的时候，需要获取到的一些信息主要包含四个属性：①BSSID，BSS 是一种特殊的 Ad - hoc LAN（一种支持点对点访问的无线网络应用模式）的应用，一个无线网络至少由一个连接到有线网络的 AP 和若干无线工作站组成，这种配置称为一个基本服务装置。一群计算机设定相同的 BSS 名称即可自成一个 group，而此 BSS 名称即 BSSID。通常，手机 WLAN 中 BSSID 其实就是无线路由器的 MAC 地址。②networkid，即网络 ID。③PreSharedKey，无线网络的安全认证模式。④SSID，SSID（service set identif，服务集标识）用于标识无线局域网，SSID 不同的无线网络是无法进行互访的。

**3. WiFiInfo**

WiFiInfo 是 WiFi 无线连接的描述，包括接入点、网络连接状态、隐藏的接入点、IP 地址、连接速度、MAC 地址、网络 ID、信号强度等信息。WiFiInfo 常用的方法见表 5 - 2。

**表 5 - 2 WiFiInfo 常用方法**

| 方法名称 | 功能 |
| --- | --- |
| getSSID () | 获得 SSID（热点名称） |
| getBSSID () | 获取 BSSID |
| getDetailedStateOf () | 获取客户端的连通性 |
| getHiddenSSID () | 获得 SSID 是否被隐藏 |
| getIpAddress () | 获取 IP 地址 |
| getLinkSpeed () | 获得连接的速度 |
| getMacAddress () | 获得 Mac 地址 |
| getRssi () | 获得 802.11n 网络的信号 |

#### 4. WiFiManager

WiFiManager 是 WiFi 连接的统一管理类，获取 WiFi 网卡的状态（WiFi 网卡的状态是由一系列常量来表示的），状态常量见表 5－3。

**表 5－3 WiFi 网卡的状态常量**

| 状态常量 | 含义 |
|---|---|
| WiFi _ STATE _ DISABLING = 0 | WiFi 网卡正在关闭 |
| WiFi _ STATE _ DISABLED = 1 | WiFi 网卡不可用 |
| WiFi _ STATE _ ENABLING = 2 | WiFi 网正在打开（WIFI 启动需要时间） |
| WiFi _ STATE _ ENABLED = 3 | WiFi 网卡可用 |
| WiFi _ STATE _ UNKNOWN = 4 | 未知网卡状态 |
| WiFi _ AP _ STATE _ DISABLING = 10 | WiFi 热点正在关闭 |
| WiFi _ AP _ STATE _ DISABLED = 11 | WiFi 热点不可用 |
| WiFi _ AP _ STATE _ ENABLING = 12 | WiFi 热点正在打开 |
| WiFi _ AP _ STATE _ ENABLED = 13 | WiFi 热点可用 |

依据 Android WiFi 的扫描、连接、信息以及热点等类和接口，可编写代码实现 WiFi 信息的采集与存储。

### 5.2.4 实验设备与组织运行要求

实验设备及软件：个人计算机，JavaJDK、Android Studio 软件；
开发环境配置：1、4；
实验采用集中在电脑机房的授课形式。

### 5.2.5 实验步骤

（1）打开 Android Studio，新建一个 Project（ExpeActivity），输入项目名称，并在 Company domain 里填写 mgis. course，其余采用默认设置。

（2）操作 WiFi 的相关类，主要放在 Android. net. wifi 包下面，使用 WiFi 相关方法需要申请一些权限，因此，要先在 AndroidManifest. xml 进行对 WiFi 操作的权限设置，代码如下。

```
    <! --以下是使用 wifi 访问网络所需的权限-->
    <uses - permission
android: name=" android.permission.CHANGE _ NETWORK _ STATE" ></uses - permission>
    <uses - permission
android: name=" android.permission.CHANGE _ WIFI _ STATE" ></uses - permission>
    <uses - permission
android: name=" android.permission.ACCESS _ NETWORK _ STATE" ></uses - permission>
    <uses - permission
android: name=" android.permission.ACCESS _ WIFI _ STATE" ></uses - permission>
```

(3) 双击打开 \ app \ src \ main \ res \ layout \ activity _ main. xml 界面文件，添加扫描、打开 WiFi 按钮、显示 WiFi 列表信息框，相应代码如下。

```
<? xml version=" 1.0" encoding=" utf - 8"? >
<ScrollView xmlns: android=" http: //schemas. android. com/apk/res/android"
    android: layout _ width=" fill _ parent"
    android: layout _ height=" fill _ parent"
>
<LinearLayout
    android: orientation=" vertical"
    android: layout _ width=" fill _ parent"
    android: layout _ height=" fill _ parent"
>
<Button
    android: id=" @+id/scan"
    android: layout _ width=" fill _ parent"
    android: layout _ height=" wrap _ content"
    android: text=" Scan Networks"
    />
<Button
    android: id=" @+id/start"
    android: layout _ width=" fill _ parent"
    android: layout _ height=" wrap _ content"
    android: text=" Open WiFi"
    />
<Button
    android: id=" @+id/stop"
    android: layout _ width=" fill _ parent"
    android: layout _ height=" wrap _ content"
    android: text=" Close WiFi"
    />
<Button
    android: id=" @+id/check"
    android: layout _ width=" fill _ parent"
    android: layout _ height=" wrap _ content"
    android: text=" WiFi State"
    />
<TextView
    android: id=" @+id/allNetWork"
    android: layout _ width=" fill _ parent"
    android: layout _ height=" wrap _ content"
    android: text=" "
    />
<ListView
```

```
        android: id=" @+id/bookslist"
        android: layout _ width=" fill _ parent"
        android: layout _ height=" wrap _ content" >
    </ListView>
    </LinearLayout>
</ScrollView>
```

（4）双击 \ app \ src \ main \ Java \ mgis \ course \ MainActivity. Java，该界面类实现对 WiFi 的操作与显示，代码如下。

```
importJava. text. SimpleDateFormat;
importJava. util. Date;
importJava. util. List;
importJava. util. Timer;
importJava. util. TimerTask;
import android. app. Activity;
import android. content. Context;
import android. database. Cursor;
import android. net. wifi. ScanResult;
import android. os. Bundle;
import android. view. View;
import android. view. ViewGroup;
import android. view. View. OnClickListener;
import android. widget. * ;
public class MainActivity extends Activity implements
AdapterView. OnItemClickListener {
    private WiFiSignalsDB wifiSignalsDB;
    private Cursor mCursor;
    private int MAC _ ID = 0;
    private ListView BooksList;
    /* * Called when the activity is first created. */
    private TextView allNetWork;
    private Button scan;
    private Button start;
    private Button stop;
    private Button check;
    private WiFiAdmin mWiFiAdmin;
    //扫描结果列表
    private List<ScanResult> list;
    private ScanResult mScanResult;
    private StringBuffer sb = new StringBuffer ();
    @Override
    public void onCreate (Bundle savedInstanceState) {
        super. onCreate (savedInstanceState);
        setContentView (R. layout. main);
```

```
        mWiFiAdmin = new WiFiAdmin (WiFiActivity.this);
        init ();
    }
    public void init () {
        wifiSignalsDB = new WiFiSignalsDB (this); //初始化数据库和数据表
        mCursor = wifiSignalsDB.select ();
        BooksList = (ListView) findViewById (R.id.bookslist);
        BooksList.setAdapter (new BooksListAdapter (this, mCursor) );
        BooksList.setOnItemClickListener (this);
        allNetWork = (TextView) findViewById (R.id.allNetWork);
        scan = (Button) findViewById (R.id.scan);
        start = (Button) findViewById (R.id.start);
        stop = (Button) findViewById (R.id.stop);
        check = (Button) findViewById (R.id.check);
        scan.setOnClickListener (new MyListener () );
        start.setOnClickListener (new MyListener () );
        stop.setOnClickListener (new MyListener () );
        check.setOnClickListener (new MyListener () );
    }
    private class MyListener implements OnClickListener {
        @Override
        public void onClick (View v) {
            // TODO Auto-generated method stub
            switch (v.getId () ) {
            case R.id.scan: // 扫描网络
                //getAllNetWorkList ();
                //添加 WiFi 信号信息，点击一次并多次扫描
                addManyTimes ();
                break;
            case R.id.start: // 打开 WiFi
                mWiFiAdmin.openWiFi ();
                Toast.makeText (WiFiActivity.this,
                        " 当前 wifi 状态为:" + mWiFiAdmin.checkState (), 1) .show ();
                break;
            case R.id.stop: // 关闭 WiFi
                mWiFiAdmin.closeWiFi ();
                Toast.makeText (WiFiActivity.this,
                        " 当前 wifi 状态为:" + mWiFiAdmin.checkState (), 1) .show ();
                break;
                case R.id.check: // WiFi 状态
                Toast.makeText (WiFiActivity.this,
                        " 当前 wifi 状态为:" + mWiFiAdmin.checkState (), 1) .show ();
                break;
```

```
                default:
                break;
            }
        }
    }
    public void getAllNetWorkList () {
        // 每次点击扫描之前清空上一次的扫描结果
        if (sb ! = null) {
          sb = new StringBuffer ();
        }
        // 开始扫描网络
        mWiFiAdmin.startScan ();
        list = mWiFiAdmin.getWiFiList ();
        if (list ! = null) {
            for (int i = 0; i < list.size (); i++) {
                // 得到扫描结果
                mScanResult = list.get (i);
                sb = sb.append (mScanResult.BSSID + "    " )
                    .append (mScanResult.SSID + "    " )
                    .append (mScanResult.capabilities + "    " )
                    .append (mScanResult.frequency + "    " )
                    .append (mScanResult.level + " \n\n" );
            }
              allNetWork.setText (" 扫描到的 WiFi 网络: \n" + sb.toString () );
        }
    }
    public void add () {
        // 开始扫描网络
        mWiFiAdmin.startScan ();
        list = mWiFiAdmin.getWiFiList ();
        if (list ! = null) {
            for (int i = 0; i < list.size (); i++) {
                // 得到扫描结果
                mScanResult = list.get (i);
                String bssid = mScanResult.BSSID.toString ();
                String ssid = mScanResult.SSID.toString ();
                String channels = (mScanResult.frequency + " " ) .toString ();
                String rssi = (mScanResult.level + " " ) .toString ();
                // 地址，MAC，经纬度都不能为空，或者退出
                if (bssid.equals (" " ) || ssid.equals (" " ) || channels.equals (" " )
                    || rssi.equals (" " ) ) {
                  return;
                }
```

```
                    Date currentTime = new Date ();
                    SimpleDateFormat formatter = new
    SimpleDateFormat (" yyyyMMddHHmm" );
                    String bssidTableName =" tbl" +bssid.replace (":", " " );
                    wifiSignalsDB.upgradeMacTable (bssidTableName);
                    wifiSignalsDB.insert6 (bssidTableName, bssid, ssid, channels, rssi, formatter.format
(currentTime) .toString (), String.valueOf (times) ); //把扫描的数据增加到数据库中
                    // 每次点击扫描之前清空上一次的扫描结果
                    if (sb ! = null) {
                      sb = new StringBuffer ();
                    }
                  sb = sb.append (mScanResult.BSSID + "    " )
                      .append (mScanResult.SSID + "    " )
                      .append (mScanResult.capabilities + "    " )
                      .append (mScanResult.frequency + "    " )
                      .append (mScanResult.level + " \n\n" );
                }
            }
        }
        int times=1;
        public void addManyTimes () {
            Timer timer = new Timer ();
            TimerTask tt=new TimerTask () {
                @Override
                public void run () {
                    add ();
                }
            };
            timer.schedule (tt, 1000, 2000); //从1秒开始，每隔2秒执行一次tt的内容
            try {
                Thread.sleep (22000); //在此位置暂停22秒
            } catch (InterruptedException e) {
                // TODO Auto-generated catch block
                e.printStackTrace ();
            }
            timer.cancel ();
            allNetWork.setText (" 已经扫描好 " +times+" 遍，并保存了 WiFi 信号数据! \n" );
            times=times+1; //监测点击扫描按钮的次数
        }
        public void delete () {
            if (MAC_ID == 0) {
                return;
            }
```

```
        wifiSignalsDB.delete (MAC_ID);
        //mCursor.requery ();
        BooksList.invalidateViews ();
        Toast.makeText (this, " Delete Successed!", Toast.LENGTH_SHORT) .show ();
    }
    @Override
    public void onItemClick (AdapterView<? > parent, View view, int position,
            long id) {
        mCursor.moveToPosition (position);
        MAC_ID = mCursor.getInt (0);
    }
    public class BooksListAdapter extends BaseAdapter {
        private Context mContext;
        private Cursor mCursor;
        public BooksListAdapter (Context context, Cursor cursor) {
            mContext = context;
            mCursor = cursor;
        }
        @Override
        public int getCount () {
            return mCursor.getCount ();
        }
        @Override
        public Object getItem (int position) {
            return null;
        }
        @Override
        public long getItemId (int position) {
            return 0;
        }
        @Override
        public View getView (int position, View convertView, ViewGroup parent) {
            TextView mTextView = new TextView (mContext);
            mCursor.moveToPosition (position);
            mTextView.setText (mCursor.getString (1) + "  ___"
                    + mCursor.getString (2) + "  ___" + mCursor.getString (3)
                    + "  ___" + mCursor.getString (4) );
            return mTextView;
        }
    }
}
```

（5）在目录 \ app \ src \ main \ Java \ mgis \ course \ 在中添加类，类名为WiFiAdmin，该类实现 WiFi 的具体功能，代码如下。

```
importJava.util.List;
    import android.content.Context;
    import android.net.WiFi.ScanResult;
    import android.net.WiFi.WiFiConfiguration;
    import android.net.WiFi.WiFiInfo;
    import android.net.WiFi.WiFiManager;
    import android.net.WiFi.WiFiManager.WiFiLock;
    public class WiFiAdmin {
        //定义一个 WiFiManager 对象
        private WiFiManager mWiFiManager;
        //定义一个 WiFiInfo 对象
        private WiFiInfo mWiFiInfo;
        //扫描出的网络连接列表
        private List<ScanResult> mWiFiList;
        //网络连接列表
        private List<WiFiConfiguration> mWiFiConfigurations;
        WiFiLock mWiFiLock;
        public WiFiAdmin (Context context) {
            //取得 WiFiManager 对象
            mWiFiManager= (WiFiManager) context.getSystemService (Context.WIFI _ SERVICE);
            //取得 WiFiInfo 对象
            mWiFiInfo=mWiFiManager.getConnectionInfo ();
        }
        //打开 WiFi
        public void openWiFi () {
            if (! mWiFiManager.isWiFiEnabled () ) {
                mWiFiManager.setWiFiEnabled (true);
            }
        }
        //关闭 WiFi
        public void closeWiFi () {
            if (! mWiFiManager.isWiFiEnabled () ) {
                mWiFiManager.setWiFiEnabled (false);
            }
        }
        //检查当前 WiFi 状态
        public int checkState () {
            return mWiFiManager.getWiFiState ();
        }
        //锁定 WiFiLock
        public void acquireWiFiLock () {
            mWiFiLock.acquire ();
        }
```

```
//解锁 WiFiLock
public void releaseWiFiLock () {
    //判断是否锁定
    if (mWiFiLock.isHeld () ) {
        mWiFiLock.acquire ();
    }
}
//创建一个 WiFiLock
public void createWiFiLock () {
    mWiFiLock=mWiFiManager.createWiFiLock (" test" );
}
//得到配置好的网络
public List<WiFiConfiguration> getConfiguration () {
return mWiFiConfigurations;
}
//指定配置好的网络进行连接
public void connetionConfiguration (int index) {
    if (index>mWiFiConfigurations.size () ) {
        return ;
    }
    //连接配置好指定 ID 的网络
    mWiFiManager.enableNetwork (mWiFiConfigurations.get (index) .networkId, true);
}
public void startScan () {
    mWiFiManager.startScan ();
    //得到扫描结果
    mWiFiList=mWiFiManager.getScanResults ();
    //得到配置好的网络连接
    mWiFiConfigurations=mWiFiManager.getConfiguredNetworks ();
}
//得到网络列表
public List<ScanResult> getWiFiList () {
    return mWiFiList;
}
//查看扫描结果
public StringBuffer lookUpScan () {
    StringBuffer sb=new StringBuffer ();
    for (int i=0; i<mWiFiList.size (); i++) {
        sb.append (" Index _" + new Integer (i + 1) .toString () + ":" );
        //将 ScanResult 信息转换成一个字符串包
        //其中把包括：BSSID、SSID、capabilities、frequency、level
        sb.append ( (mWiFiList.get (i) ) .toString () ) .append (" \n" );
    }
```

```
        return sb;
    }
    public String getMacAddress () {
        return (mWiFiInfo==null)?" NULL": mWiFiInfo.getMacAddress ();
    }
    public String getBSSID () {
        return (mWiFiInfo==null)?" NULL": mWiFiInfo.getBSSID ();
    }
    public int getIpAddress () {
        return (mWiFiInfo==null)? 0: mWiFiInfo.getIpAddress ();
    }
    //得到连接的 ID
    public int getNetWordId () {
        return (mWiFiInfo==null)? 0: mWiFiInfo.getNetworkId ();
    }
    //得到 wifiInfo 的所有信息
    public String getWiFiInfo () {
        return (mWiFiInfo==null)?" NULL": mWiFiInfo.toString ();
    }
    //添加一个网络并连接
    public void addNetWork (WiFiConfiguration configuration) {
        int wcgId=mWiFiManager.addNetwork (configuration);
        mWiFiManager.enableNetwork (wcgId, true);
    }
    //断开指定 ID 的网络
    public void disConnectionWiFi (int netId) {
        mWiFiManager.disableNetwork (netId);
        mWiFiManager.disconnect ();
    }
}
```

(6) 在目录 \ app \ src \ main \ Java \ mgis \ course \ 中添加类，类名为 WiFiSignals-DB，该类实现 WiFi 的信息 SQLite 数据库存储功能，代码如下。

```
import android.content.ContentValues;
    import android.content.Context;
    import android.database.Cursor;
    import android.database.sqlite.SQLiteDatabase;
    import android.database.sqlite.SQLiteOpenHelper;
    import android.util.Log;
    public class WiFiSignalsDB extends SQLiteOpenHelper {
        //MAC_ID -- ID, ADDS -- BSSID, MAC_NAME -- SSID, longtitude -- CHANNELS, latitude -- RSSI
        private final static String DATABASE_NAME = " AP.sdb";
        private final static int DATABASE_VERSION = 1;
        private final static String TABLE_NAME = " wifisignals";
```

```
public final static String ID = " id";
public final static String BSSID = " bssid";
public final static String SSID =" ssid";
public final static String CHANNELS=" channels";
public final static String RSSI=" rssi";
public final static String ACQUISITIONTIME=" acquisitiontime";
public final static String CLICKTIMES=" clicktimes";
public WiFiSignalsDB (Context context) {
    // TODO Auto-generated constructor stub
    super (context, DATABASE_NAME, null, DATABASE_VERSION);
}
//创建 table
@Override
public void onCreate (SQLiteDatabase db) {
    String sql = " CREATE TABLE " + TABLE_NAME + " (" + ID
            + " INTEGER PRIMARY KEY AUTOINCREMENT , " + SSID
            + " TEXT, " + CHANNELS + " TEXT," + RSSI +" TEXT," + BSSID +" TEXT," + ACQUISI-
TIONTIME +" TEXT," + CLICKTIMES+ " TEXT);";
    db.execSQL (sql);
}
@Override
public void onUpgrade (SQLiteDatabase db, int oldVersion, int newVersion) {
    String sql = " DROP TABLE IF EXISTS " + TABLE_NAME;
    db.execSQL (sql);
    onCreate (db);
}
public void createMacTable (SQLiteDatabase db, String table) {
    String sql = " CREATE TABLE " + table + " (" + ID
            + " INTEGER PRIMARY KEY AUTOINCREMENT , " + SSID
            + " TEXT, " + CHANNELS + " TEXT," + RSSI +" TEXT," + BSSID +" TEXT," + ACQUISI-
TIONTIME +" TEXT," + CLICKTIMES+ " TEXT);";
    db.execSQL (sql);
}
public void upgradeMacTable (String table) {
      SQLiteDatabase db = this.getWritableDatabase ();
      String sql = " select name from sqlite_master where type =table;";
      Cursor cursor = db.rawQuery (sql, null);
      int count=0;
      while (cursor.moveToNext () ) {
Log.i (" System.out", cursor.getString (0) );
            if (cursor.getString (0) .equals (table) ) {
count=count+1;
            }
```

```
            }
            if (count<1) {
            createMacTable (db, table);
            }
    }
    public Cursor select () {
        SQLiteDatabase db = this.getReadableDatabase ();
        Cursor cursor = db
                .query (TABLE_NAME, null, null, null, null, null, null);
        return cursor;
    }
    //增加操作 6 个字段
    public long insert6 (String table, String bssid, String ssid, String channels, String rssi, String
acquisitiontime, String clicktimes) {
        SQLiteDatabase db = this.getWritableDatabase ();
        /* ContentValues */
        ContentValues cv = new ContentValues ();
        cv.put (BSSID, bssid);
        cv.put (SSID, ssid);
        cv.put (CHANNELS, channels);
        cv.put (RSSI, rssi);
        cv.put (ACQUISITIONTIME, acquisitiontime);
        cv.put (CLICKTIMES, clicktimes);
        long row = db.insert (table, null, cv);
        return row;
    }
    //增加操作 5 个字段
    public long insert5 (String bssid, String ssid, String channels, String rssi, String clicktimes) {
        SQLiteDatabase db = this.getWritableDatabase ();
        /* ContentValues */
        ContentValues cv = new ContentValues ();
        cv.put (BSSID, bssid);
        cv.put (SSID, ssid);
        cv.put (CHANNELS, channels);
        cv.put (RSSI, rssi);
        cv.put (CLICKTIMES, clicktimes);
        long row = db.insert (TABLE_NAME, null, cv);
        return row;
    }
    //增加操作 4 个字段
    public long insert4 (String bssid, String ssid, String channels, String rssi) {
        SQLiteDatabase db = this.getWritableDatabase ();
        /* ContentValues */
```

```
        ContentValues cv = new ContentValues ();
        cv.put (BSSID, bssid);
        cv.put (SSID, ssid);
        cv.put (CHANNELS, channels);
        cv.put (RSSI, rssi);
        long row = db.insert (TABLE_NAME, null, cv);
        return row;
    }
    //删除操作
    public void delete (int id) {
        SQLiteDatabase db = this.getWritableDatabase ();
        String where = ID + " = ?";
        String [] whereValue = { Integer.toString (id) };
        db.delete (TABLE_NAME, where, whereValue);
    }
    //修改操作
    public void update (int id, String bssid, String ssid, String channels, String rssi, Stringclick-
times) {
        SQLiteDatabase db = this.getWritableDatabase ();
        String where =ID + " = ?";
        String [] whereValue = { Integer.toString (id) };

        ContentValues cv = new ContentValues ();
        cv.put (BSSID, bssid);
        cv.put (SSID, ssid);
        cv.put (CHANNELS, channels);
        cv.put (RSSI, rssi);
        cv.put (CLICKTIMES, clicktimes);
        db.update (TABLE_NAME, cv, where, whereValue);
    }
}
```

（7）运行该程序，并测试每个按钮的功能。

### 5.2.6　思考题

本实验中将每个无线 AP 的 RSSI 数据单独存放在独立的数据表，请根据 Android 移动数据管理的实验，设计界面将 SQLite 数据库的数据显示，或将数据库表中的数据存储为本地定制格式的文本文件。

## 5.3　实验十一　RSSI 指纹数据采集与入库

实验学时：2；实验类型：验证；实验要求：必修。

### 5.3.1 实验目的

通过本实验的学习，使学生掌握 WiFi RSSI 指纹库定位中指纹库建立的基础知识，培养学生运用 RSSI 指纹采集软件、SQLite、PostgreSQL 数据库共同建立 RSSI 指纹库的能力。

### 5.3.2 实验内容

（1）WiFi RSSI 数据的采集与建库；

（2）SQLite 移动数据库、PostgreSQL 数据库之间的数据转移。

### 5.3.3 实验原理、方法和手段

在基于 RSSI 指纹特征的无线定位中，将定位区域的各位置点接收到所有的无线 AP 的 RSSI 值作为位置网格的指纹特征，从而建立定位区域的网格指纹数据库，为此，利用实时的移动目标接收到的 RSSI 值进行指纹识别定位。其定位过程主要分为样本训练与实时定位两个阶段。

在样本训练阶段，采集所有网格中心点接收到不同 AP 的 RSSI 值，将相应的 MAC 物理地址和 RSSI 值存储到数据库。由于受环境因素影响，无线信号 RSSI 值并不稳定，为了减弱 RSSI 值不稳定对定位的影响，通常在每个网格上多次测量取平均值。在实时定位阶段，依据一定的匹配算法将待测点上接收的 RSSI 值与数据库中的已有格网数据进行比较，计算实时位置所在的网格。RSSI 样本数据采集与指纹建库是实现指纹库室内定位算法的一项基础工作。

### 5.3.4 实验设备与组织运行要求

实验设备及软件：个人计算机、智能手机、WiFiInfoCollect. apk 指纹采集 app、ES 文件浏览器 app（下载地址 http：//www. estrongs. com/）、PostgreSQL 数据库等；

开发环境配置：3；

实验采用集中在电脑机房的授课形式。

### 5.3.5 实验步骤

（1）在 Android 手机中安装 WiFiInfoCollect. apk 的 RSSI 采集 app（暂没有支持 iOS 版）。

（2）点击 WiFiInfoCollect 的 app 中的“图片”，导入 ESMAP 实验中制作的格网平面图，并将图纸网格与实地位置对应起来，在每个网格点上测定 RSSI 值。

（3）打开手机中的文件浏览器（若手机没有文件浏览器，则可以安装 ES 文件浏览器），从手机中拷贝出已保存的 RSSI 数据（根目录/sdcard/wifi 数据/001/），并将这些数据转移到电脑上（可用 QQ 或微信等工具传输），数据格式如图 5－5 所示。

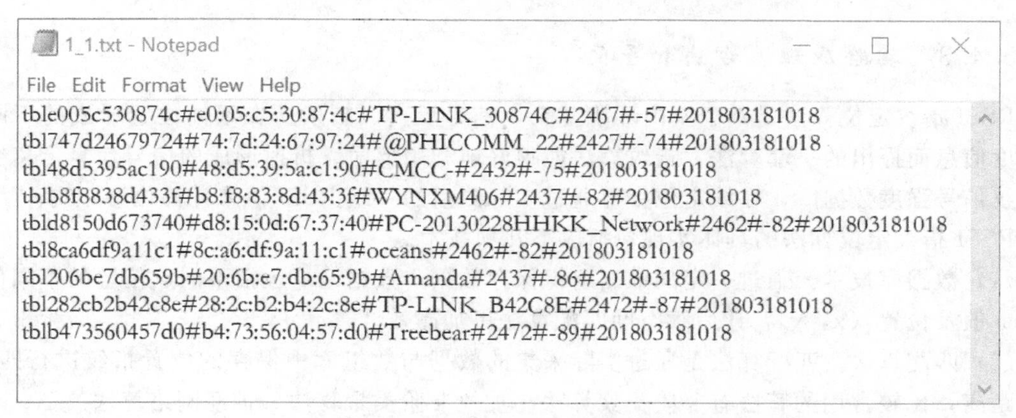
1_1.txt - Notepad
File Edit Format View Help
tble005c530874c#e0:05:c5:30:87:4c#TP-LINK_30874C#2467#-57#201803181018
tbl747d24679724#74:7d:24:67:97:24#@PHICOMM_22#2427#-74#201803181018
tbl48d5395ac190#48:d5:39:5a:c1:90#CMCC-#2432#-75#201803181018
tblb8f8838d433f#b8:f8:83:8d:43:3f#WYNXM406#2437#-82#201803181018
tbld8150d673740#d8:15:0d:67:37:40#PC-20130228HHKK_Network#2462#-82#201803181018
tbl8ca6df9a11c1#8c:a6:df:9a:11:c1#oceans#2462#-82#201803181018
tbl206be7db659b#20:6b:e7:db:65:9b#Amanda#2437#-86#201803181018
tbl282cb2b42c8e#28:2c:b2:b4:2c:8e#TP-LINK_B42C8E#2472#-87#201803181018
tblb473560457d0#b4:73:56:04:57:d0#Treebear#2472#-89#201803181018

图 5－5　采集的 WiFi 数据格式

（4）文本格式说明：1_1. txt 文件名为行号 1 列号 1 的网格采集成果；# 为数据类型间隔符；第 1 类数据为 id；第 2 类数据为 MAC 地址；第 3 类数据为无线 AP 名称；第 4 类无线频道；第 5 类数据为 RSSI 值；第 6 类数据为采集时刻。每一行对应一个无线 AP。

（5）提取每个无线 AP（视实际情况，选择 5 个无线 AP）在每个网格的 RSSI 值，保存在 xsl 文件中（每个无线 AP 创建一个 excel 文件），并且要求行列对应（4 行×4 列），最后将其另存为 csv 格式，编码要求为 UTF－8。

（6）在 pgAdmin 中，新建 5 个数据表，表名为无线 AP 的 MAC 地址（去掉中间的冒号），添加 4 个字段，分别为 c1－text，c2－text，c3－text，c4－text（数据表的表名不能数字开头）。

（7）在 pgAdmin 中，右键点击新建的数据表，将 csv 文件数据导入各数据表。

（8）完成 5 个数据表的数据导入，至此，含有 5 个特征值的指纹数据库已完成建立。

### 5.3.6　思考题

本实验中将每个无线 AP 的 RSSI 数据单独存在独立的数据表，觉得这种方式如何，谈谈想法。

## 5.4　实验十二　基于 Java 的 RSSI 指纹库定位

实验学时：2；实验类型：验证；实验要求：必修。

### 5.4.1　实验目的

通过本实验的学习，使学生掌握 Java 开发的基础知识，学会运用 Eclipse 编程环境进行 RSSI 指纹库定位开发的技能，同时理解并掌握 RSSI 指纹库定位方法。

### 5.4.2　实验内容

（1）Java 的数组、数据库等综合开发；

（2）RSSI 指纹库定位基本原理。

### 5.4.3 实验原理、方法和手段

RSSI 指纹定位算法是基于室内环境复杂，信号反射、折射所在不同位置形成的不同信号强度信息而提出的一套算法，指纹算法能很好地利用反射、折射形成的信号信息，离线生成指纹信号强度数据库，在线定位中再通过实际测量的一组 RSSI 值来计算位置距离。

RSSI 指纹定位算法的具体实现包括以下几项技术。

（1）数据库技术。通过一定的数据组织保存数据，数据记录包括不同点位置的不同信标的 rssi 值及位置（x，y），让后续空间匹配算法更加高效。

（2）匹配算法。匹配算法是通过实际采集的数据与数组库中保存的位置指纹进行匹配，算出距离，比较常用的算法有 k 阶类聚算法、加权 k 阶类聚算法、神经网络算法。

（3）信号滤波算法。因采集到的信号还是会收到各种干扰（如人走动、环境信号噪声等）因此需要对采集到的信号进行滤波，离线数据采集能够采集比较多的点，为此可以采用平均滤波、高斯滤波等进行滤波。在线实时定位时不可能采集很多点再滤波，只能采用输入输出为 1∶1 的滤波算法，如滑动加权滤波、卡尔曼滤波等。

### 5.4.4 实验设备与组织运行要求

实验设备及软件：个人计算机，JavaJDK、Eclipse EE 软件；

开发环境配置：1、2；

实验采用集中在电脑机房的授课形式。

### 5.4.5 实验步骤

（1）本实验定位为服务器端的计算，实现过程主要包括：读取数据库的 RSSI 向量数据、读取实时的 RSSI 向量数据、向量匹配算法实现、定位结果打印输出。

（2）数据库端的 RSSI 指纹库数据表的存储方式为每个 AP 对应一个数据表，数据表的行列数对应区域格网的行列数，且数据表的每个网格与实际区域的每个网格相对应。（这步工作在实验十一——RSSI 指纹数据采集与入库中已完成）。

（3）读取数据库的 RSSI 向量数据的代码如下（@部分需根据实际数据替换）。

①在 ExpeRssiFingerprintLoc 项目下，把 ExpeJavaDB 项目下的 mgis. course. DbManage 类拷贝过来，并调整 DbManage 类代码。将语句 public String [] [] getAll () {。改成 public String [] [] getAll (String tableName) {。将语句 String sql = " select * from public. classlist"。改成 String sql = " select * from " +tableName"。

②读取 RSSI 数据表，并构成三维数组代码，在 ExpeRssiFingerprintLoc 项目下创建包和类 mgis. course. RssiFingerprintLoc，然后在类中添加以下方法。

```
public double [] [] [] getGridRssiAll () {
    double [] [] [] gridRssiAll=new double [@] [@] [@];
    DbManage dm = new DbManage ();
    String [] [] simsb2eb2121 = dm.getAll (" @@1" );
    String [] [] simsb2ec2121 = dm.getAll (" @@2" );
    String [] [] sims6810e25f = dm.getAll (" @@3" );
```

```
        String [] [] sims68118616 = dm.getAll (" @@4" );
        String [] [] simsa9c5d343 = dm.getAll (" @@5" );
        System.out.println (simsb2eb2121 [0] .length);
        for (int i=0; i<gridRssiAll.length; i++) {
            for (int j=0; j<gridRssiAll [0] .length; j++) {
    gridRssiAll [i] [j] [0] =Double.parseDouble (simsb2eb2121 [i] [j+1] );
    gridRssiAll [i] [j] [1] =Double.parseDouble (simsb2ec2121 [i] [j+1] );
    gridRssiAll [i] [j] [2] =Double.parseDouble (sims6810e25f [i] [j+1] );
    gridRssiAll [i] [j] [3] =Double.parseDouble (sims68118616 [i] [j+1] );
    gridRssiAll [i] [j] [4] =Double.parseDouble (simsa9c5d343 [i] [j+1] );
            }
        }
        return gridRssiAll;
    }
```

③实时定位代码。在 mgis.course 包下创建 RssiFingerprintLoc，然后在类中添加以下方法。

```
    // This method is used to positioning with the algorithm of max cosine value
    // Parameter gridRssiAll is used to store all of the value in all the APs
    public int [] gridLocation (double [] [] [] gridRssiAll, double [] rtssi, PrintStream ps) throws IOEx-
ception {
        // define the row and column number of the grid nets
        int gridRow = gridRssiAll.length;
        int gridCol = gridRssiAll [0] .length;
        int apNumber = gridRssiAll [0] [0] .length;
        // grid dot multiply, used for computing gridcosine;
        double gridDot [] [] = new double [gridRow] [gridCol];
        // grid vector module product, used for computing gridcosine;
        double gridVectorModuleProduct [] [] = new double [gridRow] [gridCol];
        // grid vectors cosine;
        double gridCosine [] [] = new double [gridRow] [gridCol];
        VectorMultiply vectorMultiply = new VectorMultiply ();
        DecimalFormat df = new DecimalFormat (" 0.0000" );
        int [] locationResult = new int [2];
        try {
            double max = gridCosine [0] [0]; // used for compute the max
                                   // value of gridCosine;
            int row = 0, col = 0; // used for compute the max value of
                              // gridCosine;
            // two loops below used to compute all the value of gridCosine;
            for (int i = 0; i < gridRow; i++) {
                for (int j = 0; j < gridCol; j++) {
                    double [] gridRssi = new double [apNumber];
                    for (int k = 0; k < apNumber; k++) {
```

```
                    gridRssi [k] = gridRssiAll [i] [j] [k];
                }
                gridDot [i] [j] = vectorMultiply.vectorDotMultiply (rtssi, gridRssi, apNumber);
                  gridVectorModuleProduct [i]   [j] = vectorMultiply.vectorModuleProduct (rtssi,
gridRssi, apNumber);
                // computering grid vectors cosine;
                if (gridVectorModuleProduct [i] [j] == 0) {
                    gridCosine [i] [j] = 0;
                } else {
                    gridCosine [i] [j] = gridDot [i] [j] / gridVectorModuleProduct [i] [j];
                }
                // used for write gridCosine;
                ps.print (df.format (gridCosine [i] [j] ) + "," );
                // obtain the max value of gridCosine;
                if (max < gridCosine [i] [j] ) {
                    max = gridCosine [i] [j];
                    row = i;
                    col = j;
                }
            }
            ps.print (" \n" ); // used for a new line;
        }
        // used for write the max value of gridCosine row and col;
        ps.println (" The largest value of cosine is " + df.format (max) + ", which row No is " + (row
+ 1)
                + " and column No is " + (col + 1) + " ." );
        locationResult [0] = row + 1;
        locationResult [1] = col + 1;
        ps.close ();
    } catch (Exception e) {
        e.printStackTrace ();
    } finally {
    }
    return locationResult;
}

public static void main (String [] args) throws IOException {
    // TODO Auto - generated method stub
    RssiFingerprintLoc rfl=new RssiFingerprintLoc ();
    double [] [] [] rfl3d=rfl.getGridRssiAll ();
    double [] rtssi= {@, @, @, @, @};
    Date currentTime = new Date ();
    SimpleDateFormat formatter = new SimpleDateFormat (" yyyyMMddHHmm" );
```

```
        // Set the output filename - 指定要要输入内容的文件名 name
        String name = " SimsRealtimeResult" + formatter.format (currentTime) + " .txt";
        FileOutputStream out = new FileOutputStream (name);
        PrintStream ps = new PrintStream (out);
        int [] locationResult=rfl.gridLocation (rfl3d, rtssi, ps);
    System.out.println (" row:" +locationResult [0] +", column:" +locationResult [1] );
    }
```

在 mgis. course 包下创建 VectorMultiply，然后在类中添加以下方法。

```
    // denominator for computering grid vectors cosine;
    public double vectorDotMultiply (double [] vector1, double [] vector2, int vectorDimension) {
        double vectorDotMultiplyResult=0;
        for (int i=0; i<vectorDimension; i++) {
            vectorDotMultiplyResult+=vector1 [i] * vector2 [i];
        }
        return vectorDotMultiplyResult;
    }
    // denominator for computering grid vectors cosine;
    public double vectorModuleProduct (double [] vector1, double [] vector2, int vectorDimension) {
        double vectorModuleProduct=0;
        double vector1SqrSum=0;
        double vector2SqrSum=0;
        for (int i=0; i<vectorDimension; i++) {
            vector1SqrSum+=vector1 [i] * vector1 [i];
            vector2SqrSum+=vector2 [i] * vector2 [i];
        }       vectorModuleProduct=Math.sqrt (vector1SqrSum) * Math.sqrt (vector2SqrSum);
        return vectorModuleProduct;
    }
```

（4）运行含有主方法 main 的类 RssiFingerprintLoc，查看下方的 console 控制台的定位结果显示。

### 5.4.6　思考题

（1）当无线 AP 个数更改时，如何调整程序代码？

（2）本实验中使用了向量夹角的余弦值判断相似度，如何将其调整为使用距离大小判断相似度？

# 第 6 章

# Android SDK 移动定位开发

## 6.1 实验十三　NMEA 模拟数据制作与导航

实验学时：2；实验类型：验证；实验要求：必修。

### 6.1.1 实验目的

通过本实验的学习，使学生掌握使用 GpsGate 软件创建 NMEA 导航格式文件的方法，训练或培养学生对 NMEA 格式文件的认识，为今后继续学习空间信息移动服务系统和原理奠定基础。

### 6.1.2 实验内容

（1）GpsGate 软件的 NMEA 格式文件的创建；
（2）NMEA 导航格式文件的使用。

### 6.1.3 实验原理、方法和手段

GNSS 定位空间信息是移动服务系统赖以存在的基础，GNSS 的导航数据很好地体现了空间信息移动服务的动态性，GNSS 导航数据文件的国际标准为 NMEA 数据格式。本实验从 GpsGate 软件出发，实践移动 NMEA 格式数据的创建与使用。

### 6.1.4 实验设备与组织运行要求

实验设备及软件：个人计算机，GpsGate、Google Earth（或者 Marble Earth）；
开发环境配置：不涉及开发；
参考文献：GpsGate 和 Google Earth 技术文档；
实验组织采用集中在电脑机房的授课形式。

### 6.1.5 实验步骤

（1）安装 GpsGate 和 Google Earth 软件。

（2）运用 GpsGate 创建 NMEA 数据，首先要设计导航路径，请在高德地图中选择某条道路，距离可长可短，提取出所有转点处的经纬度坐标。

（3）运行 GpsGateClient，如图 6－1 所示。

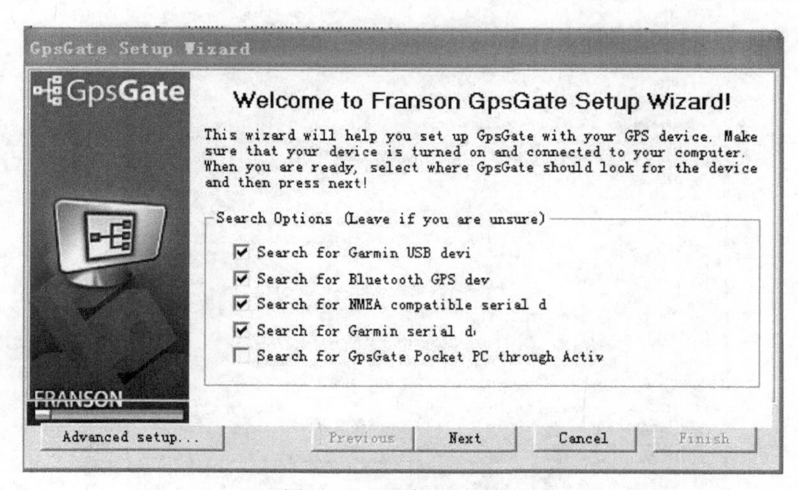


图 6 - 1　运行 GpsGate

点击“Advanced setup…”，如图 6 - 2 所示。

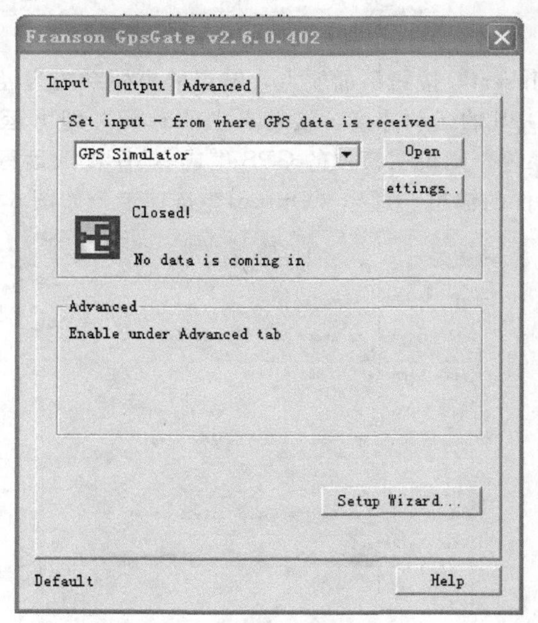


图 6 - 2　Advanced setup

在下拉框中选择“GPS Simulator”，然后点击右侧的“Settings…”按钮，如图 6 - 3 所示。

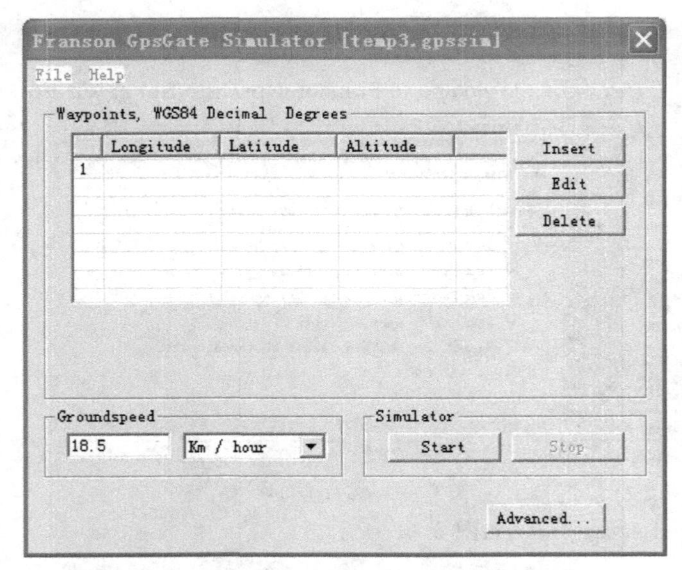


图 6－3　Settings

在图 6－3 中点击“Insert”按钮添加航点，航点的坐标系统为经纬度大地坐标，然后在左下部的文本框中输入 GPS 的运动速度，接着点击“Start”即可运行。若发现屏幕右下角的图标由橙红色变成绿色，则说明模拟的 GPS 生成 NMEA 的运行过程已经成功启动。

（4）设置 NMEA 文件的输出。选择“Output”选项卡，如图 6－4 所示。

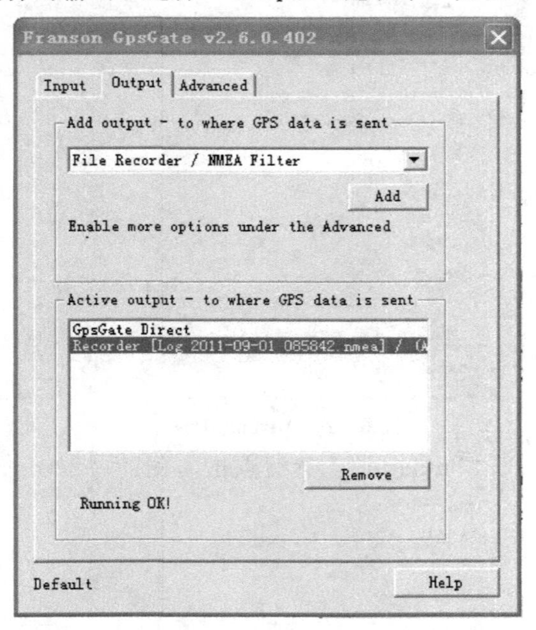


图 6－4　Output

在上面的下拉框中选择“File Recorder/NMEA Filter”，然后点击“Add”，如图 6－5 所示。

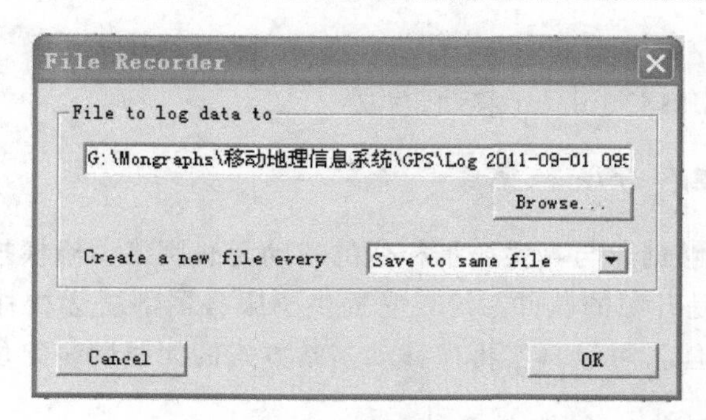


图 6－5　FileRecorder

点击“Brows…”选择生成的 NMEA 将要保存的本地文件目录地址，然后点击“OK”，如图 6－6 所示。

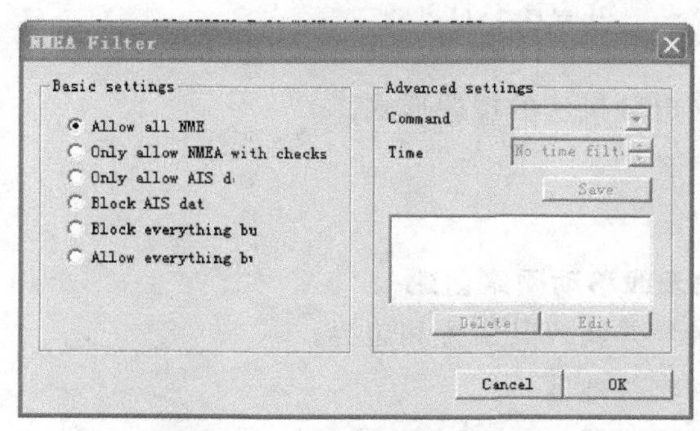


图 6－6　选择生成的 NMEA

选择默认设置，点击“OK”，至此，NMEA 文件的创建已经开始，也可以打开 NMEA 文件的保存地址查看该 NMEA 文件容量变化，如果成功，该 NMEA 文件的容量将随着时间一直增大。

（5）将生成的 NMEA 文件导入到 Google Earth 中查看该数据导航的效果。

### 6.1.6　思考题

从实验中分析 GNSS NMEA 导航数据的基本构成要素有哪些？

## 6.2　实验十四　MPS 模拟移动网络创建及移动定位

实验学时：2；实验类型：验证；实验要求：必修。

### 6.2.1　实验目的

通过本实验的学习，使学生掌握移动基站定位的相关知识，培养学生学会使用 MPC Map Tool 工具创建模拟移动网络和 MPS Emulator 部署移动定位，为今后继续对空间信息移动服务系统和原理的学习奠定基础。

### 6.2.2　实验内容

（1）MPC Map Tool 工具创建模拟移动网络；

（2）MPS Emulator 部署移动定位；

（3）测试部署的 MPS Emulator 移动定位。

### 6.2.3 实验原理、方法和手段

MPC Map Tool 能够创建与真实场景相似的移动无线网络，给模拟移动定位提供了基础条件。MPS Emulator 是开源的软件系统，它提供了服务器部署无线移动网络，并能进行模拟定位。通过这两个功能，可以真实再现移动基站方式的无线网络定位原理和过程。

### 6.2.4 实验设备与组织运行要求

实验设备及软件：个人计算机，MPC Map Tool（maptool）、MPS（mps _ sdk6.0.1）、Eclipse、apache－tomcat、栅格图像软件；

开发环境配置：1、2、5；

实验组织采用集中在电脑机房的授课形式。

### 6.2.5 实验步骤

**1. MPC Map Tool 的无线移动网络创建**

（1）加载地图（附录）并输入其位置和边界；

（2）定义城市区域和农村地区；

（3）绘制农村地区主要道路；

（4）绘制移动电话的行走路线；

（5）生成蜂窝结构图；

（6）保存模拟文件以供 MPS Emulator 使用。

**2. MPS Emulator 的无线网络部署及移动定位实现**

（1）系统需求：J2SE SDK 1.4 或 higher、Tomcat、Eclipse。

（2）启动 Eclipse，导入 war 文件，该文件目录为……\ mps _ sdk6.0.1 \ emulator \ webapps \ ROOT.war。导入完后会出现两个项目，分别为 emulator 和 ROOT。

（3）配置 Tomcat 服务器，找到 Tomcat 安装目录下的 conf 子目录，将其中的 server.xml 文件替换为……\ mps _ sdk6.0.1 \ emulator \ conf 内的 server.xml 文件。

（4）双击打开 ROOT/WebContent/web－inf/data/lbsdata.xml 文件，找到<URL>http：//localhost：8080/pushservlet</URL>代码行，并将其替换为<URL>http：//localhost：10035/Examples/pushservlet</URL>。

（5）运行 MPS Emulator。操作：选定项目 ROOT，点击右键，选定 Run As，选定 Run on Server，然后在项目添加时加入 ROOT 项目。运行完后，在 Eclipse 主窗口会自动打开 http：//localhost：10035/ROOT/index.html 的页面。通过以上步骤，完成 MPS Emulator 定位服务器的配置，下面是定位获取示例的测试配置。

（6）新建 Dynamic Web Project 项目，如取名为 Examples，然后选定 Examples 下的 WebContent 目录，点击右键，选定 import，导入 mps 示例中的 ROOT 子目录文件，该目

录文件为……\ mps _ sdk6. 0. 1 \ api \ examples \ webapps \ ROOT。

（7）双击打开 Examples/WebContent/web - inf/web. xml 文件，找到<param - value> http：//localhost：10035/newRequest</param - value>代码行，并将其替换为<param - value>http：//localhost：10035/ROOT/newRequest</param - value>。

（8）接下来运行 Examples 项目。选定 Examples，点击右键，选定 Run As，选定 Run on Server，然后在项目添加时加入 Examples 项目。运行完后，在 Eclipse 主窗口会自动打开 http：//localhost：8080/Examples/的页面。若没有出现此页面，也可选定 WebContent/index. html，点击右键，选定 Run As，选定 Run on Server，主窗口会出现 http：//localhost：8080/Examples/index. html 的页面。

（9）在页面 http：//localhost：8080/Examples/ 中点击 Example 1，然后在 MSISDN 对应的文本框中输入 http：//localhost：10035/ROOT/下 Mobile Stations 项的任何一个号码，并点击“SEND”，在出现的页面中点击该号码，下方会出现该时刻对应该号码的定位结果，间隔 3 分钟，连续定位 4 次，同时剪切和记录每次的定位结果。

### 6. 2. 6　思考题

（1）如何以某区域的地图为例，创建在其中某条路上的移动电话的定位演示？
（2）能否将该系统应用到实地布设的无线路由器网络中？

## 6. 3　实验十五　高德地图 Android 定位 SDK 移动定位开发

实验学时：4；实验类型：验证；实验要求：必修。

### 6. 3. 1　实验目的

通过本实验的学习，使学生掌握基于 Android 的高德移动定位 SDK 开发的基本知识，训练和培养学生能够使用 Android 客户端在高德地图上展示实时定位的技能。

### 6. 3. 2　实验内容

（1）高德地图的 Android 定位 SDK 的主要功能；
（2）基于 Android 的百度移动定位 SDK 的开发。

### 6. 3. 3　实验原理、方法和手段

高德地图 Android 定位 SDK 是为 Android 移动端应用提供的一套简单易用的定位服务接口，专注于为广大开发者提供最好的综合定位服务。通过使用高德定位 SDK，开发者可以为应用程序实现智能、精准、高效的定位功能。

高德地图 Android 定位 SDK 提供 GPS、基站、WiFi 等多种定位方式，适用于室内、室外多种定位场景。高德地图 Android 定位 SDK 具有定位精度高、覆盖率广、网络定位请求流量小、定位速度快等出色的定位性能。

### 6.3.4 实验设备与组织运行要求

实验设备及软件：个人计算机，JavaJDK、Eclipse Enterprise Edition 软件；
开发环境配置：1、4、14；
实验组织采用集中在电脑机房的授课形式。

### 6.3.5 实验步骤

（1）高德地图 Android 定位 SDK 的开发包括的主要流程：注册高德地图开发者账号→申请 API key→Android Studio 的工程配置→获取定位数据→显示定位结果。

（2）使用高德地图 Android 定位 SDK，必须要有高德地图的 API key。需要以下三步申请并获取其 API key：第一步，注册高德开发者（http：//lbs. amap. com/dev/key）；第二步，去控制台创建应用；第三步，获取 key。在高德地图文档中提到了三种读取 SHA1 的方法，若均没成功，也可通过如下 Java 源码的方式得到（不推荐）。

```
    @Override
    protected void onCreate (Bundle savedInstanceState) {
        super.onCreate (savedInstanceState);
        setContentView (R.layout.activity_main);
        System.out.println (" SHA1: " +getCertificateSHA1Fingerprint (this) );
    }
//这个是获取 SHA1 的方法
    public static String getCertificateSHA1Fingerprint (Context context) {
        //获取包管理器
        PackageManager pm = context.getPackageManager ();
        //获取当前要获取 SHA1 值的包名，也可以用其他的包名，但需要注意，
        //在用其他包名的前提是，此方法传递的参数 Context 应该是对应包的上下文。
        String packageName = context.getPackageName ();
        //返回包括在包中的签名信息
        int flags = PackageManager.GET_SIGNATURES;
        PackageInfo packageInfo = null;
        try {
            //获得包的所有内容信息类
            packageInfo = pm.getPackageInfo (packageName, flags);
        } catch (PackageManager.NameNotFoundException e) {
            e.printStackTrace ();
        }
        //签名信息
        Signature [] signatures = packageInfo.signatures;
        byte [] cert = signatures [0] .toByteArray ();
        //将签名转换为字节数组流
        InputStream input = new ByteArrayInputStream (cert);
        //证书工厂类，这个类实现了出厂合格证算法的功能
```

```
        CertificateFactory cf = null;
        try {
            cf = CertificateFactory.getInstance ("X509");
        } catch (Exception e) {
            e.printStackTrace ();
        }
        //X509 证书，X.509 是一种非常通用的证书格式
        X509Certificate c = null;
        try {
            c = (X509Certificate) cf.generateCertificate (input);
        } catch (Exception e) {
            e.printStackTrace ();
        }
        String hexString = null;
        try {
            //加密算法的类，这里的参数可以使 MD4，MD5 等加密算法
            MessageDigest md = MessageDigest.getInstance ("SHA1");
            //获得公钥
            byte [] publicKey = md.digest (c.getEncoded ());
            //字节到十六进制的格式转换
            hexString = byte2HexFormatted (publicKey);
        } catch (NoSuchAlgorithmException e1) {
            e1.printStackTrace ();
        } catch (CertificateEncodingException e) {
            e.printStackTrace ();
        }
        return hexString;
    }
    //这里是将获取到得编码进行 16 进制转换
    private static String byte2HexFormatted (byte [] arr) {
        StringBuilder str = new StringBuilder (arr.length * 2);
        for (int i = 0; i < arr.length; i++) {
            String h = Integer.toHexString (arr [i]);
            int l = h.length ();
            if (l == 1)
                h = "0" + h;
            if (l > 2)
                h = h.substring (l - 2, l);
            str.append (h.toUpperCase ());
            if (i < (arr.length - 1))
                str.append (':');
        }
        return str.toString ();
```

};

(3) 打开 Android Studio，新建一个 Project (ExpeAmapLoc)，输入项目名称，并在 Company domain 里填写 mgis. course。

(4) 选中 src/main/Java/mgis. course 点击右键，New→Activity→Empty Activity。

(5) 配置 AndroidManifest. xml，请在 application 标签中声明 service 组件和权限，每个 app 拥有自己单独的定位 service。

```
<service android: name=" com.amap.api.location.APSService" ></service>//引入报错，将引入的 jar 包与项目关联。
<! --用于进行网络定位-->
<uses - permission android: name =" android.permission.ACCESS _ COARSE _ LOCATION " > </uses - permission>
<! --用于访问 GPS 定位-->
<uses - permission android: name=" android.permission.ACCESS _ FINE _ LOCATION" ></uses - permission>
<! --用于获取运营商信息，用于支持提供运营商信息相关的接口-->
<uses - permission android: name=" android.permission.ACCESS _ NETWORK _ STATE" ></uses - permission>
<! --用于访问 wifi 网络信息，wifi 信息会用于进行网络定位-->
<uses - permission android: name=" android.permission.ACCESS _ WIFI _ STATE" ></uses - permission>
<! --用于获取 wifi 的获取权限，wifi 信息会用来进行网络定位-->
<uses - permission android: name=" android.permission.CHANGE _ WIFI _ STATE" ></uses - permission>
<! --用于访问网络，网络定位需要上网-->
<uses - permission android: name=" android.permission.INTERNET" ></uses - permission>
<! --用于读取手机当前的状态-->
<uses - permission android: name=" android.permission.READ _ PHONE _ STATE" ></uses - permission>
<! --用于写入缓存数据到扩展存储卡-->
<uses - permission android: name =" android.permission.WRITE _ EXTERNAL _ STORAGE" > </uses - permission>
<! --用于申请调用 A-GPS 模块-->
<uses - permission android: name=" android.permission.ACCESS _ LOCATION _ EXTRA _ COMMANDS" ></uses - permission>
<! --用于申请获取蓝牙信息进行室内定位-->
<uses - permission android: name=" android.permission.BLUETOOTH" ></uses - permission>
<uses - permission android: name=" android.permission.BLUETOOTH _ ADMIN" ></uses - permission>
```

然后，在 application 标签中加入高德 key，如下：

```
<meta - data android: name=" com.amap.api.v2.apikey" android: value=" key" >//开发者申请的 key</meta - data>
```

(6) 初始化定位，在主线程中声明 AMapLocationClient 类对象，需要传 Context 类型的参数。推荐用 getApplicationContext () 方法获取全进程有效的 context。接着创建 AMapLocationClientOption 对象，用来设置发起定位的模式和相关参数，然后获取定位结果，最后停止定位。

在项目包下创建一个 Location _ Activity，其主要代码如下。

```
/**
 *高精度定位模式功能演示*
```

```
  * @创建时间：2018 年 04 月 14 日 下午 5：22：42
  * @项目名称：AMapLocationDemo3.8.x
  * @author aiguo.zhang
  * @文件名称：Hight_Accuracy_Activity.Java
  * @类型名称：Hight_Accuracy_Activity
  */
public class Location_Activity extends Activity
        implements
            OnCheckedChangeListener,
            OnClickListener {
    private RadioGroup rgLocationMode;
    private EditText etInterval;
    private EditText etHttpTimeout;
    private CheckBox cbOnceLocation;
    private CheckBox cbAddress;
    private CheckBox cbGpsFirst;
    private CheckBox cbCacheAble;
    private CheckBox cbOnceLastest;
    private CheckBox cbSensorAble;
    private TextView tvResult;
    private Button btLocation;
    private AMapLocationClient locationClient = null;
    private AMapLocationClientOption locationOption = null;
    @Override
    protected void onCreate (Bundle savedInstanceState) {
        super.onCreate (savedInstanceState);
        setContentView (R.layout.activity_location);
        setTitle (R.string.title_location);
        initView ();
        //初始化定位
        initLocation ();
    }
    //初始化控件
    private void initView () {
        rgLocationMode = (RadioGroup) findViewById (R.id.rg_locationMode);
        etInterval = (EditText) findViewById (R.id.et_interval);
        etHttpTimeout = (EditText) findViewById (R.id.et_httpTimeout);
        cbOnceLocation = (CheckBox) findViewById (R.id.cb_onceLocation);
        cbGpsFirst = (CheckBox) findViewById (R.id.cb_gpsFirst);
        cbAddress = (CheckBox) findViewById (R.id.cb_needAddress);
        cbCacheAble = (CheckBox) findViewById (R.id.cb_cacheAble);
        cbOnceLastest = (CheckBox) findViewById (R.id.cb_onceLastest);
        cbSensorAble = (CheckBox) findViewById (R.id.cb_sensorAble);
```

```
        tvResult = (TextView) findViewById (R.id.tv_result);
            btLocation = (Button) findViewById (R.id.bt_location);
            rgLocationMode.setOnCheckedChangeListener (this);
            btLocation.setOnClickListener (this);
    }
    @Override
    protected void onDestroy () {
        super.onDestroy ();
        destroyLocation ();
    }
    @Override
    public void onCheckedChanged (RadioGroup group, int checkedId) {
        if (null == locationOption) {
            locationOption = new AMapLocationClientOption ();
        }
        switch (checkedId) {
            case R.id.rb_batterySaving : locationOption.setLocationMode (AMapLocationMode.Battery_
Saving);
                break;
            case R.id.rb_deviceSensors : locationOption.setLocationMode (AMapLocationMode.Device_
Sensors);
                break;
            case R.id.rb_hightAccuracy : locationOption.setLocationMode (AMapLocationMode.Hight_
Accuracy);
                break;
            default :
                break;
        }
    }
    /**
     *设置控件的可用状态
     */
    private void setViewEnable (boolean isEnable) {
        for (int i=0; i<rgLocationMode.getChildCount (); i++) {
            rgLocationMode.getChildAt (i) .setEnabled (isEnable);
        }
        etInterval.setEnabled (isEnable);
        etHttpTimeout.setEnabled (isEnable);
        cbOnceLocation.setEnabled (isEnable);
        cbGpsFirst.setEnabled (isEnable);
        cbAddress.setEnabled (isEnable);
        cbCacheAble.setEnabled (isEnable);
        cbOnceLastest.setEnabled (isEnable);
```

```
        cbSensorAble.setEnabled (isEnable);
    }

    @Override
    public void onClick (View v) {
        if (v.getId () == R.id.bt _ location) {
            if (btLocation.getText () .equals (
                    getResources () .getString (R.string.startLocation) ) ) {
                setViewEnable (false);
                btLocation.setText (getResources () .getString (
                    R.string.stopLocation) );
                tvResult.setText (" 正在定位..." );
                startLocation ();
            } else {
                setViewEnable (true);
                btLocation.setText (getResources () .getString (
                    R.string.startLocation) );
                stopLocation ();
                tvResult.setText (" 定位停止" );
            }
        }
    }
    /**
     *初始化定位 *
     * @since 2.8.0
     * @author aiguo.zhang *
     */
    private void initLocation () {
        //初始化 client
        locationClient = new AMapLocationClient (this.getApplicationContext () );
        locationOption = getDefaultOption ();
        //设置定位参数
        locationClient.setLocationOption (locationOption);
        // 设置定位监听
        locationClient.setLocationListener (locationListener);
    }
    /**
     *默认的定位参数
     * @since 2.8.0
     * @author aiguo.zhang *
     */
    private AMapLocationClientOption getDefaultOption () {
        AMapLocationClientOption mOption = new AMapLocationClientOption ();
```

```
mOption.setLocationMode (AMapLocationMode.Hight_Accuracy);
//可选，设置定位模式，可选的模式有高精度、仅设备、仅网络。默认为高精度模式
mOption.setGpsFirst (false); //可选，设置是否 gps 优先，只在高精度模式下有效。默认关闭
mOption.setHttpTimeOut (30000);
//可选，设置网络请求超时时间。默认为 30 秒。在仅设备模式下无效
mOption.setInterval (2000); //可选，设置定位间隔。默认为 2 秒
mOption.setNeedAddress (true); //可选，设置是否返回逆地理地址信息。默认是 true
mOption.setOnceLocation (false); //可选，设置是否单次定位。默认是 false
mOption.setOnceLocationLatest (false);
  //可选，设置是否等待 wifi 刷新，默认为 false. 如果设置为 true，会自动变为单次定位，持
续定位时不要使用
AMapLocationClientOption.setLocationProtocol (AMapLocationProtocol.HTTP);
//可选，设置网络请求的协议。可选 HTTP 或者 HTTPS。默认为 HTTP
mOption.setSensorEnable (false); //可选，设置是否使用传感器。默认是 false
mOption.setWifiScan (true);
      //可选，设置是否开启 wifi 扫描。默认为 true，如果设置为 false 会同时停止主动刷
新，停止以后完全依赖于系统刷新，定位位置可能存在误差
mOption.setLocationCacheEnable (true); //可选，设置是否使用缓存定位，默认为 true
return mOption;
}
/**
 *定位监听
 */
AMapLocationListener locationListener = new AMapLocationListener () {
    @Override
    public void onLocationChanged (AMapLocation location) {
        if (null != location) {
            StringBuffer sb = new StringBuffer ();
            //errCode 等于 0 代表定位成功，其他的为定位失败，具体的可以参照官网定位错误码
说明
            if (location.getErrorCode () == 0) {
                sb.append ("定位成功" + "\n");
                sb.append ("定位类型:" + location.getLocationType () + "\n");
                sb.append ("经    度    :" + location.getLongitude () + "\n");
                sb.append ("纬    度    :" + location.getLatitude () + "\n");
                sb.append ("精    度    :" + location.getAccuracy () + "米" + "\n");
                sb.append ("提供者    :" + location.getProvider () + "\n");
                sb.append ("速    度    :" + location.getSpeed () + "米/秒" + "\n");
                sb.append ("角    度    :" + location.getBearing () + "\n");
                // 获取当前提供定位服务的卫星个数
                sb.append ("星    数    :" + location.getSatellites () + "\n");
                sb.append ("国    家    :" + location.getCountry () + "\n");
                sb.append ("省          :" + location.getProvince () + "\n");
```

```
                sb.append (" 市            : " + location.getCity () + " \n" );
                sb.append (" 城市编码 : " + location.getCityCode () + " \n" );
                sb.append (" 区            : " + location.getDistrict () + " \n" );
                sb.append (" 区域 码   : " + location.getAdCode () + " \n" );
                sb.append (" 地    址    : " + location.getAddress () + " \n" );
                sb.append (" 兴趣点     : " + location.getPoiName () + " \n" );
                //定位完成的时间
                sb.append (" 定位时间: " + Utils.formatUTC (location.getTime (), " yyyy-MM-
dd HH: mm: ss" ) + " \n" );
            } else {
                //定位失败
                sb.append (" 定位失败" + " \n" );
                sb.append (" 错误码:" + location.getErrorCode () + " \n" );
                sb.append (" 错误信息:" + location.getErrorInfo () + " \n" );
                sb.append (" 错误描述:" + location.getLocationDetail () + " \n" );
            }
            sb.append (" ***定位质量报告***" ).append (" \n" );
                sb.append (" * WIFI 开关:" ).append (location.getLocationQualityReport ()
.isWifiAble () ? " 开启":" 关闭" ).append (" \n" );
                    sb.append ( " * GPS 状 态:" ).append ( getGPSStatusString ( loca-
tion.getLocationQualityReport ().getGPSStatus () ) ).append (" \n" );
                sb.append (" * GPS 星 数:" ).append (location.getLocationQualityReport ()
.getGPSSatellites () ).append (" \n" );
            sb.append (" ****************" ).append (" \n" );
            //定位之后的回调时间
            sb.append (" 回调时间: " + Utils.formatUTC (System.currentTimeMillis (), " yyyy-
MM-dd HH: mm: ss" ) + " \n" );
            //解析定位结果,
            String result = sb.toString ();
            tvResult.setText (result);
        } else {
            tvResult.setText (" 定位失败, loc is null" );
        }
    }
};
/**
 *获取 GPS 状态的字符串
 * @param statusCode GPS 状态码
 * @return
 */
private String getGPSStatusString (int statusCode) {
    String str = " ";
    switch (statusCode) {
```

```
            case AMapLocationQualityReport.GPS_STATUS_OK:
                str = "GPS状态正常";
                break;
            case AMapLocationQualityReport.GPS_STATUS_NOGPSPROVIDER:
                str = "手机中没有GPS Provider，无法进行GPS定位";
                break;
            case AMapLocationQualityReport.GPS_STATUS_OFF:
                str = "GPS关闭，建议开启GPS，提高定位质量";
                break;
            case AMapLocationQualityReport.GPS_STATUS_MODE_SAVING:
                str = "选择的定位模式中不包含GPS定位，建议选择包含GPS定位的模式，提高定位
质量";
                break;
            case AMapLocationQualityReport.GPS_STATUS_NOGPSPERMISSION:
                str = "没有GPS定位权限，建议开启gps定位权限";
                break;
        }
        return str;
    }
    //根据控件的选择，重新设置定位参数
    private void resetOption () {
        // 设置是否需要显示地址信息
        locationOption.setNeedAddress (cbAddress.isChecked () );
        /**
         * 设置是否优先返回GPS定位结果，如果30秒内GPS没有返回定位结果则进行网络定位
         * 注意：只有在高精度模式下的单次定位有效，其他方式无效
         */
        locationOption.setGpsFirst (cbGpsFirst.isChecked () );
        // 设置是否开启缓存
        locationOption.setLocationCacheEnable (cbCacheAble.isChecked () );
        // 设置是否单次定位
        locationOption.setOnceLocation (cbOnceLocation.isChecked () );
        //设置是否等待设备wifi刷新，如果设置为true，会自动变为单次定位，持续定位时不要使用
        locationOption.setOnceLocationLatest (cbOnceLastest.isChecked () );
        //设置是否使用传感器
        locationOption.setSensorEnable (cbSensorAble.isChecked () );
        //设置是否开启wifi扫描，如果设置为false时同时会停止主动刷新，停止以后完全依赖于系
统刷新，定位位置可能存在误差
        String strInterval = etInterval.getText () .toString ();
        if (! TextUtils.isEmpty (strInterval) ) {
            try {
                // 设置发送定位请求的时间间隔，最小值为1000，如果小于1000，按照1000算
                locationOption.setInterval (Long.valueOf (strInterval) );
```

```
        } catch (Throwable e) {
            e.printStackTrace ();
        }
    }
    String strTimeout = etHttpTimeout.getText () .toString ();
    if (! TextUtils.isEmpty (strTimeout) ) {
        try {
            // 设置网络请求超时时间
            locationOption.setHttpTimeOut (Long.valueOf (strTimeout) );
        } catch (Throwable e) {
            e.printStackTrace ();
        }
    }
}
/ * *
 * 开始定位
 *
 * @since 2.8.0
 * @author hongming.wang
 *
 * /
private void startLocation () {
    //根据控件的选择，重新设置定位参数
    resetOption ();
    // 设置定位参数
    locationClient.setLocationOption (locationOption);
    // 启动定位
    locationClient.startLocation ();
}
/ * *
 * 停止定位
 *
 * @since 2.8.0
 * @author hongming.wang
 *
 * /
private void stopLocation () {
    // 停止定位
    locationClient.stopLocation ();
}
/ * *
 * 销毁定位
 *
```

```
        * @since 2.8.0
        * @author hongming.wang
        *
        */
    private void destroyLocation () {
        if (null ! = locationClient) {
            /* *
             * 如果 AMapLocationClient 是在当前 Activity 实例化的，
             * 在 Activity 的 onDestroy 中一定要执行 AMapLocationClient 的 onDestroy
             */
            locationClient.onDestroy ();
            locationClient = null;
            locationOption = null;
        }
    }
}
```

（7）以上为定位 Activity。为了该 Activity 能够编码正确，必须添加对应的 layout 和 values，即在 res/layout 目录下复制 activity _ location. xml 和 plugin _ location _ option. xml 两个文件，在 res/values 目录下复制 strings. xml 和 dimens. xml 两个文件；在 main/Java 目录下复制 CheckPermissionsActivity. Java 和 Utils. Java 两个文件。

（8）调整 AndroidManifest. xml 配置文件如下（@需按实际替换）。

```
<? xml version=" 1.0" encoding=" utf - 8"? >
<manifest xmlns: android=" http: //schemas.android.com/apk/res/android"
package=" @@@@" >
<! -- Normal Permissions 不需要运行时注册-->
<! --获取运营商信息，用于支持提供运营商信息相关的接口-->
<uses - permission android: name=" android.permission.ACCESS _ NETWORK _ STATE" />
<! --用于访问 wifi 网络信息，wifi 信息会用于进行网络定位-->
<uses - permission android: name=" android.permission.ACCESS _ WIFI _ STATE" />
<! --这个权限用于获取 wifi 的获取权限 ，wifi 信息会用来进行网络定位-->
<uses - permission android: name=" android.permission.CHANGE _ WIFI _ STATE" />
<uses - permission android: name=" android.permission.CHANGE _ CONFIGURATION" />
<! --请求网络-->
<uses - permission android: name=" android.permission.INTERNET" />
<! --不是 SDK 需要的权限，是示例中的后台唤醒定位需要的权限-->
<uses - permission android: name=" android.permission.WAKE _ LOCK" />
<! --需要运行时注册的权限-->
<! --用于进行网络定位-->
<uses - permission android: name=" android.permission.ACCESS _ COARSE _ LOCATION" />
<! --用于访问 GPS 定位-->
<uses - permission android: name=" android.permission.ACCESS _ FINE _ LOCATION" />
<! --用于提高 GPS 定位速度-->
```

```
<uses - permission android: name=" android.permission.ACCESS _ LOCATION _ EXTRA _ COMMANDS" />
<! --写入扩展存储，向扩展卡写入数据，用于写入缓存定位数据-->
<uses - permission android: name=" android.permission.WRITE _ EXTERNAL _ STORAGE" />
<! --读取缓存数据-->
<uses - permission android: name=" android.permission.READ _ EXTERNAL _ STORAGE" />
<! --用于读取手机当前的状态-->
<uses - permission android: name=" android.permission.READ _ PHONE _ STATE" />
<! --更改设置-->
<uses - permission android: name=" android.permission.WRITE _ SETTINGS" />
<! - 3.2.0 版本增加-->
<uses - permission android: name=" android.permission.BLUETOOTH _ ADMIN" />
<! -- 3.2.0 版本增加-->
<uses - permission android: name=" android.permission.BLUETOOTH" />
<application
        android: allowBackup=" true"
        android: icon=" @mipmap/ic _ launcher"
        android: label=" @string/app _ name"
        android: roundIcon=" @mipmap/ic _ launcher _ round"
        android: supportsRtl=" true"
        android: theme=" @style/AppTheme" >
<! --设置 key -->
<meta - data
            android: name=" com.amap.api.v2.apikey"
            android: value=" @@@@@@" />
<! --定位需要的服务-->
<service android: name=" com.amap.api.location.APSService" >
</service>
<activity android: name=" .Location _ Activity" >
<intent - filter>
<action android: name=" android.intent.action.MAIN" />
<category android: name=" android.intent.category.LAUNCHER" />
</intent - filter>
</activity>
</application>
</manifest>
```

（9）接上手机，运行测试，并查看手机的运行后的定位界面。

### 6.3.6　思考题

尝试开发高德地图 Android SDK 的地理围栏功能。

## 6.4　实验十六　百度地图 Android 定位 SDK 移动定位开发

实验学时：4；实验类型：验证；实验要求：必修。

### 6.4.1 实验目的

通过本实验的学习，使学生掌握基于 Android 的百度移动定位 SDK 开发的基本知识，训练和培养学生能够使用 Android 客户端在百度地图上展示实时定位。

### 6.4.2 实验内容

(1) 百度地图的 Android 定位 SDK 的主要功能；
(2) 基于 Android 的百度移动定位 SDK 的开发。

### 6.4.3 实验原理、方法和手段

百度地图 Android 定位 SDK 是为 Android 移动端应用提供的一套简单易用的定位服务接口，专注于为广大开发者提供最好的综合定位服务。通过使用百度定位 SDK，开发者可以为应用程序实现智能、精准、高效的定位功能。

百度地图 Android 定位 SDK 提供 GPS、基站、WiFi 等多种定位方式，适用于室内、室外多种定位场景。百度地图 Android 定位 SDK 具有定位精度高、覆盖率广、网络定位请求流量小、定位速度快等出色的定位性能。

### 6.4.4 实验设备与组织运行要求

实验设备及软件：个人计算机，Java JDK、Android Studio、百度定位 SDK 软件；
开发环境配置：1、4、12；
实验组织采用集中在电脑机房的授课形式。

### 6.4.5 实验步骤

(1) 百度手机地图开发主要流程：申请密钥→下载百度基础定位 SDK 库→配置开发环境配置→创建项目编写代码→添加显示定位结果文本框→运行项目。

(2) 用户在使用 SDK 之前需要获取百度地图移动版 API key，该 key 与百度账户相关联。用户必须先有百度帐户，才能获得 API key。在申请 API key 之前还必须要有 SHA1，SHA1 的获取可参考本书实验十五的方法。且该 key 与您引用 API 的程序名称有关，请妥善保存 key，地图初始化时需要用到 key。API key 示例：pjIjjOPXXhyd4DdfR3USfbpi8ZONmQPG。

(3) 在网址 http：//lbsyun. baidu. com/apiconsole/key 注册百度开发者账号，然后填写应用名称和应用描述（任意填写），点击“生成 API 密钥”按钮，按提示登录百度账号（若没有百度账号，先注册一个账号，然后重新生成 API key）。

(4) 打开/创建一个 Android 工程（ExpeBaiduLoc），根据开发者的实际使用情况打开一个已有 Android 工程，或者新建一个 Android 工程。这里以新建一个 Android 工程为例讲解。

(5) 添加 API key，Android 定位 SDK 自 v4.0 版本起需要进行 API key 鉴权。开发者在使用 SDK 前，需完成 API Key 申请，并在 AndroidManifest. xml 文件中，正确填写 API key。

在 Application 标签中增加如下代码。

```
<meta-data
    android:name="com.baidu.lbsapi.API_KEY"
    android:value="AK">//填入自己申请得到的 API Key
</meta-data>
```

（6）添加定位权限，使用定位 SDK，需在 Application 标签中声明 service 组件，每个 app 拥有自己单独的定位 service，代码如下。

```
<service android:name="com.baidu.location.f" android:enabled="true" android:process=":remote"
></service>
```

除添加 service 组件外，使用定位 SDK 还需添加如下权限：

```
<!--这个权限用于进行网络定位-->
<uses-permission android:name="android.permission.ACCESS_COARSE_LOCATION"></uses-
permission>
<!--这个权限用于访问 GPS 定位-->
<uses-permission android:name="android.permission.ACCESS_FINE_LOCATION"></uses-permission>
<!--用于访问 wifi 网络信息，wifi 信息会用于进行网络定位-->
<uses-permission android:name="android.permission.ACCESS_WIFI_STATE"></uses-permission>
<!--获取运营商信息，用于支持提供运营商信息相关的接口-->
<uses-permission android:name="android.permission.ACCESS_NETWORK_STATE"></uses-permission>
<!--这个权限用于获取 wifi 的获取权限，wifi 信息会用来进行网络定位-->
<uses-permission android:name="android.permission.CHANGE_WIFI_STATE"></uses-permission>
<!--用于读取手机当前的状态-->
<uses-permission android:name="android.permission.READ_PHONE_STATE"></uses-permission>
<!--写入扩展存储，向扩展卡写入数据，用于写入离线定位数据-->
<uses-permission android:name="android.permission.WRITE_EXTERNAL_STORAGE"></uses-
permission>
<!--访问网络，网络定位需要上网-->
<uses-permission android:name="android.permission.INTERNET"/>
<!--SD 卡读取权限，用户写入离线定位数据-->
<uses-permission android:name="android.permission.MOUNT_UNMOUNT_FILESYSTEMS"></uses-permis-
sion>
```

（7）初始化 LocationClient 类，请在主线程中声明 LocationClient 类对象，该对象初始化需传入 Context 类型参数。推荐使用 getApplicationConext（）方法获取全进程有效的 Context。核心代码段如下。

```
public LocationClient mLocationClient = null;
//BDAbstractLocationListener 为 7.2 版本新增的 Abstract 类型的监听接口
//原有 BDLocationListener 接口暂时同步保留。具体介绍请参考后文第四步的说明
public void onCreate () {
    mLocationClient = new LocationClient (getApplicationContext () );
    //声明 LocationClient 类
    mLocationClient.registerLocationListener (mListener);
    //注册监听函数
}
```

（8）配置定位 SDK 参数。通过参数配置，可选择定位模式，设定返回经纬度坐标类型，设定是单次定位还是连续定位。定位 SDK 所提供的定位模式有高精度、低功耗和仅用设备定位三种，开发者可根据自己的实际使用需求进行选择。定位 SDK 能够返回三种坐标类型的经纬度（国内）分别是 GCJ02（国测局坐标）、BD09（百度墨卡托坐标）和 BD09ll（百度经纬度坐标）。如果开发者想利用定位 SDK 获得的经纬度直接在百度地图上标注，请选择坐标类型 BD09ll。定位 SDK 自 V6.2.3 版本起，全新升级了全球定位能力，在国外定位获得的经纬度，坐标类型默认且只能是 WGS84 类型，利用 LocationClientOption 类配置定位 SDK 参数。核心代码及注释说明如下。

```
LocationClientOption option = new LocationClientOption ();
option.setLocationMode (LocationMode.Hight_Accuracy);
//可选，设置定位模式，默认高精度
//LocationMode.Hight_Accuracy：高精度；
//LocationMode. Battery_Saving：低功耗；
//LocationMode. Device_Sensors：仅使用设备；
option.setCoorType (" bd09ll" );
//可选，设置返回经纬度坐标类型，默认 GCJ02
//GCJ02：国测局坐标；
//BD09ll：百度经纬度坐标；
//BD09：百度墨卡托坐标；
//海外地区定位，无需设置坐标类型，统一返回 WGS84 类型坐标
option.setScanSpan (1000);
//可选，设置发起定位请求的间隔，int 类型，单位 ms
//如果设置为 0，则代表单次定位，即仅定位一次，默认为 0
//如果设置非 0，需设置 1000ms 以上才有效
option.setOpenGps (true);
//可选，设置是否使用 gps，默认 false
//使用高精度和仅用设备两种定位模式的，参数必须设置为 true
option.setLocationNotify (true);
//可选，设置是否当 GPS 有效时按照 1S/1 次频率输出 GPS 结果，默认 false
option.setIgnoreKillProcess (false);
//可选，定位 SDK 内部是一个 service，并放到了独立进程。
//设置是否在 stop 的时候杀死这个进程，默认（建议）不杀死，即 setIgnoreKillProcess (true)
option.SetIgnoreCacheException (false);
//可选，设置是否收集 Crash 信息，默认收集，即参数为 false
option.setWifiCacheTimeOut (5 * 60 * 1000);
//可选，V7.2 版本新增能力
//如果设置了该接口，首次启动定位时，会先判断当前 WiFi 是否超出有效期，若超出有效期，会先重新扫描
WiFi，然后定位
option.setEnableSimulateGps (false);
//可选，设置是否需要过滤 GPS 仿真结果，默认需要，即参数为 false
mLocationClient.setLocOption (option);
//mLocationClient 为第二步初始化过的 LocationClient 对象
```

```
//需将配置好的 LocationClientOption 对象，通过 setLocOption 方法传递给 LocationClient 对象使用
//更多 LocationClientOption 的配置，请参照类参考中 LocationClientOption 类的详细说明
```

（9）实现 BDAbstractLocationListener 接口，Android 定位 SDK 自 V7.2 版本起，对外提供了 Abstract 类型的监听接口 BDAbstractLocationListener，用于实现定位监听。原有的 BDLocationListener 暂时保留，推荐开发者升级到 Abstract 类型的新监听接口使用，该接口会异步获取定位结果，核心代码如下。

```
/*****
*
*定位结果回调，重写 onReceiveLocation 方法，可以直接拷贝如下代码到自己工程中修改
*
*/
private BDAbstractLocationListener mListener = new BDAbstractLocationListener () {

    @Override
    public void onReceiveLocation (BDLocation location) {
        // TODO Auto-generated method stub
        if (null != location && location.getLocType () != BDLocation.TypeServerError) {
            StringBuffer sb = new StringBuffer (256);
            sb.append (" time : ");
            /**
             *时间也可以使用 systemClock.elapsedRealtime () 方法 获取的是自从开机以来，每次回调的时
间;
             * location.getTime () 是指服务端出本次结果的时间，如果位置不发生变化，则时间不变
             */
            sb.append (location.getTime () );
            sb.append (" \nlocType : "); //定位类型
            sb.append (location.getLocType () );
            sb.append (" \nlocType description : "); // *****对应的定位类型说明*****
            sb.append (location.getLocTypeDescription () );
            sb.append (" \nlatitude : "); //纬度
            sb.append (location.getLatitude () );
            sb.append (" \nlontitude : "); //经度
            sb.append (location.getLongitude () );
            sb.append (" \nradius : "); //半径
            sb.append (location.getRadius () );
            sb.append (" \nCountryCode : "); //国家码
            sb.append (location.getCountryCode () );
            sb.append (" \nCountry : "); //国家名称
            sb.append (location.getCountry () );
            sb.append (" \ncitycode : "); //城市编码
            sb.append (location.getCityCode () );
            sb.append (" \ncity : "); //城市
```

```
sb.append (location.getCity () );
sb.append (" \nDistrict : " ); //区
sb.append (location.getDistrict () );
sb.append (" \nStreet : " ); //街道
sb.append (location.getStreet () );
sb.append (" \naddr : " ); //地址信息
sb.append (location.getAddrStr () );
sb.append (" \nUserIndoorState: " ); // * * * * *返回用户室内外判断结果* * * * *
sb.append (location.getUserIndoorState () );
sb.append (" \nDirection (not all devices have value): " );
sb.append (location.getDirection () ); //方向
sb.append (" \nlocationdescribe: " );
sb.append (location.getLocationDescribe () ); //位置语义化信息
sb.append (" \nPoi: " ); // POI 信息
if (location.getPoiList () ! = null && ! location.getPoiList () .isEmpty () ) {
    for (int i = 0; i < location.getPoiList () .size (); i++) {
        Poi poi = (Poi) location.getPoiList () .get (i);
        sb.append (poi.getName () + ";" );
    }
}
if (location.getLocType () == BDLocation.TypeGpsLocation) {// GPS 定位结果
    sb.append (" \nspeed : " );
    sb.append (location.getSpeed () ); //速度 单位: km/h
    sb.append (" \nsatellite : " );
    sb.append (location.getSatelliteNumber () ); //卫星数目
    sb.append (" \nheight : " );
    sb.append (location.getAltitude () ); //海拔高度 单位: 米
    sb.append (" \ngps status : " );
    sb.append (location.getGpsAccuracyStatus () ); // * * * * *gps 质量判断* * * * *
    sb.append (" \ndescribe : " );
    sb.append (" gps 定位成功" );
} else if (location.getLocType () == BDLocation.TypeNetWorkLocation) {//网络定位结果
    //运营商信息
    if (location.hasAltitude () ) {// * * * * *如果有海拔高度* * * * *
        sb.append (" \nheight : " );
        sb.append (location.getAltitude () ); //单位: 米
    }
    sb.append (" \noperationers : " ); //运营商信息
    sb.append (location.getOperators () );
    sb.append (" \ndescribe : " );
    sb.append (" 网络定位成功" );
} else if (location.getLocType () == BDLocation.TypeOffLineLocation) {//离线定位结果
    sb.append (" \ndescribe : " );
```

```
                sb.append ("离线定位成功，离线定位结果也是有效的");
            } else if (location.getLocType () == BDLocation.TypeServerError) {
                sb.append (" \ndescribe : ");
                sb.append ("服务端网络定位失败，可以反馈 IMEI 号和大体定位时间到 loc-bugs@baidu.com，会有人追查原因");
            } else if (location.getLocType () == BDLocation.TypeNetWorkException) {
                sb.append (" \ndescribe : ");
                sb.append ("网络不同导致定位失败，请检查网络是否通畅");
            } else if (location.getLocType () == BDLocation.TypeCriteriaException) {
                sb.append (" \ndescribe : ");
                sb.append ("无法获取有效定位依据导致定位失败，一般是由于手机的原因，处于飞行模式下一般会造成这种结果，可以试着重启手机");
            }
            TextView txtLocRes=findViewById (R.id.txtLoc);
            txtLocRes.setText (sb.toString () );
        }
    }

};
```

（10）获取定位经纬度，最后，只需发起定位便能够从 BDAbstractLocationListener 监听接口中获取定位结果信息。核心代码如下。

```
mLocationClient.start ();
//mLocationClient 为第二步初始化过的 LocationClient 对象
//调用 LocationClient 的 start () 方法，便可发起定位请求
```

start ()：启动定位 SDK；stop ()：关闭定位 SDK。调用 start () 之后只需要等待定位结果自动回调即可。开发者定位场景如果是单次定位的场景，在收到定位结果之后直接调用 stop () 函数即可。如果 stop () 之后仍然想进行定位，可以再次 start () 等待定位结果回调即可。自 V7.2 版本起，新增 LocationClient. reStart () 方法用于在某些特定的异常环境下重启定位。如果开发者想按照自己的逻辑请求定位，可以在 start () 之后按照自己的逻辑请求 LocationClient. requestLocation () 函数，会主动触发定位 SDK 内部定位逻辑，等待定位回调即可。

（11）运行程序，并查看程序运行结果的截图。

### 6.4.6　思考题

分析百度定位 SDK 对 GNSS 定位、移动网络定位和 WiFi 定位的综合机制。

# 第四部分

## 移动地图实验

# 第 7 章

# 室内空间最短路径

## 7.1 实验十七 基于 Java 的室内空间最短路径

实验学时：2；实验类型：验证/；实验要求：必修。

### 7.1.1 实验目的

通过本实验的学习，使学生掌握 Java 开发 Dijkstra 最短路径的基础知识，培养学生运用 Eclipse 编程环境进行室内路径导航开发的能力。

### 7.1.2 实验内容

(1) Dijkstra 最短路径算法；
(2) Java 的室内最短路径导航开发。

### 7.1.3 实验原理、方法和手段

Dijkstra 算法是由荷兰计算机科学家狄克斯特拉于 1959 年提出的，因此又叫狄克斯特拉算法。该算法是从一个顶点到其余各顶点的最短路径算法，能解决有向图中最短路径问题。Dijkstra 算法主要特点是以起始点为中心向外层层扩展，直到扩展到终点为止。

### 7.1.4 实验设备与组织运行要求

实验设备及软件：个人计算机，JavaJDK、Eclipse Enterprise Edition 软件；
开发环境配置：1、2；
实验组织采用集中在电脑机房的授课形式。

### 7.1.5 实验步骤

(1) 在具体的开发实现之前，先设一个基础的约定：图 7-1 中的每一个节点都用正整数进行编码，相邻两点之间的距离是正整数，图中两个直接相邻两点的距离保存到 Java 的哈希表（HashMap）中。

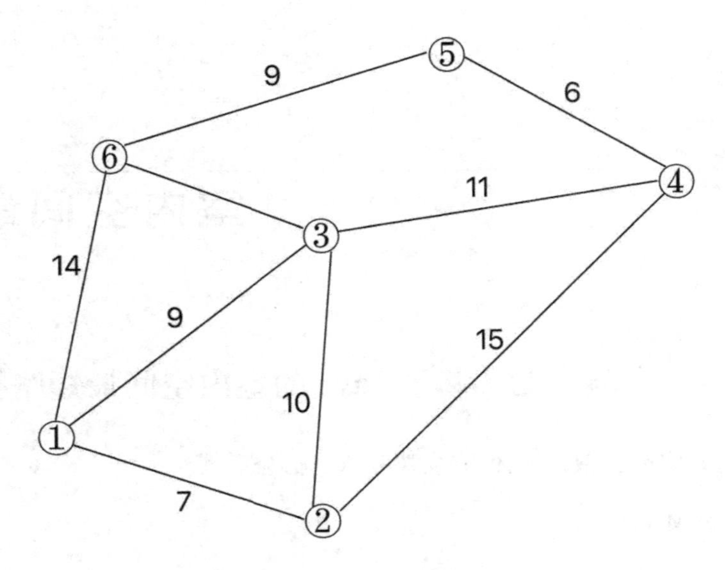


图 7-1 示例图形

(2) 在 Eclipse 下新建 Java 项目 (ExpeShortestPath)，并创建包 mgis. course。

(3) 首先定义一个接口 (Distance)，用于计算两点之间的最短路径，代码如下。

```
/ * *
 * @Description:
 */
importJava.util.HashMap;
import com.lulei.distance.bean.MinStep;
public interface Distance {
    public static final MinStep UNREACHABLE = new MinStep (false, -1);
    / * *
     * @param start   * @param end   * @param stepLength   * @return   * @Author: lulei   * @
Description: 起点到终点的最短路径
     */
    public MinStep getMinStep (int start, int end, final HashMap<Integer, HashMap<Integer, Integer>
> stepLength);
}
```

在 getMinStep 方法中，第一个参数是起始节点的编号，第二个参数是终点节点的编号，第三个参数是图中 7-1 直接相邻两个节点的距离组成的 map。第三个参数会在本书后面做详细的介绍。

(4) 上面方法的返回值是自定义的一个数据类型，下面通过代码（创建类 MinStep ）来看其具体的数据结构。

```
/ * *
 * @Description:
 */
importJava.util.List;
```

```
public class MinStep {
    private boolean reachable; //是否可达
    private int minStep; //最短步长
    private List<Integer> step; //最短路径
    public MinStep () {
    }
    public MinStep (boolean reachable, int minStep) {
        this.reachable = reachable;
        this.minStep = minStep;
    }
    public boolean isReachable () {
        return reachable;
    }
    public void setReachable (boolean reachable) {
        this.reachable = reachable;
    }
    public int getMinStep () {
        return minStep;
    }
    public void setMinStep (int minStep) {
        this.minStep = minStep;
    }
    public List<Integer> getStep () {
        return step;
    }
    public void setStep (List<Integer> step) {
        this.step = step;
    }
}
```

其中最短路径的那个 List 数组保存了从起点到终点最短路径所经历的节点。

(5) 在 Dijkstra 算法中需要保存从起点开始到每一个节点最短步长，这也是图 7 - 1 中需要比较得出的步长，同时还需要存储该步长下的前一个节点，这样就可以通过终点一个一个往前推到起点，这样就出来了完整的最优路径（创建类 PreNode）。

```
/**
 * @Description:
 */
public class PreNode {
    private int preNodeNum; //最优 前一个节点
    private int nodeStep; //最小步长
    public PreNode (int preNodeNum, int nodeStep) {
        this.preNodeNum = preNodeNum;
        this.nodeStep = nodeStep;
```

```
    }
    public int getPreNodeNum () {
        return preNodeNum;
    }
    public void setPreNodeNum (int preNodeNum) {
        this.preNodeNum = preNodeNum;
    }
    public int getNodeStep () {
        return nodeStep;
    }
    public void setNodeStep (int nodeStep) {
        this.nodeStep = nodeStep;
    }
}
```

(6) 在 Dijkstra 算法的图中，计算的过程需要保存起点到各个节点的最短距离、已经计算过的节点、下次需要计算节点队列和图 7-1 中相邻两个节点的距离。通过代码（创建类 DistanceDijkstraImpl）来看具体的定义。

```
public class DistanceDijkstraImpl implements Distance {
//key1 节点编号，key2 节点编号，value 为 key1 到 key2 的步长
private HashMap<Integer, HashMap<Integer, Integer>> stepLength;
//非独立节点个数
private int nodeNum;
//移除节点
private HashSet<Integer> outNode;
//起点到各点的步长，key 为目的节点，value 为到目的节点的步长
private HashMap<Integer, PreNode> nodeStep;
//下一次计算的节点
private LinkedList<Integer> nextNode;
//起点、终点
private int startNode;
private int endNode;
```

这里看下 stepLength 这个属性，它保存了图 7-1 中相邻两个节点之间的距离，如 key1=1，key2=3，value=9，这表示从节点 1 到节点 3 的距离是 9。通过这种键值对方式，就需要把图 7-1 中每两个相邻的点保存到这个类型的 map 中。

(7) 在开始计算之前，需要对这些属性进行初始化，具体如下。

```
private void initProperty (int start, int end) {
    outNode = new HashSet<Integer> ();
    nodeStep = new HashMap<Integer, PreNode> ();
    nextNode = new LinkedList<Integer> ();
    nextNode.add (start);
    startNode = start;
    endNode = end;
```

```
}
```

这一步需要把起点添加到下一次需要计算的节点队列中。

(8) 这一步也是Dijkstra算法的核心部分，在计算的过程中，需要进行以下步骤。①判断是否达到终止条件。如果达到终止条件，结束本次算法；如果没有达到，执行下一步（终止条件：下一次需要计算的节点队列没有数据或已经计算过的节点数等于节点总数）。②获取下一次计算的节点A。③从起点到各节点之间的最短距离map中获取到达A点的最小距离L。④获取A节点的可达节点B，计算从起点先到A再到B是否优于已有的其他方式到B，如果优于，则更新B节点，否则不更新。⑤判断B是否是已经移除的节点，如果不是移除的节点，把B添加到下一次需要计算的节点队列中，否则不做操作。⑥判断A节点是否还有除B以外的其他节点，如果有，执行第④步，否则执行下一步。⑦将A节点从下一次需要计算的节点中移除添加到已经计算过的节点中。⑧执行第一步。以下为具体的代码。

```
private void step () {
    if (nextNode == null || nextNode.size () < 1) {
        return;
    }
    if (outNode.size () == nodeNum) {
        return;
    }
    //获取下一个计算节点
    int start = nextNode.removeFirst ();
    //到达该节点的最小距离
    int step = 0;
    if (nodeStep.containsKey (start) ) {
        step = nodeStep.get (start) .getNodeStep ();
    }
    //获取该节点可达节点
    HashMap<Integer, Integer> nextStep = stepLength.get (start);
    Iterator<Entry<Integer, Integer>> iter = nextStep.entrySet () .iterator ();
    while (iter.hasNext () ) {
        Entry<Integer, Integer> entry = iter.next ();
        Integer key = entry.getKey ();
        //如果是起点到起点，不计算之间的步长
        if (key == startNode) {
            continue;
        }
        //起点到可达节点的距离
        Integer value = entry.getValue () + step;
        if ( (! nextNode.contains (key) ) && (! outNode.contains (key) ) ) {
            nextNode.add (key);
        }
        if (nodeStep.containsKey (key) ) {
            if (value < nodeStep.get (key) .getNodeStep () ) {
```

```
                nodeStep.put (key, new PreNode (start, value) );
            }
        } else {
            nodeStep.put (key, new PreNode (start, value) );
        }
    }
    //将该节点移除
    outNode.add (start);
    //计算下一个节点
    step ();
}
```

(9) 通过前面的计算已经算出了起点到各个节点的最短路径，下面就需要组装起点到终点的最短路径。最短路径的查找需要从终点依次往前推，即到达终点最短距离下的前一个节点是A，到达A节点最短距离下的前一节点是B，直到找到起点后即终止查找，实现代码如下。

```
private MinStep changeToMinStep () {
    MinStep minStep = new MinStep ();
    minStep.setMinStep (nodeStep.get (endNode) .getNodeStep () );
    minStep.setReachable (true);
    LinkedList<Integer> step = new LinkedList<Integer> ();
    minStep.setStep (step);
    int nodeNum = endNode;
    step.addFirst (nodeNum);
    while (nodeStep.containsKey (nodeNum) ) {
        int node = nodeStep.get (nodeNum) .getPreNodeNum ();
        step.addFirst (node);
        nodeNum = node;
    }
    return minStep;
}
```

(10) 接口定义方法实现，代码如下。

```
public MinStep getMinStep (int start, int end, final HashMap<Integer, HashMap<Integer, Integer>> stepLength) {
    this.stepLength = stepLength;
    this.nodeNum = this.stepLength ! = null ? this.stepLength.size () : 0;
    //起点、终点不在目标节点内，返回不可达
    if (this.stepLength == null || (! this.stepLength.containsKey (start) ) || (! this.stepLength.containsKey (end) ) ) {
        return UNREACHABLE;
    }
    initProperty (start, end);
    step ();
```

```
        if (nodeStep.containsKey (end) ) {
            return changeToMinStep ();
        }
        return UNREACHABLE;
    }
}
```

（11）对于上述代码的测试，先使用示例图形中的例子，创建 DistanceTest 类，计算从节点 1 到节点 5 的最短距离，代码如下。

```
/**
 *@Description:
 */
package xmut.cs.sims.expe6;
importJava.util.HashMap;
public class DistanceTest {
    public static void main (String [] args) {
        // TODO Auto-generated method stub
        HashMap<Integer, HashMap<Integer, Integer>> stepLength = new HashMap<Integer, HashMap<
Integer, Integer>> ();
        HashMap<Integer, Integer> step1 = new HashMap<Integer, Integer> ();
        stepLength.put (1, step1);
        step1.put (6, 14);
        step1.put (3, 9);
        step1.put (2, 7);
        HashMap<Integer, Integer> step2 = new HashMap<Integer, Integer> ();
        stepLength.put (2, step2);
        step2.put (1, 7);
        step2.put (3, 10);
        step2.put (4, 15);
        HashMap<Integer, Integer> step3 = new HashMap<Integer, Integer> ();
        stepLength.put (3, step3);
        step3.put (1, 9);
        step3.put (2, 10);
        step3.put (4, 11);
        step3.put (6, 2);
        HashMap<Integer, Integer> step4 = new HashMap<Integer, Integer> ();
        stepLength.put (4, step4);
        step4.put (2, 15);
        step4.put (5, 5);
        step4.put (3, 11);
        HashMap<Integer, Integer> step5 = new HashMap<Integer, Integer> ();
        stepLength.put (5, step5);
        step5.put (6, 9);
        step5.put (4, 5);
```

```
        HashMap<Integer, Integer> step6 = new HashMap<Integer, Integer> ();
        stepLength.put (6, step6);
        step6.put (1, 14);
        step6.put (5, 9);
        step6.put (3, 2);
        Distance distance = new DistanceDijkstraImpl ();
        MinStep step = distance.getMinStep (6, 2, stepLength);
        System.out.println (" the Mininum Length is: " +step.getMinStep () );
        for (int i=0; i<step.getStep () .size (); i++) {
            System.out.println (step.getStep () .get (i) );
        }
        System.out.println (" whether is it reachable? " +step.isReachable () );
    }
}
```

（12）这里组装相邻两个节点之间的距离用了大量的代码，看到输出结果。

```
the Mininum Length is: 12
6
3
2
whether is it reachable? True
```

（13）每个实验者用自己的 ESMap 实验得到的网络节点和距离数据替换 Java 类 DistanceTest 中的节点和距离数据，并运行。

### 7.1.6　思考题

查找 GIS 中多种最短路径的算法资料，如 SPFA 算法、Bellman - Ford 算法、Floyd 算法、Floyd - Warshall 算法等，并比较它们的优劣。

## 7.2　实验十八　基于 pgRouting 的室内空间最短路径

实验学时：2；实验类型：验证；实验要求：必修。

### 7.2.1　实验目的

通过本实验的学习，使学生掌握基于数据库最短路径导航插件 pgRouting 实现室内空间的最短路径计算的基本知识，为今后继续对移动 GIS 实验的学习奠定基础。

### 7.2.2　实验内容

（1）PostGIS 的路径数据库创建；

（2）pgRouting 插件的最短路径计算。

### 7.2.3　实验原理、方法和手段

PostGIS 早已奠定了最优秀的开源空间数据库地位，其在 GIS 中的应用将会越来越普

遍。网络分析算法很多服务端语言（如Java语言、C语言等）虽能实现，但基于真实城市道路数据量较大且查询分析操作步骤复杂，数据库交互频繁，以这类服务端频繁访问数据库导致数据库开销压力较大、分析较慢，故选择PgRouting在数据库内部实现算法，提升分析效率。路径分析不仅仅是最短路径，在实际应用中还有最短耗时、最近距离、道路对车辆类型限制、道路对速度限制等因素，交通事故等导致的交通障碍点等问题，所有的问题本质其实是对路径分析权重的设置问题。

pgRouting是基于开源空间数据库PostGIS用于网络分析的扩展模块，最初它被称作pgDijkstra，因为它只是利用Dijkstra算法实现最短路径搜索，之后慢慢添加了其他的路径分析算法，如A算法、双向A算法、Dijkstra算法、双向Dijkstra算法、TSP（traveling salesman problem）货郎担算法等，然后被更名为pgRouting。该扩展库依托PostGIS自身的GIST索引，丰富的坐标系与图形类型，强大的几何处理能力，如空间查询，空间处理，线性参考等优势，能保障在较大数据级别下的网络分析效果更快、更好。

### 7.2.4　实验设备与组织运行要求

实验设备及软件：个人计算机，PostgreSQL/PostGIS/pgRouting软件；

开发环境配置：3；

实验采用集中在电脑机房的授课形式。

### 7.2.5　实验步骤

（1）安装PostgreSQL数据库以及PostGIS插件，此时，pgRouting功能包含在PostGIS中。

（2）创建一个PostgreSQL数据库，然后分别在查询工具里运用CREATE EXTENSION postgis、CREATE EXTENSION pgrouting的SQL语句添加数据库的空间数据和最短路径计算功能。

（3）按以下SQL语句在数据库中创建一个空间数据表。

```
CREATE TABLE edge_table (
id BIGSERIAL,
source BIGINT,
target BIGINT,
cost FLOAT,
reverse_cost FLOAT,
x1 FLOAT,
y1 FLOAT,
x2 FLOAT,
y2 FLOAT,
the_geom geometry);
```

（4）按以下的SQL语句给以上空数据表添加数据（除去source、target列）。

```
INSERT INTO edge_table (cost, reverse_cost, x1, y1, x2, y2) VALUES
    (1, 1, 2, 0, 2, 1),
    (−1, 1, 2, 1, 3, 1),
    (−1, 1, 3, 1, 4, 1),
```

```
(1, 1, 2, 1, 2, 2),
(1, -1, 3, 1, 3, 2),
(1, 1, 0, 2, 1, 2),
(1, 1, 1, 2, 2, 2),
(1, 1, 2, 2, 3, 2),
(1, 1, 3, 2, 4, 2),
(1, 1, 2, 2, 2, 3),
(1, -1, 3, 2, 3, 3),
(1, -1, 2, 3, 3, 3),
(1, -1, 3, 3, 4, 3),
(1, 1, 2, 3, 2, 4),
(1, 1, 4, 2, 4, 3),
(1, 1, 4, 1, 4, 2),
(1, 1, 0.5, 3.5, 1.999999999999, 3.5),
(1, 1, 3.5, 2.3, 3.5, 4);
UPDATE edge_table SET the_geom = st_makeline (st_point (x1, y1), st_point (x2, y2) ); -- unknown
```

(5) 按以下 SQL 语句为以上空间数据表创建拓扑，并填充以上数据表的 source、target 列。

```
SELECT pgr_createTopology ('edge_table', 0.001);
```

(6) 按以下 SQL 语句执行 Dijkstra 最短路径算法。

```
SELECT * FROM pgr_dijkstra (
'SELECT id, source, target, cost, reverse_cost FROM edge_table',
2, 3);
```

(7) 得到如图 7-2 所示的最短路径结果。

```
 seq | path_seq | node | edge | cost | agg_cost
-----+----------+------+------+------+----------
   1 |        1 |    2 |    4 |    1 |        0
   2 |        2 |    5 |    8 |    1 |        1
   3 |        3 |    6 |    9 |    1 |        2
   4 |        4 |    9 |   16 |    1 |        3
   5 |        5 |    4 |    3 |    1 |        4
   6 |        6 |    3 |   -1 |    0 |        5
(6 rows)
```

图 7-2 最短路径结果

(8) 根据以上示例数据最短路径计算操作过程，请改造和替换为自己的室内空间节点和直连节点距离数据，进而计算不同节点间（学号倒数第 3、4 位至学号倒数第 1 位）的最短路径。

### 7.2.6 思考题

对比用 Java 与 pgRouting 实现的 Dijkstra 最短路径计算，分析它们各自的优缺点。

# 第8章

# Android SDK 移动地图开发

## 8.1 实验十九 高德地图 Android SDK 移动地图开发

实验学时：4；实验类型：验证；实验要求：必修。

### 8.1.1 实验目的

通过本实验的学习，使学生掌握基于 Android 高德移动地图 SDK 开发的基本知识，训练和培养学生使用 Android 客户端加载和显示高德地图。

### 8.1.2 实验内容

（1）高德地图的 Android SDK 的主要功能；
（2）基于 Android 的高德地图 SDK 的开发。

### 8.1.3 实验原理、方法和手段

高德地图 Android SDK 是一套基于 Android 2.3 及以上版本设备的地图应用程序开发工具包。读者可以使用该套 SDK 开发适用于 Android 系统移动设备的地图应用，通过调用地图 SDK 接口，可以轻松访问高德地图服务和数据，构建功能丰富、交互性强的地图类应用程序。申请密钥（key）后，才可使用高德地图 Android SDK。非营利性产品请直接使用，商业目的产品使用前请参考使用须知。

### 8.1.4 实验设备与组织运行要求

实验设备及软件：个人计算机，JavaJDK、Android Studio、高德地图 SDK 软件；
开发环境配置：1、4、13；
实验采用集中在电脑机房的授课形式。

### 8.1.5 实验步骤

（1）高德地图的 Android 定位 SDK 的开发包括的流程主要有：注册高德地图开发者账号→申请 API key→Android Studio 的工程配置→获取地图数据→显示当前位置地图结果。

（2）（若已有高德地图 API key，本步可忽略）使用高德地图 Android SDK，必须要有高德地图的 API key，因此，需要申请和获取其 API key。第一步，注册高德开发者（http：//lbs.amap.com/dev/key)；第二步，去控制台创建应用；第三步，获取 key，在高德

地图文档中提到了三种读取 SHA1 的方法，可逐一尝试，若均没成功，也可通过如下 Java 源码的方式得到。

（3）打开安装好的 Android Studio，新建一个 Project（ExpeAmap），输入项目名称，并在 Company domain 里填写 mgis. course，其余采用默认设置。

（4）选中 src/main/Java/mgis. course，右键，New→Activity→Empty Activity。

（5）配置 AndroidManifest. xml 如下，请在 application 标签中声明权限。

```
//地图 SDK（包含其搜索功能）需要的基础权限
<! --允许程序打开网络套接字-->
<uses - permission android: name=" android.permission.INTERNET" />
<! --允许程序设置内置 sd 卡的写权限-->
<uses - permission android: name=" android.permission.WRITE _ EXTERNAL _ STORAGE" />
<! --允许程序获取网络状态-->
<uses - permission android: name=" android.permission.ACCESS _ NETWORK _ STATE" />
<! --允许程序访问 WiFi 网络信息-->
<uses - permission android: name=" android.permission.ACCESS _ WIFI _ STATE" />
<! --允许程序读写手机状态和身份-->
<uses - permission android: name=" android.permission.READ _ PHONE _ STATE" />
<! --允许程序访问 CellID 或 WiFi 热点来获取粗略的位置-->
<uses - permission android: name=" android.permission.ACCESS _ COARSE _ LOCATION" />
```

（6）初始化地图容器，并显示地图，其相关代码如下（或者拷贝 BasicMapActivity. Java、basicmap _ activity. xml，并更改配置文件的启动 Activity）。

```
/**
 * AMapV1 地图中介绍如何显示世界图
 */
public class BasicMapActivity extends Activity implements OnClickListener {
    private MapView mapView;
    private AMap aMap;
    private Button basicmap;
    private Button rsmap;
    private RadioGroup mRadioGroup;

    @Override
    protected void onCreate (Bundle savedInstanceState) {
        super.onCreate (savedInstanceState);
        setContentView (R.layout.basicmap _ activity);
        mapView = (MapView) findViewById (R.id.map);
        mapView.onCreate (savedInstanceState); // 此方法必须重写
        init ();
    }

    /**
     *初始化 AMap 对象
```

```
  */
private void init () {
    if (aMap == null) {
        aMap = mapView.getMap ();
    }
    basicmap = (Button) findViewById (R.id.basicmap);
    basicmap.setOnClickListener (this);
    rsmap = (Button) findViewById (R.id.rsmap);
    rsmap.setOnClickListener (this);
    mRadioGroup = (RadioGroup) findViewById (R.id.check_language);
    mRadioGroup.setOnCheckedChangeListener (new
RadioGroup.OnCheckedChangeListener () {
        @Override
        public void onCheckedChanged (RadioGroup group, int checkedId) {
            if (checkedId == R.id.radio_en) {
                aMap.setMapLanguage (AMap.ENGLISH);
            } else {
                aMap.setMapLanguage (AMap.CHINESE);
            }
        }
    } );
}

/**
  *方法必须重写
  */
@Override
protected void onResume () {
    super.onResume ();
    mapView.onResume ();
}

/**
  *方法必须重写
  */
@Override
protected void onPause () {
    super.onPause ();
    mapView.onPause ();
}

/**
  *方法必须重写
```

```
     */
    @Override
    protected void onSaveInstanceState (Bundle outState) {
        super.onSaveInstanceState (outState);
        mapView.onSaveInstanceState (outState);
    }
/**
 *方法必须重写
 */
@Override
protected void onDestroy () {
super.onDestroy ();
mapView.onDestroy ();
}

    @Override
    public void onClick (View v) {
        switch (v.getId () ) {
        case R.id.basicmap:
            aMap.setMapType (AMap.MAP_TYPE_NORMAL); // 矢量地图模式
            break;
        case R.id.rsmap:
            aMap.setMapType (AMap.MAP_TYPE_SATELLITE); // 卫星地图模式
            break;
        }
    }
}
```

(7) 拷贝 basicmap_activity.xml 文件至 res/layout/。

(8) 修改 AndroidManifest.xml 中的启动 Activity，同时，确保包名和高德地图 key 的正确性。

(9) 接上手机，运行测试，然后参考高德 Android SDK 中的 CameraUpdate 类功能，实现将地图中心切换到自己家乡（精确到市县）。

```
CameraPosition cp = aMap.getCameraPosition ();
CameraPosition cpNew = CameraPosition.fromLatLngZoom (new LatLng (24.48, 118.08000), cp.zoom);
CameraUpdate cu = CameraUpdateFactory.newCameraPosition (cpNew);
aMap.moveCamera (cu);
```

### 8.1.6 思考题

结合实验十中有关高德定位 Android SDK 开发，尝试在高德地图中读取实时的定位坐标，并以其为中心显示。

## 8.2　实验二十　百度地图 Android SDK 移动地图开发

实验学时：4；实验类型：验证；实验要求：必修。

### 8.2.1　实验目的

通过本实验的学习，使学生掌握基于 Android 百度移动地图 SDK 开发的基本知识，培养学生掌握使用 Android 客户端加载和显示百度地图的能力。

### 8.2.2　实验内容

（1）百度地图的 Android SDK 的主要功能；
（2）基于 Android 的百度地图 SDK 的开发。

### 8.2.3　实验原理、方法和手段

百度地图 Android SDK 是一套基于 Android 2.3 及以上版本设备的地图应用程序开发工具包。读者可以使用该套 SDK 开发适用于 Android 系统移动设备的地图应用，通过调用地图 SDK 接口，可以轻松访问百度地图服务和数据，构建功能丰富、交互性强的地图类应用程序。自 v4.0 起，Android SDK 适配 Android Wear，支持 Android 穿戴设备，新增室内图相关功能。

百度地图 Android SDK 提供的所有服务是免费的，接口使用无次数限制。使用者需申请密钥（key）后，才可使用百度地图 Android SDK。任何非营利性产品可直接使用，商业性产品使用前请参考使用须知。

### 8.2.4　实验设备与组织运行要求

实验设备及软件：个人计算机，JavaJDK、Android Studio、百度地图 SDK 软件；
开发环境配置：1、4、12；
实验采用集中在电脑机房的授课形式。

### 8.2.5　实验步骤

（1）百度手机地图开发主要过程：申请密钥→下载百度基础地图 SDK 库→配置开发环境→创建项目编写代码→添加地图中心位置→运行项目。

（2）用户在使用 SDK 前需要获取百度地图移动版 API key，该 key 与百度账户相关联，用户必须先有百度帐户，才能获得 API key。在申请 API key 之前还必须要有 SHA1，SHA1 的获取可参考实验十步骤（2）的方法。并且，该 key 与用户引用 API 的程序名称有关。请妥善保存 key，地图初始化时需要用到 key。API key 示例：pjIjjOPXXhyd4DdfR3USfbpi8ZONmQPG。

（3）在 AndroidManifest 中添加开发密钥、所需权限等信息。

①在 application 中添加开发密钥。

```
<application>
<meta-data
```

```
        android:name=" com.baidu.lbsapi.API_KEY"
        android:value=" 开发者 key" />  //填入自己申请的 API Key
</application>
```

②添加所需权限。注意：权限应添加在 appliction 之外，如添加到 appliction 内部，会导致无法访问网络，不显示地图，代码如下。

```
<uses-permission android:name=" android.permission.ACCESS_NETWORK_STATE" />
//获取设备网络状态，禁用后无法获取网络状态
<uses-permission android:name=" android.permission.INTERNET" />
//网络权限，当禁用后，无法进行检索等相关业务
<uses-permission android:name=" android.permission.READ_PHONE_STATE" />
//读取设备硬件信息，统计数据
<uses-permission android:name=" com.android.launcher.permission.READ_SETTINGS" />
//读取系统信息，包含系统版本等信息，用作统计
<uses-permission android:name=" android.permission.ACCESS_WIFI_STATE" />
//获取设备的网络状态，鉴权所需网络代理
<uses-permission android:name=" android.permission.WRITE_EXTERNAL_STORAGE" />
//允许 sd 卡写权限，需写入地图数据，禁用后无法显示地图
<uses-permission android:name=" android.permission.WRITE_SETTINGS" />
//获取统计数据
<uses-permission android:name=" android.permission.CAMERA" />
//使用步行 AR 导航，配置 Camera 权限
```

（4）在布局 xml 文件中添加地图控件，代码如下。

```
<com.baidu.mapapi.map.MapView
    android:id=" @+id/bmapView"
    android:layout_width=" fill_parent"
    android:layout_height=" fill_parent"
    android:clickable=" true" />
```

（5）在应用程序创建时初始化 SDK 引用的 Context 是全局变量。注意：在 SDK 各功能组件使用之前都需要调用 SDKInitializer.initialize（getApplicationContext（））；为此，创建一个单独的类 DemoApplication.Java，然后在 AndroidManifest 中 Application 的自定义子类清单文件<application>节点下配置 android：name=" .DemoApplication"。

```
public class DemoApplication extends Application {
    @Override
    public void onCreate () {
        super.onCreate ();
        //在使用 SDK 各组件之前初始化 context 信息，传入 ApplicationContext
        SDKInitializer.initialize (this);
        //自 4.3.0 起，百度地图 SDK 所有接口均支持百度坐标和国测局坐标，用此方法设置您使用的坐标
类型。
        //包括 BD09LL 和 GCJ02 两种坐标，默认是 BD09LL 坐标。
        SDKInitializer.setCoordType (CoordType.BD09LL);
    }
```

```
}
```

注：此处若报错，则可能是 jar 包的添加不正确引起的。

（6）创建地图 Activity，管理地图生命周期，代码如下。

```
public class MainActivity extends Activity {
    private MapView mMapView = null;
    @Override
    protected void onCreate (Bundle savedInstanceState) {
        super.onCreate (savedInstanceState);
        setContentView (R.layout.activity_main);
        //获取地图控件引用
        mMapView = (MapView) findViewById (R.id.bmapView);
    }
    @Override
    protected void onDestroy () {
        super.onDestroy ();
        //在 activity 执行 onDestroy 时执行 mMapView.onDestroy ()，实现地图生命周期管理
        mMapView.onDestroy ();
    }
    @Override
    protected void onResume () {
        super.onResume ();
        //在 activity 执行 onResume 时执行 mMapView. onResume ()，实现地图生命周期管理
        mMapView.onResume ();
        }
    @Override
    protected void onPause () {
        super.onPause ();
        //在 activity 执行 onPause 时执行 mMapView. onPause ()，实现地图生命周期管理
        mMapView.onPause ();
        }
    }
```

（7）完成以上步骤后，运行程序，即可在应用中显示系统默认的北京市地图。

（8）把默认显示的地图调整为自己想要的城市，在 onCreate () 方法中添加以下代码。

```
//定义地图中心坐标点（请用百度坐标拾取系统获取自己家乡的经纬度）
    LatLng point = new LatLng (24.631338, 118.097000);
   BaiduMap mBaiduMap = mMapView.getMap ();
   MapStatus mMapStatus = new MapStatus.Builder ()
          .target (point)
          .zoom (21) //这个 12 是缩放对的级别
          .build ();
MapStatusUpdate mMapStatusUpdate = MapStatusUpdateFactory.newMapStatus (mMapStatus);
   mBaiduMap.setMapStatus (mMapStatusUpdate);
```

（9）重新运行项目，加载并显示百度手机地图，其中手机地图的显示位置为自己的家乡（精确到县城）。

### 8.2.6 思考题

运用百度地图 SDK 的地图覆盖物添加几何图形。

# 第9章 移动地理信息系统综合应用

## 9.1 实验二十一 基于高德地图的室内定位结果高亮显示

实验学时：4；实验类型：验证；实验要求：必修。

### 9.1.1 实验目的

通过本实验的学习，使学生掌握基于JavaServlet与Android客户端数据传输与交互的基本知识，培养学生使用Android客户端在高德地图上展示实时定位的能力。

### 9.1.2 实验内容

（1）服务器端与客户端的数据交互；

（2）室内定位结果的地图展示。

### 9.1.3 实验原理、方法和手段

在通信量大的服务器上，JavaServlet的优点在于它的执行速度比CGI程序快。各个用户请求被激活成单个程序中的一个线程，而无需创建单独进程，这意味着服务器端处理请求的系统开销将明显降低。同时，JavaServlet可通过Tomcat与Android app进行通信。高德地图的Android SDK具有添加地图覆盖物的功能，因此可以将室内服务器上的实时定位结果在客户端上进行展示。

### 9.1.4 实验设备与组织运行要求

实验设备及软件：个人计算机，JavaJDK、Eclipse Enterprise Edition、Android Studio、Tomcat软件；

开发环境配置：1、2、4、5；

实验采用集中在电脑机房的授课形式。

### 9.1.5 实验步骤

（1）本实验开发的主要流程：Eclipse创建Dynamic Web Project项目→JavaServlet发布RSSI指纹库室内定位结果（行列表示）→Android Studio创建线程接收JavaServlet发送的定位数据→Android Studio将地图定位结果以地图覆盖物的形式展现在高德地图。

（2）在Eclipse中创建项目File→New→Project→Web→Dynamic Web Project（Expe-

CommLocDisplayServer)，并选择 Apache Tomcat 作为网络服务器。

(3) 创建 JavaServlet，右键 project→New→Other→Web→Servelt，输入 Servlet 的名称为 RssiLocServlet。

(4) 用下面的代码替换新建的 Servlet 中的代码。

```
public class RssiLocServlet extends HttpServlet {
    private static final long serialVersionUID = 1L;
    public RssiLocServlet () {
        super ();
    }
    protected void doGet (HttpServletRequest request, HttpServletResponse response) throws ServletExcep-
tion, IOException {
        response.getOutputStream () .println (" 2, 3" ); //不能有空格
    }
    protected void doPost (HttpServletRequest request, HttpServletResponse response) throws ServletExcep-
tion, IOException {
        }
    }
```

(5) 右键 Servlet project→Run as→Run on Server，选择 “Manually define a new server” 并指定 Apache Tomcat 的安装目录，然后打开 web 浏览器并输入 http://localhost:8080/MyServletProject/RssiLocServlet ，确认能够看到网页显示“2, 3”，表示服务器发布成功。

(6) 以下步骤为 Android 客户端的操作，需开启 Android Studio。

(7) 在 Android Studio 中新建一个应用 ExpeCommLocDisplayClient，并在项目中添加一个线程类 HttpThread，用于与服务器进行通信，得到服务器上的行列表示的坐标，代码如下。

```
public class HttpThread {
    String url;
    StringBuffer sbGet = new StringBuffer ();
    StringBuffer sbPost = new StringBuffer ();
    HttpThread (String url) {
        this.url = url;
    }
    Thread httpThread = new Thread (new Runnable () {
        private void doGet () {
            //URLEncoder.encode (name," utf - 8" ); //转码，防止中文乱码
            try {
                URL httpUrl = new URL (url);
                URLConnection conn = httpUrl.openConnection ();
                        BufferedReader bufferedReader = new BufferedReader ( new InputStreamReader
(conn.getInputStream () ) );
                String str;
                while ( (str = bufferedReader.readLine () ) ! = null) {
```

```
                    sbGet.append (str.toString () );
                }
            } catch (MalformedURLException e) {
                e.printStackTrace ();
            } catch (IOException e) {
                e.printStackTrace ();
            }
        }
        private void doPost () {
        }
        @Override
        public void run () {
            doGet ();
        }
    } );
    public String getGet () {
        try {
            httpThread.start ();
            httpThread.join ();
        } catch (InterruptedException e) {
            e.printStackTrace ();
        }
        return sbGet.toString ();
    }
}
```

（8）导入 jar 包，并在 build.gradle 里进行配置。在 Android Studio 的高德地图项目中添加一个 Activity，建立一个方法用于接收定位数据，并选定地图定位覆盖物的图片，代码如下。

```
String getLocPic () {
    String locPic=new String ( );
            //模拟器测试 url
            //String url = " http://10.0.2.2:8080/MyServletProject/RssiLocServlet";
            //真机测试 url 用自己的 ipconfig 中查询的地址
            String url = " http://192.168.1.105:8080/MyServletProject/RssiLocServlet";
            HttpThread httpThread=new HttpThread (url);
            return locPic=httpThread.getGet () );
}
```

（9）接下来在高德地图中添加地图覆盖物，代码如下。

```
/**   * AMapV1 地图中简单介绍一些 GroundOverlay 的用法.   */
public class MainActivity extends Activity {
    private AMap amap; //把 amap 改为 aMap
    private MapView mapview;
```

```
    private GroundOverlay groundoverlay;
    protected void onCreate (Bundle savedInstanceState) {
        super.onCreate (savedInstanceState);
        setContentView (R.layout.activity_main);
        mapview = (MapView) findViewById (R.id.map);
        mapview.onCreate (savedInstanceState); //此方法必须重写
        init ();
    }
    /* * * 初始化 AMap 对象 */
    private void init () {
        if (amap == null) {
            amap = mapview.getMap ();
            addOverlayToMap ();
        }
    }
    /* * * 往地图上添加一个 groundoverlay 覆盖物 */
    private void addOverlayToMap () {
//图片覆盖物放置的左下角和右上角经纬度
        double leftBottomLat=24.624760;
        double leftBottomLng=118.090260;
        double rightTopLat=24.625160;
        double rightTopLng=118.090760;
        double recWidth= (rightTopLng-leftBottomLng) /42;
        double recHeight= (rightTopLat-leftBottomLat) /28;
        LatLng leftBottom=new LatLng (leftBottomLat, leftBottomLng);
        LatLng rightTop=new LatLng (rightTopLat, rightTopLng);
        amap.moveCamera (CameraUpdateFactory.newLatLngZoom (new LatLng (24.624960,
                118.090510), 22) ); //设置当前地图显示为厦门理工体育馆
        LatLngBounds bounds = new LatLngBounds.Builder ()
                .include (leftBottom)
                .include (rightTop) .build ();
        groundoverlay = amap.addGroundOverlay (new GroundOverlayOptions ()
                .anchor (0.5f, 0.5f)
                .transparency (0.1f)
                .image (BitmapDescriptorFactory
                        .fromResource (R.drawable.gridsnet) )
                .positionFromBounds (bounds) );
        String locPic = getLocPic ();
        int [] locPicRowCol=getLocPicRowCol (locPic);
        LatLng center=getCenter (locPicRowCol, recWidth, recHeight, leftBottom);
        //根据以上定位结果，在下面添加一个绘制正方形的功能代码，用于在室内地图//上高亮显示定位
结果
    amap.addPolygon (new PolygonOptions ()
```

```
            .addAll (createRectangle (center, recWidth/2, recHeight/2) )
            .fillColor (Color.LTGRAY) .strokeColor (Color.RED) .strokeWidth (1) );
}
//根据服务器返回结果组建行列数组
private int [] getLocPicRowCol (String locPicStr) {
    int [] locPic=new int [2];
    String [] locPicStrTemp=new String [2];
    locPicStrTemp=locPicStr.trim () .split ("," );
    locPic [0] =Integer.valueOf (locPicStrTemp [0] );
    locPic [1] =Integer.valueOf (locPicStrTemp [1] );
    return locPic;
}
//得到欲高亮显示的矩形框中心点经纬度
private LatLng getCenter (int [] locPic, double recWidth, double recHeight, LatLng leftBottom) {
    double centerLat=leftBottom.latitude+locPic [0] *recHeight-recHeight/2;
    double centerLng=leftBottom.longitude+locPic [1] *recWidth-recWidth/2;
    LatLng center=new LatLng (centerLat, centerLng);
    return center;
}
/***生成一个长方形的四个坐标点*/
private List<LatLng> createRectangle (LatLng center, double halfWidth, double halfHeight) {
    List<LatLng> latLngs = new ArrayList<LatLng> ();
    latLngs.add (new LatLng (center.latitude - halfHeight, center.longitude - halfWidth) );
    latLngs.add (new LatLng (center.latitude - halfHeight, center.longitude + halfWidth) );
    latLngs.add (new LatLng (center.latitude + halfHeight, center.longitude + halfWidth) );
    latLngs.add (new LatLng (center.latitude + halfHeight, center.longitude - halfWidth) );
    return latLngs;
}
/***方法必须重写*/
protected void onResume () {
    super.onResume ();
    mapview.onResume ();
}
/***方法必须重写*/
@Override
protected void onPause () {
    super.onPause ();
    mapview.onPause ();
}
/***方法必须重写*/
@Override
protected void onSaveInstanceState (Bundle outState) {
    super.onSaveInstanceState (outState);
```

```
        mapview.onSaveInstanceState (outState);
    }
    /* * *方法必须重写*/
    @Override
    protected void onDestroy () {
        super.onDestroy ();
        mapview.onDestroy ();
    }
    protected String getLocPic () {
        String locPic = new String ();
        String url = " http://192.168.1.105:8080/Expe11/RssiLocServlet";
        //String url = " http://192.168.56.1:8080/Expe11/RssiLocServlet";
        HttpThread httpThread = new HttpThread (url);
        locPic = httpThread.getGet ();
        return locPic;
}
}
```

(10) 在 layout/activity_main.xml 中添加高德地图控件，代码如下。

```
<com.amap.api.maps2d.MapView
        xmlns:android=" http://schemas.android.com/apk/res/android"
        android:id=" @+id/map"
        android:layout_width=" fill_parent"
        android:layout_height=" fill_parent" />
```

(11) 在 manifests/AndroidManifest.xml 中添加高德地图相关权限和 key，代码如下。

```
//地图 SDK（包含其搜索功能）需要的基础权限
<! --允许程序打开网络套接字 -->
<uses-permission android:name=" android.permission.INTERNET" />
<! --允许程序设置内置 sd 卡的写权限 -->
<uses-permission android:name=" android.permission.WRITE_EXTERNAL_STORAGE" />
<! --允许程序获取网络状态 -->
<uses-permission android:name=" android.permission.ACCESS_NETWORK_STATE" />
<! --允许程序访问 WiFi 网络信息 -->
<uses-permission android:name=" android.permission.ACCESS_WIFI_STATE" />
<! --允许程序读写手机状态和身份 -->
<uses-permission android:name=" android.permission.READ_PHONE_STATE" />
<! --允许程序访问 CellID 或 WiFi 热点来获取粗略的位置 -->
<uses-permission android:name=" android.permission.ACCESS_COARSE_LOCATION" />
<application
        android:allowBackup=" true"
        android:icon=" @mipmap/ic_launcher"
        android:label=" @string/app_name"
        android:roundIcon=" @mipmap/ic_launcher_round"
        android:supportsRtl=" true"
```

```
    android: theme=" @style/AppTheme" >
<meta-data
        android: name=" com.amap.api.v2.apikey"
        android: value=" d31a885c21216ebe53e310a8fb18a99d" />
    ......
```

(12) 接上手机，然后按学号前两位为行数和学号后两位为列数作为室内定位结果，运行程序。

### 9.1.6　思考题

尝试把室内图片放置到 1# 实验楼，并改变图片的行列数。

## 9.2　实验二十二　高德地图 Android SDK 加载 GeoServer WMS 服务

实验学时：6；实验类型：验证；实验要求：必修。

### 9.2.1　实验目的

通过本实验的学习，使学生掌握基于高德地图 Android SDK 加载 GeoServer WMS 服务的基本知识，培养学生在高德地图 Android 客户端上加载和显示服务端地图数据服务的能力，为今后继续对移动 GIS 实验的学习奠定基础。

### 9.2.2　实验内容

(1) 服务器端的 GeoServer WMS 网络地图服务的创建与发布；
(2) 高德地图 Android 客户端加载 WMS 数据。

### 9.2.3　实验原理、方法和手段

Web 地图服务（Web map service，WMS）利用具有地理空间位置信息的数据制作地图，将地图定义为地理数据可视的表现，地图本身并不是数据。地图通常以图像格式表达，如 PNG、GIF 或 JPEG 格式，有时候也表达为基于矢量图形，如可缩放矢量图形或网络电脑图形元文件等格式。根据 OGC 规范，地图服务是专门提供共享地图数据的服务，负责根据客户程序的请求，提供地图图像、指定坐标点的要素信息以及地图服务的功能说明信息。为此，WMS 能够作为移动 GIS 的空间数据源，提升移动 GIS 的服务能力。

WMS 规范定义了三个接口（操作）：GetCapabilities（获取服务能力）、GetMap（获取地图）和 GetFeatureInfo（获取对象信息）。其中，GetMap 为核心操作。GetCapabitities 返回服务级元数据，它是对服务信息内容和要求参数的一种描述；GetMap 返回一个地图影像，其地理空间参考和大小参数是明确定义了的；GetFeatureInfo（可选）返回显示在地图上的某些特殊要素的信息。WMS 规范还定义了一个用于调用上述操作的万维网统一资源定位器（uniform resoure locator，URL）语法和服务级元数据的可扩展标记语言（extensible markup language，XML）表达法。

高德地图 Android SDK 提供了丰富的地图应用开发接口，其中 UrlTileProvider 类提供

了网络数据连接与访问的功能，为 WMS 加载的实现提供了基础。本实验 WMS 数据加载的基本思路：①在墨卡托投影系中先根据行列号求出瓦片的范围（米）；②将瓦片范围转换为经纬度；③利用高德坐标转换工具求出该坐标和高德坐标的差；④给②的坐标加上差值得到正确坐标，即可获取到正确的瓦片。

### 9.2.4 实验设备与组织运行要求

实验设备及软件：个人计算机，JavaJDK、GeoServer、Android Studio 软件；

开发环境配置：1、4、8；

实验采用集中在电脑机房的授课形式。

### 9.2.5 实验步骤

（1）本实验开发的流程主要有：制作室内空间的 shp 地图图层（投影为 EPSG3857），以该 shp 图层为数据源在 GeoServer 中创建并发布 WMS 地图服务，高德地图 Android SDK 加载 WMS 数据、Android Studio 将 WMS 地图以覆盖物的形式展现在高德地图中。

（2）在 GIS 桌面软件新建 shp 图层（或以实验场景所在地已有的投影为 EPSG3857 的 shp 图层为基础进行创建），对已有的室内空间平面图进行矢量化，得到室内空间的 shp 地图图层。除此之外，还有多种 shp 图层创建方式，如运用 GIS 软件下载高德在线地图等。

（3）下载并安装 GeoServer 软件（下载地址为 http：//geoserver. org/），然后选择 GeoServer→Start GeoServer 启动，用户名 admin，密码 geoserver，登录系统。

（4）接下来创建工作区（workspace）→添加数据存储并发布层→Layer Preiew 地图层浏览，这里的数据存储名称代表一个分层 layer，在同一个工作区不允许重复分层名称存在。

添加数据存储并选择数据类型，选择对应类型的数据，这里选择第 5 项的 shp 类型，如图 9－1 所示。

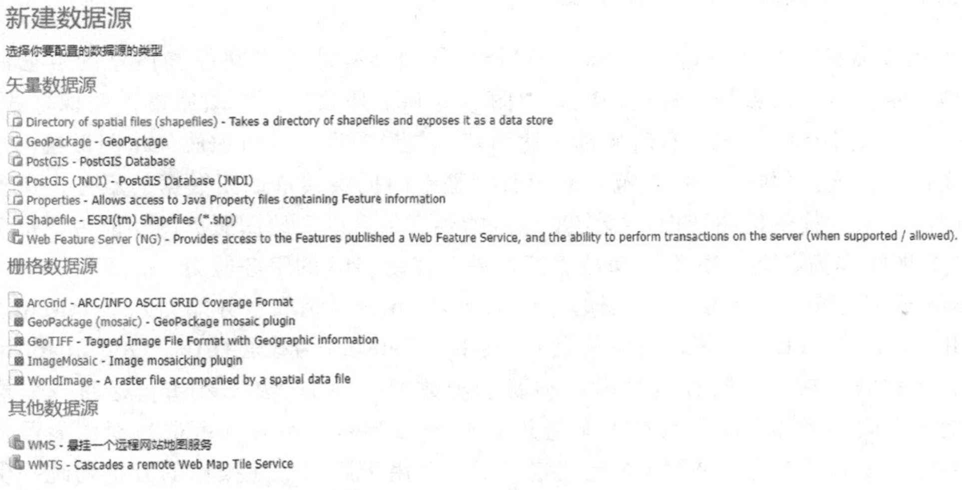

新建数据源

选择你要配置的数据源的类型

矢量数据源

Directory of spatial files (shapefiles) - Takes a directory of shapefiles and exposes it as a data store

GeoPackage - GeoPackage

PostGIS - PostGIS Database

PostGIS (JNDI) - PostGIS Database (JNDI)

Properties - Allows access to Java Property files containing Feature information

Shapefile - ESRI(tm) Shapefiles (*.shp)

Web Feature Server (NG) - Provides access to the Features published a Web Feature Service, and the ability to perform transactions on the server (when supported / allowed).

栅格数据源

ArcGrid - ARC/INFO ASCII GRID Coverage Format

GeoPackage (mosaic) - GeoPackage mosaic plugin

GeoTIFF - Tagged Image File Format with Geographic information

ImageMosaic - Image mosaicking plugin

WorldImage - A raster file accompanied by a spatial data file

其他数据源

WMS - 暴挂一个远程网站地图服务

WMTS - Cascades a remote Web Map Tile Service

图 9－1　新建数据源

若上面“数据源名称”填写的是 poi，那么得到的新建图层就是 poi。点击“发布”此图层，设置如图 9－2、图 9－3 所示的发布参数。

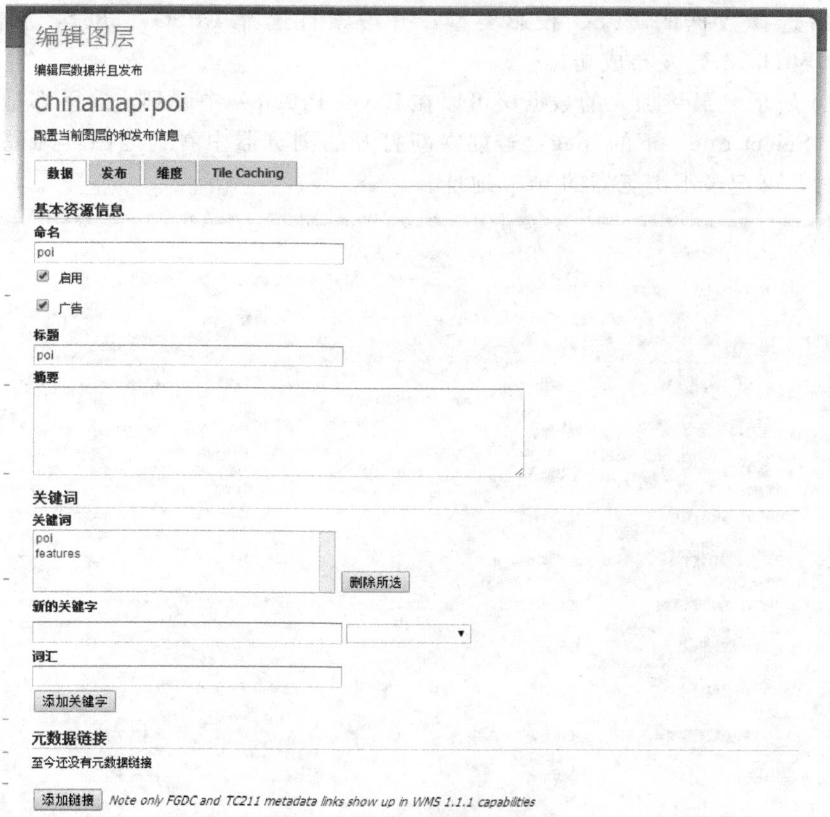

编辑图层

编辑层数据并且发布

chinamap:poi

配置当前图层的和发布信息

数据 | 发布 | 维度 | Tile Caching

基本资源信息

命名

poi

启用

广告

标题

poi

摘要

关键词

关键词

poi
features

删除所选

新的关键字

词汇

添加关键字

元数据链接

至今还没有元数据链接

添加链接 *Note only FGDC and TC211 metadata links show up in WMS 1.1.1 capabilities*

图 9-2　发布参数设置 1

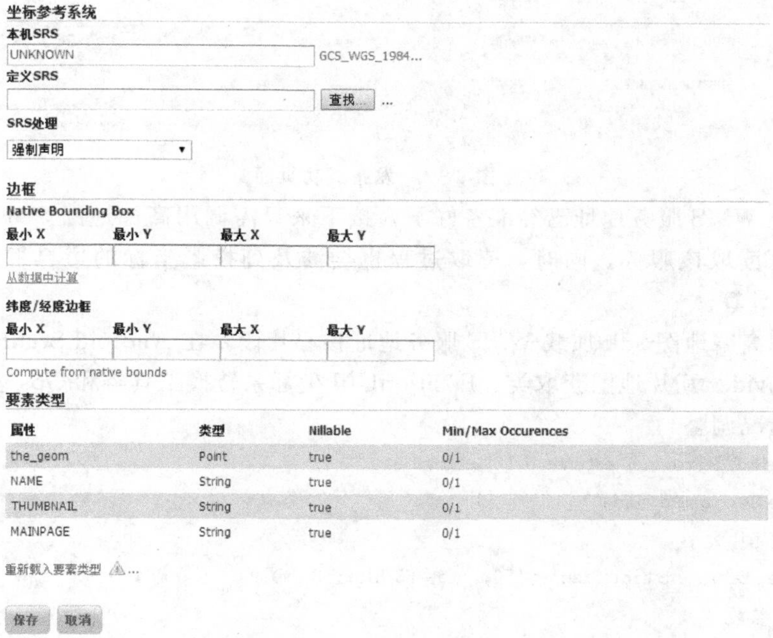

坐标参考系统

本机SRS

UNKNOWN　GCS_WGS_1984...

定义SRS

查找... ...

SRS处理

强制声明

边框

Native Bounding Box

最小 X　最小 Y　最大 X　最大 Y

从数据中计算

纬度/经度边框

最小 X　最小 Y　最大 X　最大 Y

Compute from native bounds

要素类型

| 属性 | 类型 | Nillable | Min/Max Occurences |
| --- | --- | --- | --- |
| the_geom | Point | true | 0/1 |
| NAME | String | true | 0/1 |
| THUMBNAIL | String | true | 0/1 |
| MAINPAGE | String | true | 0/1 |

重新载入要素类型 ...

保存　取消

图 9-3　发布参数设置 2

定义 SRS 选择数据的 EPSG 投影类型，并搜索且选择 EPSG：3857，点击保存，则“数据存储”层（layer）发布成功。

如图 9－4 所示，最终加入的数据层可以在 Layer Preview 中看到，这里都是添加后的数据层。选择“Select one”下的 jpeg，若能在新打开的浏览器中看到地图，则说明 WMS 发布成功，此时，可记录下浏览器的 http 地址。

Layer Preview

List of all layers configured in GeoServer and provides previews in various formats for each.

<< < 1 2 > >> Results 1 to 25 (out of 37 items)　　搜索

| Type | Name | Title | Common Formats | All Formats |
| --- | --- | --- | --- | --- |
|  | chinamap:经纬网 | 经纬网 | OpenLayers KML GML | Select one |
|  | chinamap:线状省界 | 线状省界 | OpenLayers KML GML | Select one |
|  | chinamap:线状县界 | 线状县界 | OpenLayers KML GML | Select one |
|  | chinamap:省级行政区 | 省级行政区 | OpenLayers KML GML | Select one |
|  | chinamap:省会城市 | 省会城市 | OpenLayers KML GML | Select one |
|  | chinamap:地级城市驻地 | 地级城市驻地 | OpenLayers KML GML | Select one |
|  | chinamap:国界线 | 国界线 | OpenLayers KML GML | Select one |
|  | chinamap:县城驻地 | 县城驻地 | OpenLayers KML GML | Select one |
|  | chinamap:全国县级统计数据 | 全国县级统计数据 | OpenLayers KML GML | Select one |
|  | chinamap:主要铁路 | 主要铁路 | OpenLayers KML GML | Select one |
|  | chinamap:主要河流 | 主要河流 | OpenLayers KML GML | Select one |
|  | chinamap:主要公路 | 主要公路 | OpenLayers KML GML | Select one |
|  | chinamap:中国湖白 | 中国湖白 | OpenLayers KML GML | Select one |
|  | chinamap:中国地州界 | 中国地州界 | OpenLayers KML GML | Select one |
|  | chinamap:中国县界 | 中国县界 | OpenLayers KML GML | Select one |

图 9－4　发布成功页面

到此为止 WMS 服务地址已经准备好了，接下来只需调用高德地图 SDK 中加载瓦片地图的方法即可读取该服务，同时，读取过程也会涉及到投影坐标的边界框（bbox，bounding box）的计算。

（5）调用高德地图 sdk 加载 WMS 服务地址核心片段，在 Android Studio 项目中分别添加 MyTileProvider 瓦片地图获取类、PositionUtil 坐标系转换工具类和 Gps 坐标类，@部分需根据实际情况调整。

```
public classMyTileProvider extends UrlTileProvider {
    private String mRootUrl;
    //默认瓦片大小
    private static int titleSize = 256; //a=6378137±2 (m)
    //基本参数
    private final double initialResolution = 156543.03392804062; //2 * Math.PI * 6378137/titleSize;
    private final double originShift = 20037508.342789244; //2 * Math.PI * 6378137/2.0; 周长的一半
```

```
private final double HALF_PI = Math.PI / 2.0;
private final double RAD_PER_DEGREE = Math.PI / 180.0;
private final double HALF_RAD_PER_DEGREE = Math.PI / 360.0;
private final double METER_PER_DEGREE = originShift / 180.0; //一度多少米
private final double DEGREE_PER_METER = 180.0 / originShift; //一米多少度
private Context context;
public final static String LAYER_URL = " http://@@@@@@/@@";

public MyTileProvider (Context context) {
    super (titleSize, titleSize);
    this.context = context;
    mRootUrl = MAP_URL;
}

public MyTileProvider (Context context, String url) {
    super (titleSize, titleSize);
    this.context = context;
    //地址写你自己的 wms 地址
    mRootUrl = url;
}

@Override
public URL getTileUrl (int x, int y, int level) {
    try {
        String url = mRootUrl + TitleBounds (x, y, level);
        return new URL (url);
    } catch (MalformedURLException e) {
        e.printStackTrace ();
    }
    return null;
}

/**
 * 根据像素、等级算出坐标
 *
 * @param p
 * @param zoom
 * @return
 */
private double Pixels2Meters (int p, int zoom) {
    return p * Resolution (zoom) - originShift;
}
```

```
/**
 *根据瓦片的x/y等级返回瓦片范围
 *
 * @param tx
 * @param ty
 * @param zoom
 * @return
 */
private String TitleBounds (int tx, int ty, int zoom) {
    double minX = Pixels2Meters (tx * titleSize, zoom);
    double maxY = -Pixels2Meters (ty * titleSize, zoom);
    double maxX = Pixels2Meters ( (tx + 1) * titleSize, zoom);
    double minY = -Pixels2Meters ( (ty + 1) * titleSize, zoom);
    //转换成经纬度
    minX = Meters2Lon (minX);
    minY = Meters2Lat (minY);
    maxX = Meters2Lon (maxX);
    maxY = Meters2Lat (maxY);
    //坐标转换工具类构造方法 Gps ( WGS-84) 转 为高德地图需要的坐标
    Gps position1 = PositionUtil.gcj_To_Gps84 (minY, minX);
    minX = position1.getWgLon ();
    minY = position1.getWgLat ();
    Gps position2 = PositionUtil.gcj_To_Gps84 (maxY, maxX);
    maxX = position2.getWgLon ();
    maxY = position2.getWgLat ();
    minX = Lon2Meter (minX);
    minY = Lat2Meter (minY);
    maxX = Lon2Meter (maxX);
    maxY = Lat2Meter (maxY);
    return minX + "," + Double.toString (minY) + "," + Double.toString (maxX) + "," + Doub-
le.toString (maxY) + " &WIDTH=256&HEIGHT=256";
}

/**
 *计算分辨率
 *
 * @param zoom
 * @return
 */
private double Resolution (int zoom) {
    return initialResolution / (Math.pow (2, zoom) );
}
```

```
    /**
     * X 米转经纬度
     */
    private double Meters2Lon (double mx) {
        double lon = mx * DEGREE_PER_METER;
        return lon;
    }

    /**
     * Y 米转经纬度
     */
    private double Meters2Lat (double my) {
        double lat = my * DEGREE_PER_METER;
        lat = 180.0 / Math.PI * (2 * Math.atan (Math.exp (lat * RAD_PER_DEGREE) ) - HALF_PI);
        return lat;
    }

    /**
     * X 经纬度转米
     */
    private double Lon2Meter (double lon) {
        double mx = lon * METER_PER_DEGREE;
        return mx;
    }

    /**
     * Y 经纬度转米
     */
    private double Lat2Meter (double lat) {
        double my = Math.log (Math.tan ( (90 + lat) * HALF_RAD_PER_DEGREE) ) / (RAD_PER_DEGREE);
        my = my * METER_PER_DEGREE;
        return my;
    }
}
```

/**

*各地图 API 坐标系统比较与转换；

* WGS84 坐标系：即地球坐标系，国际上通用的坐标系。设备一般包含 GPS 芯片或者北斗芯片获取的经纬度为 WGS84 地理坐标系，

*谷歌地图采用的是 WGS84 地理坐标系（中国范围除外）；

* GCJ02 坐标系：即火星坐标系，是由中国国家测绘局制订的地理信息系统的坐标系统。由 WGS84 坐标系经加密后的坐标系。

*谷歌中国地图和搜搜中国地图采用的是 GCJ02 地理坐标系；BD09 坐标系：即百度坐标系，GCJ02 坐标系经加

```
密后的坐标系；
    *搜狗坐标系、图吧坐标系等，估计也是在GCJ02基础上加密而成的。chenhua
    */
    public classPositionUtil {
        public static final String BAIDU_LBS_TYPE = " bd0911";
        public static double pi = 3.1415926535897932384626;
        public static double a = 6378245.0;
        public static double ee = 0.00669342162296594323;
        /**
         * 84 to 火星坐标系 (GCJ-02) World Geodetic System ==> Mars Geodetic System
         *
         * @param lat
         * @param lon
         * @return
         */
        public static Gps gps84_To_Gcj02 (double lat, double lon) {
            if (outOfChina (lat, lon) ) {
                return null;
            }
            double dLat = transformLat (lon - 105.0, lat - 35.0);
            double dLon = transformLon (lon - 105.0, lat - 35.0);
            double radLat = lat / 180.0 * pi;
            double magic = Math.sin (radLat);
            magic = 1 - ee * magic * magic;
            double sqrtMagic = Math.sqrt (magic);
            dLat = (dLat * 180.0) / ( (a * (1 - ee) ) / (magic * sqrtMagic) * pi);
            dLon = (dLon * 180.0) / (a / sqrtMagic * Math.cos (radLat) * pi);
            double mgLat = lat + dLat;
            double mgLon = lon + dLon;
            return new Gps (mgLat, mgLon);
        }

        /**
         * *火星坐标系 (GCJ-02) to 84 * * @param lon * @param lat * @return
         * */
        public static Gps gcj_To_Gps84 (double lat, double lon) {
            Gps gps = transform (lat, lon);
            double lontitude = lon * 2 - gps.getWgLon ();
            double latitude = lat * 2 - gps.getWgLat ();
            return new Gps (latitude, lontitude);
        }

        /**
```

```
 * 火星坐标系 (GCJ-02) 与百度坐标系 (BD-09) 的转换算法 将 GCJ-02 坐标转换成 BD-09 坐标
 *
 * @param gg_lat
 * @param gg_lon
 */
public static Gps gcj02_To_Bd09 (double gg_lat, double gg_lon) {
    double x = gg_lon, y = gg_lat;
    double z = Math.sqrt (x * x + y * y) + 0.00002 * Math.sin (y * pi);
    double theta = Math.atan2 (y, x) + 0.000003 * Math.cos (x * pi);
    double bd_lon = z * Math.cos (theta) + 0.0065;
    double bd_lat = z * Math.sin (theta) + 0.006;
    return new Gps (bd_lat, bd_lon);
}

/**
 * * 火星坐标系 (GCJ-02) 与百度坐标系 (BD-09) 的转换算法 * * 将 BD-09 坐标转换成 GCJ-02 坐标
* * @param
 * bd_lat * @param bd_lon * @return
 */
public static Gps bd09_To_Gcj02 (double bd_lat, double bd_lon) {
    double x = bd_lon - 0.0065, y = bd_lat - 0.006;
    double z = Math.sqrt (x * x + y * y) - 0.00002 * Math.sin (y * pi);
    double theta = Math.atan2 (y, x) - 0.000003 * Math.cos (x * pi);
    double gg_lon = z * Math.cos (theta);
    double gg_lat = z * Math.sin (theta);
    return new Gps (gg_lat, gg_lon);
}

/**
 * (BD-09) -->84
 *
 * @param bd_lat
 * @param bd_lon
 * @return
 */
public static Gps bd09_To_Gps84 (double bd_lat, double bd_lon) {
    Gps gcj02 = PositionUtil.bd09_To_Gcj02 (bd_lat, bd_lon);
    Gps map84 = PositionUtil.gcj_To_Gps84 (gcj02.getWgLat (),
            gcj02.getWgLon () );
    return map84;
}

public static boolean outOfChina (double lat, double lon) {
```

```
        if (lon < 72.004 || lon > 137.8347)
            return true;
        if (lat < 0.8293 || lat > 55.8271)
            return true;
        return false;
    }

    public static Gps transform (double lat, double lon) {
        if (outOfChina (lat, lon) ) {
            return new Gps (lat, lon);
        }
        double dLat = transformLat (lon - 105.0, lat - 35.0);
        double dLon = transformLon (lon - 105.0, lat - 35.0);
        double radLat = lat / 180.0 * pi;
        double magic = Math.sin (radLat);
        magic = 1 - ee * magic * magic;
        double sqrtMagic = Math.sqrt (magic);
        dLat = (dLat * 180.0) / ( (a * (1 - ee) ) / (magic * sqrtMagic) * pi);
        dLon = (dLon * 180.0) / (a / sqrtMagic * Math.cos (radLat) * pi);
        double mgLat = lat + dLat;
        double mgLon = lon + dLon;
        return new Gps (mgLat, mgLon);
    }

    public static double transformLat (double x, double y) {
        double ret = -100.0 + 2.0 * x + 3.0 * y + 0.2 * y * y + 0.1 * x * y
                + 0.2 * Math.sqrt (Math.abs (x) );
        ret += (20.0 * Math.sin (6.0 * x * pi) + 20.0 * Math.sin (2.0 * x * pi) ) * 2.0 / 3.0;
        ret += (20.0 * Math.sin (y * pi) + 40.0 * Math.sin (y / 3.0 * pi) ) * 2.0 / 3.0;
        ret += (160.0 * Math.sin (y / 12.0 * pi) + 320 * Math.sin (y * pi / 30.0) ) * 2.0 / 3.0;
        return ret;
    }

    public static double transformLon (double x, double y) {
        double ret = 300.0 + x + 2.0 * y + 0.1 * x * x + 0.1 * x * y + 0.1
                * Math.sqrt (Math.abs (x) );
        ret += (20.0 * Math.sin (6.0 * x * pi) + 20.0 * Math.sin (2.0 * x * pi) ) * 2.0 / 3.0;
        ret += (20.0 * Math.sin (x * pi) + 40.0 * Math.sin (x / 3.0 * pi) ) * 2.0 / 3.0;
        ret += (150.0 * Math.sin (x / 12.0 * pi) + 300.0 * Math.sin (x / 30.0
                * pi) ) * 2.0 / 3.0;
        return ret;
    }
```

```
    public static void main (String [] args) {

        //北斗芯片获取的经纬度为 WGS84 地理坐标 31.426896, 119.496145
        Gps gps = new Gps (31.426896, 119.496145);
        System.out.println (" gps :" + gps);

        Gps gcj = gps84_To_Gcj02 (gps.getWgLat (), gps.getWgLon () );
        System.out.println (" gcj :" + gcj);

        Gps star = gcj_To_Gps84 (gcj.getWgLat (), gcj.getWgLon () );
        System.out.println (" star:" + star);

        Gps bd = gcj02_To_Bd09 (gcj.getWgLat (), gcj.getWgLon () );
        System.out.println (" bd  :" + bd);
        Gps gcj2 = bd09_To_Gcj02 (bd.getWgLat (), bd.getWgLon () );
        System.out.println (" gcj :" + gcj2);
    }
}

public classGps {
    private double wgLat;
    private double wgLon;

    public Gps (double wgLat, double wgLon) {
        setWgLat (wgLat);
        setWgLon (wgLon);
    }

    public double getWgLat () {
        return wgLat;
    }

    public void setWgLat (double wgLat) {
        this.wgLat = wgLat;
    }

    public double getWgLon () {
        return wgLon;
    }

    public void setWgLon (double wgLon) {
        this.wgLon = wgLon;
    }
```

```
    @Override
    public String toString () {
        return wgLat + "," + wgLon;
    }
}
```

(6) 修改高德地图项目的 BasicMapActivity.Java 类，在方法 private void init () { } 中的 aMap = mapView.getMap ()；语句后添加下面代码，然后应用 CameraUpdate 类方法将高德地图的显示中心设置为 WMS 地图所在的地理位置。

```
MyTileProvider tileProvider = new MyTileProvider (context, MyTileProvider.LAYER_URL);
        aMap.addTileOverlay (new TileOverlayOptions ()
                .tileProvider (tileProvider1)
                .diskCacheDir (" /storage/emulated/0/amap/1MCcache" ) .diskCacheEnabled (true)
                .diskCacheSize (1024000)
                .memoryCacheEnabled (true)
                .memCacheSize (102400)
        );
```

(7) 运行该高德地图项目，查看加载 GeoServer WMS 的效果。

(8) 实验注意事项：①高德地图 SDK 仅支持 EPSG3857 坐标系统的 WMS 图层，所以，GeoServer 发布的地图投影也必须为 EPSG3857，转换数据投影可以采用 QGIS 软件或 GeoServer 的 Demo 工具；②WMS 的 URL 地址必须经过本机器的浏览器地址核实。

### 9.2.6 思考题

尝试读取 GeoServer WMS 中的地图要素信息，并显示。

## 9.3 实验二十三 随行单车

实验学时：30；实验类型：综合；实验要求：必修。

### 9.3.1 实验目的

通过本实验的学习，使学生掌握基于 JavaServlet 与 Android 客户端数据传输与交互的基本知识，培养学生综合应用 Java、Android、移动定位、移动地图、数据库等开发以及移动 GIS 软件系统设计与开发的综合应用能力。

### 9.3.2 实验内容

(1) 服务器端与客户端的数据交互；
(2) 室内定位结果的地图展示；
(3) Android 界面设计；
(4) 服务端的数据库设计；

（5）服务端的逻辑业务设计与开发。

### 9.3.3　实验原理、方法和手段

在通信量大的服务器上，JavaServlet 的优点在于它们的执行速度比 CGI 程序更快。各个用户请求被激活成单个程序中的一个线程，而无需创建单独的进程，这意味着服务器端处理请求的系统开销将明显降低。同时，JavaServlet 可通过 Tomcat 与 Android app 进行通信。高德地图的 Android SDK 具有添加地图覆盖物的功能，为此，可以将室内服务器上的实时定位结果在客户端上进行展示。

本实验项目的功能框架如图 9-5 所示。随行单车系统功能分为个人信息、地图点击用车和查询路线三个部分。为了实现这些功能，系统设计了三层结构模式，分别为服务端的数据管理、服务端的业务逻辑和 Android 移动端的可视化。服务端的数据和业务逻辑采用当前比较流行的 Spring Boot 框架搭建，服务端与 Android 客户端的数据交互采用 RESTful 接口规范，交互的资源采用 JSON 格式。

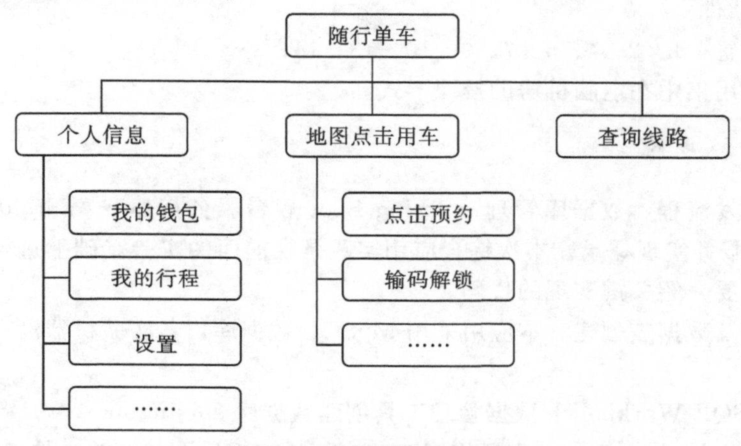


图 9-5　随行单车功能框架

服务端的数据管理主要是在 MySQL 中创建了两个数据表 bicycle 和 user，分别存储单车信息和系统用户信息，其字段设计分别见表 9-1、表 9-2。

**表 9-1　bicycle 表字段设计**

| 字段名称 | 数据类型 | 缺省值 | 备注 | 字段名称 | 数据类型 | 缺省值 | 备注 |
|---|---|---|---|---|---|---|---|
| bicycle_id | Varchar | Null | 主键 | unlock_code | Varchar | Null | — |
| Lon | Double | Null | — | reserve | Int | Null | — |
| Lat | Double | Null | — | on_use | Int | Null | — |

**表 9-2　user 表字段设计**

| 字段名称 | 数据类型 | 缺省值 | 备注 | 字段名称 | 数据类型 | 缺省值 | 备注 |
|---|---|---|---|---|---|---|---|
| user_name | Varchar | Null | 主键 | nickname | Varchar | Null | — |
| user_password | Varchar | Null | — | gender | Varchar | Null | — |
| picture | Varchar | Null | — | birthday | Varchar | Null | — |

网络应用程序大体分为前端和后端两个部分，前端向后端发送请求，后端将数据发送回前端展示。因此，必须有一种统一的机制方便不同的前端设备与后端进行通信。RESTful API 是目前比较成熟的一套互联网应用程序 API 设计理论，它较好地规定了网络数据传输的资源存储与获取方式。对于“资源”，它可以是一段文本、一张图片或一种服务，总之就是一个具体的存在，常用 JSON 作为资源表示格式。在数据的元操作中，通常对应于 HTTP 方法，即 GET 用来获取资源，POST 用来新建资源（也可以用于更新资源），PUT 用来更新资源，DELETE 用来删除资源。每个 URI 都对应一个特定的资源，要获取这个资源，访问它的 URI 就可以。所有的资源都可以通过 URI 定位，而且这个定位与其他资源无关，也不会因为其他资源的变化而改变。

### 9.3.4 实验开发环境配置与主要流程

实验设备及软件：个人计算机，JavaJDK、Eclipse、Android Studio、MySQL、Spring Boot、Tomcat 软件；

开发环境配置：1、2、4、5、7、9、10、13、14；

实验组织采用集中在电脑机房的授课形式。

### 9.3.5 实验步骤

（1）主要开发流程：数据库管理→Spring Boot 后台服务搭建→Android 系统界面设计→Android 调用服务实现登录。本次综合应用实践是在前面的实验基础上进行的，所以在步骤描述过程中主要介绍关键实现的代码。

（2）数据库及数据表创建。本应用采用 MySQL 数据库，若实验机器没有该数据库，请先安装。

①利用 MySQL Workbench 数据管理工具创建数据库 suixingbike。

②在 suixingbike 数据库中分别运用表 9-3 所示的 SQL 语句（源文件参考 18_1_create_bicycle_user_table.sql）创建两个数据表 bicycle 和 user。

表 9-3 SQL 语句

| 数据表 | SQL 语句 |
| --- | --- |
| bicycle | SET NAMES utf8mb4;<br>SET FOREIGN_KEY_CHECKS = 0;<br>-- ------------------------------------<br>-- Table structure for bicycle<br>-- ------------------------------------<br>DROP TABLE IF EXISTS `bicycle`;<br>CREATE TABLE `bicycle` (<br>`bicycle_id` varchar (255) CHARACTER SET utf8mb4 COLLATE utf8mb4_general_ci NULL DEFAULT NULL, |

续表

| 数据表 | SQL 语句 |
| --- | --- |
|  | `lon` double NULL DEFAULT NULL,<br>`lat` double NULL DEFAULT NULL,<br>`unlock_code` varchar (255) CHARACTER SET utf8mb4 COLLATEutf8mb4_general_ci NULL DEFAULT NULL,<br>`reserve` int (11) NULL DEFAULT NULL,<br>`on_use` int (11) NULL DEFAULT NULL<br>) ENGINE = InnoDB CHARACTER SET = utf8mb4 COLLATE = utf8mb4_general_ci ROW_FORMAT = Dynamic;<br>-- ----------------------------<br>-- Records of bicycle<br>-- ----------------------------<br>INSERT INTO `bicycle` VALUES ('000001', 114.399434, 30.520702, '0000', 0, 0);<br>INSERT INTO `bicycle` VALUES ('000002', 114.398882, 30.52121, '0000', 0, 0);<br>INSERT INTO `bicycle` VALUES ('000003', 114.399102, 30.520434, '0000', 0, 0);<br>INSERT INTO `bicycle` VALUES ('000004', 114.399729, 30.520665, '0000', 0, 0);<br>INSERT INTO `bicycle` VALUES ('000005', 114.399322, 30.521667, '0000', 0, 0);<br>INSERT INTO `bicycle` VALUES ('000006', 114.399649, 30.520364, '0000', 0, 0);<br>INSERT INTO `bicycle` VALUES ('000007', 114.397278, 30.520503, '0000', 0, 0);<br>INSERT INTO `bicycle` VALUES ('000008', 114.398195, 30.521898, '0000', 0, 0);<br>INSERT INTO `bicycle` VALUES ('000009', 114.400089, 30.521727, '0000', 0, 0);<br>INSERT INTO `bicycle` VALUES ('000010', 114.399842, 30.519745, '0000', 0, 0);<br>SET FOREIGN_KEY_CHECKS = 1; |
| user | SET NAMES utf8mb4;<br>SET FOREIGN_KEY_CHECKS = 0;<br>-- ----------------------------<br>-- Table structure for user<br>-- ----------------------------<br>DROP TABLE IF EXISTS `user`;<br>CREATE TABLE `user` (<br>`user_name` varchar (255) CHARACTER SET utf8mb4 COLLATE utf8mb4_general_ci NULL DEFAULT NULL,<br>`user_password` varchar (255) CHARACTER SET utf8mb4 COLLATE utf8mb4_general_ci NULL DEFAULT NULL,<br>`picture` varbinary (255) NULL DEFAULT NULL,<br>`nickname` varchar (255) CHARACTER SET utf8mb4 COLLATE utf8mb4_general_ci NULL DEFAULT NULL,<br>`gender` varchar (255) CHARACTER SET utf8mb4 COLLATE utf8mb4_general_ci NULL DEFAULT NULL, |

续表

| 数据表 | SQL 语句 |
| --- | --- |
| | `birthday` varchar (255) CHARACTER SET utf8mb4 COLLATE utf8mb4 _ general _ ci NULL DEFAULT NULL<br>) ENGINE = InnoDB CHARACTER SET = utf8mb4 COLLATE = utf8mb4 _ general _ ci ROW _ FORMAT = Dynamic;<br>-- ----------------------------<br>-- Records of user<br>-- ----------------------------<br>INSERT INTO `user` VALUES ('admin', 'admin', NULL, NULL, NULL, NULL);<br>SET FOREIGN _ KEY _ CHECKS = 1; |

（3）基于 Spring Boot 的后台服务搭建。

①创建 Springboot 项目。

a）在 Eclipse 中选择 file→new→maven project 创建 Maven 项目。

b）应用默认设置，也可以根据需要进行修改，然后点 Next。

c）选择 ora. apache. maven. archetypes　maven - archetype - quickstart 1. 1 然后点击 Next，直到 Finish。

d）项目创建完成后，在项目下创建 resources 文件夹，然后在 resources 文件夹下创建 application. properties 文件，如图 9 - 6 所示。

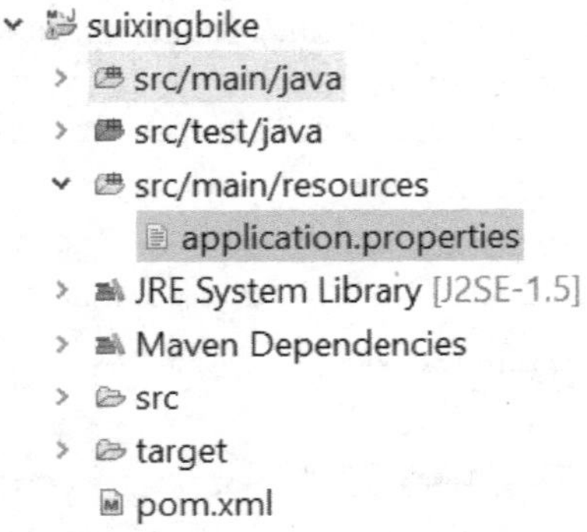

suixingbike
src/main/java
src/test/java
src/main/resources
application.properties
JRE System Library [J2SE-1.5]
Maven Dependencies
src
target
pom.xml

图 9 - 6　创建配置文件

e）配置 pom. xml，替换为如下代码。

pom. xml（源文件参考 18 _ 2 _ pom. xml）

```
<? xml version=" 1.0" encoding=" UTF-8"? >
<project xmlns=" http://maven.apache.org/POM/4.0.0" xmlns:xsi=" http://www.w3.org/2001/XMLSchema-instance"
        xsi:schemaLocation=" http://maven.apache.org/POM/4.0.0 http://maven.apache.org/xsd/maven-4.0.0.xsd" >
    <modelVersion>4.0.0</modelVersion>
    <parent>
```

```
<groupId>org.springframework.boot</groupId>
<artifactId>spring - boot - starter - parent</artifactId>
<version>2.1.2.RELEASE</version>
<relativePath/> <! -- lookup parent from repository -->
</parent>
<groupId>com.expe</groupId>
<artifactId>suixingbike</artifactId>
<version>0.0.1 - SNAPSHOT</version>
<name>suixingbike</name>
<description>suixing Demo</description>
<properties>
<project.build.sourceEncoding>UTF - 8</project.build.sourceEncoding>
<project.reporting.outputEncoding>UTF - 8</project.reporting.outputEncoding>
<Java.version>1.8</Java.version>
</properties>
<dependencies>
<dependency>
<groupId>org.springframework.boot</groupId>
<artifactId>spring - boot - starter - jdbc</artifactId>
</dependency>
<dependency>
<groupId>org.springframework.boot</groupId>
<artifactId>spring - boot - starter - tomcat</artifactId>
<scope>provided</scope>
</dependency>
<dependency>
<groupId>org.springframework.boot</groupId>
<artifactId>spring - boot - starter - web</artifactId>
</dependency>
<dependency>
<groupId>org.mybatis.spring.boot</groupId>
<artifactId>mybatis - spring - boot - starter</artifactId>
<version>1.3.2</version>
</dependency>
<dependency>
<groupId>mysql</groupId>
<artifactId>mysql - connector - Java</artifactId>
<version>8.0.12</version>
</dependency>
<dependency>
<groupId>org.springframework.boot</groupId>
<artifactId>spring - boot - starter - test</artifactId>
<scope>test</scope>
```

```
</dependency>
<dependency>
<groupId>org.springframework.boot</groupId>
<artifactId>spring-boot-starter-thymeleaf</artifactId>
</dependency>
</dependencies>
<build>
<plugins>
<plugin>
<groupId>org.springframework.boot</groupId>
<artifactId>spring-boot-maven-plugin</artifactId>
</plugin>
</plugins>
</build>
</project>
```

f) 创建启动类 SuixingbikeApplication. java，如图 9 - 7 所示。

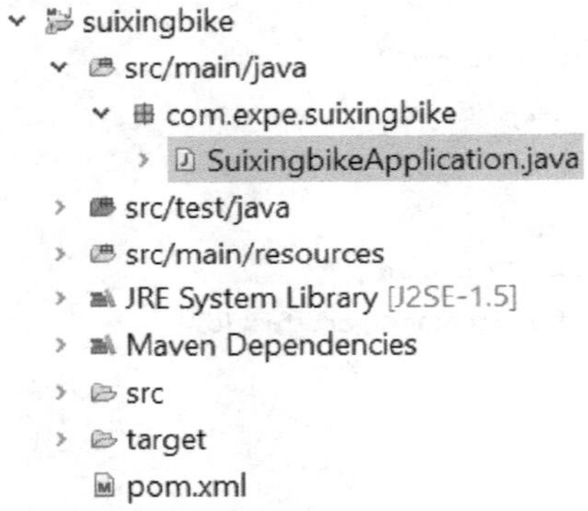

suixingbike
src/main/java
com.expe.suixingbike
SuixingbikeApplication.java
src/test/java
src/main/resources
JRE System Library [J2SE-1.5]
Maven Dependencies
src
target
pom.xml

图 9 - 7　创建启动类

相应代码如下。

SuixingbikeApplication（源文件参考 18 _ 3 _ SuixingbikeApplication. java）

```
@SpringBootApplication
public class SuixingbikeApplication
{
    public static void main ( String [] args )
     {
        SpringApplication.run (SuixingbikeApplication.class, args);
    }
}
```

g) 在 com. expe. suixingbike. Dao 包下创建控制类 controller. java，如图 9 - 8 所示。

```
suixingbike
  src/main/java
    com.expe.suixingbike
      SuixingbikeApplication.java
    com.expe.suixingbike.Dao
      controller.java
  src/test/java
  src/main/resources
  JRE System Library [J2SE-1.5]
  Maven Dependencies
  src
  target
  pom.xml
```

图 9－8　创建控制类

相应代码如下。

controller. java（源文件参考 18 _ 4 _ controller. java）

```
@RestController
@RequestMapping (" /hello" )
public class controller {
    @RequestMapping (" /hello" )
    public String hello () {
        return " Hello world!";
    }
}
```

h）选择 SuixingbikeApplication 类，右键 run as JavaApplication 启动。

i）启动完成后，在浏览器上输入 localhost：8080/hello/hello，出现如图 9－9 所示的效果，说明 Spring Boot 项目创建成功。

图 9－9　Spring Boot 项目启动成功

到此，一个简单的 Spring Boot 项目创建完成。

②接下来建立应用服务器与数据服务器的数据交互，并提供应用服务器对 Android 客户端的交互接口。将整个 SuixingbikeApplication. java 类代码替换为如下代码。

SuixingbikeApplication. java（源文件参考 18 _ 5 _ SuixingbikeApplication. java）

```
@SpringBootApplication
@ComponentScan (basePackages = {" com.example.suixingbike.*" } )
@MapperScan (" com/example/suixingbike/Dao" )
```

```
public class SuixingbikeApplication extends SpringBootServletInitializer {
    @Override
    protected SpringApplicationBuilder configure (SpringApplicationBuilder builder) {
        return builder. sources (SuixingbikeApplication. class);
    }
    public static void main (String [] args) {
        SpringApplication. run (SuixingbikeApplication. class, args);
    }
}
```

③在com. expe. suixingbike. Dao包下创建数据库映射类Mapper. java和服务类Service. java，代码分别如下。

Mapper. java（源文件参考 18 _ 6 _ Mapper. java）

```
public interface Mapper {
    @Select (" select * from user where user _ name = # {user _ name} " )
    public user login (String user _ name);
    @Select (" select bicycle _ id, lon, lat from bicycle" )
    public List<Bicycle> search _ bicycle (Double lon, Double lat);
    @Select (" select unlock _ code from bicycle where bicycle _ id = # {bicycle _ id} " )
    public Bicycle unlock _ code (String bicycle _ id);
}
```

Service. java（源文件参考 18 _ 7 _ Service. java）

```
@Service
public class Service {
    @Autowired
    private mapper mapper;
    public user login (String user _ name) {
        return mapper. login (user _ name);
    }
    public List<Bicycle> search _ bicycle (Double lon, Double lat) {
        return mapper. search _ bicycle (lon, lat);
    }
    public Bicycle unlock _ code (String bicycle _ id) {
        return mapper. unlock _ code (bicycle _ id);
    }
}
```

④同时，将整个 controller. java 类代码替换为如下代码。

controller. java（源文件参考 18 _ 8 _ controller. java）

```
@RestController
@RequestMapping (" /suixingbike" )
public class Controller {
    @Autowired
```

```
    private service service;
    @RequestMapping (value = " /login", method = RequestMethod.POST)
    public int login (@RequestParam (value = " user_name", required = true) String user_name, @Re-
questParam (value = " user_password", required = true) String user_password) {
        user user = service.login (user_name);
        String pswd = user.getUser_password ();
        if (user_password.equals (pswd) )
            return 1;
        else
            return 0;
    }
    @RequestMapping (value = " /search_bicycle", method = RequestMethod.POST)
    public List<Bicycle> search_bicycle (@RequestParam (value = " lon" ) String lon, @RequestParam
(value = " lat" ) String lat) {
        return service.search_bicycle (Double.parseDouble (lon), Double.parseDouble (lat) );
    }
    @RequestMapping (value = " /unlock_bicycle", method = RequestMethod.POST)
    public Bicycle unlock_code (@RequestParam (value = " bicycle_id" ) String bicycle_id) {
        return service.unlock_code (bicycle_id);
    }
}
```

⑤在 com. expe. suixingbike. Dao. Domain 包下创建 Bicycle. java 和 User. java 两个实体 bean，其代码分别如下。

Bicycle. java（源文件参考 18_9_ Bicycle. java）

```
public class Bicycle {
    private String bicycle_id;
    private Double lon;
    private Double lat;
    private String unlock_code;
    private Integer reserve;
    private Integer on_use;
    public String getBicycle_id () {
        return bicycle_id;
    }
    public void setBicycle_id (String bicycle_id) {
        this.bicycle_id = bicycle_id;
    }
    public Double getLon () {
        return lon;
    }
    public void setLon (Double lon) {
        this.lon = lon;
```

```
    }
    public Double getLat () {
        return lat;
    }
    public void setLat (Double lat) {
        this.lat = lat;
    }
    public String getUnlock_code () {
        return unlock_code;
    }
    public void setUnlock_code (String unlock_cord) {
        this.unlock_code = unlock_cord;
    }
    public Integer getReserve () {
        return reserve;
    }
    public void setReserve (Integer reserve) {
        this.reserve = reserve;
    }
    public Integer getOn_use () {
        return on_use;
    }
    public void setOn_use (Integer on_use) {
        this.on_use = on_use;
    }
}
```

User.java（源文件参考 18_10_ User.java）

```
public class User {
    private String user_name;
    private String user_password;
    public String getUser_name () {
        return user_name;
    }
    public void setUser_name (String user_name) {
        this.user_name = user_name;
    }
    public String getUser_password () {
        return user_password;
    }
    public void setUser_password (String user_password) {
        this.user_password = user_password;
    }
```

```
}
```

⑥建立数据库连接配置，即把 src/main/resources/包的整个 application. properties 属性文件代码替换为如下代码。

```
spring.datasource.url=jdbc:mysql://localhost:3306/suixingdanche?useUnicode=true&characterEncoding=UTF-8&serverTimezone=GMT%2B8&useSSL=false&autoReconnect=true
spring.datasource.username=root
spring.datasource.password=root
spring.datasource.driver-class-name=com.mysql.cj.jdbc.Driver
server.port=8080
```

至此，基于 Springboot 架构的服务端应用搭建完成。

**4. 系统 Android 界面设计**

地图主界面的制作使用 Android Studio 自动生成带侧滑栏的工程，包括侧滑栏和内容布局两部分，侧滑栏放置菜单选项，内容布局显示地图等。地图操作的多个界面效果如图9-10至图 9-20 所示。

图 9-10　welcome. xml 欢迎

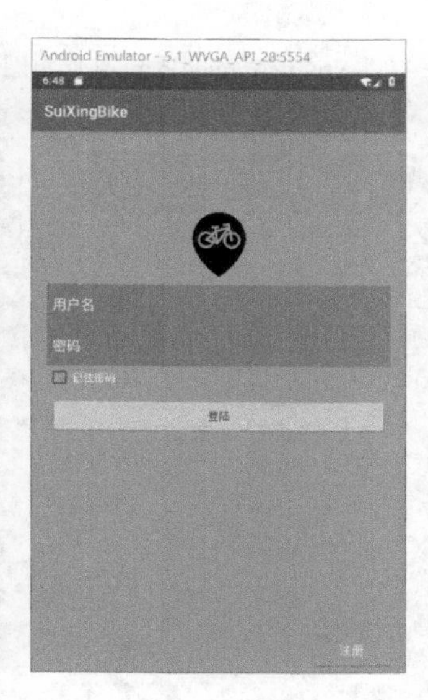


图 9-11　activity _ login. xml 登录

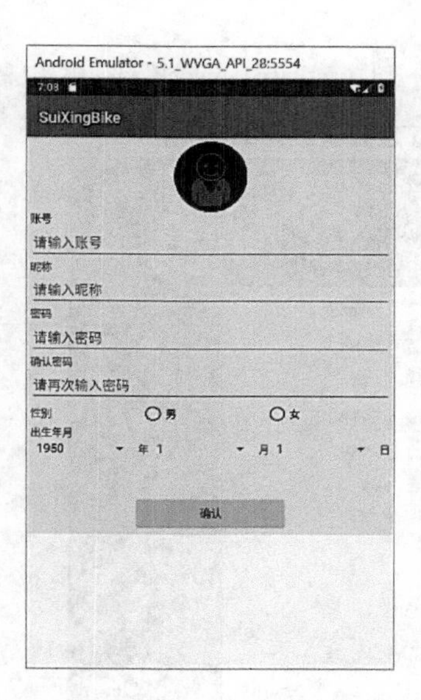


图 9-12　activity _ register. xml 注册

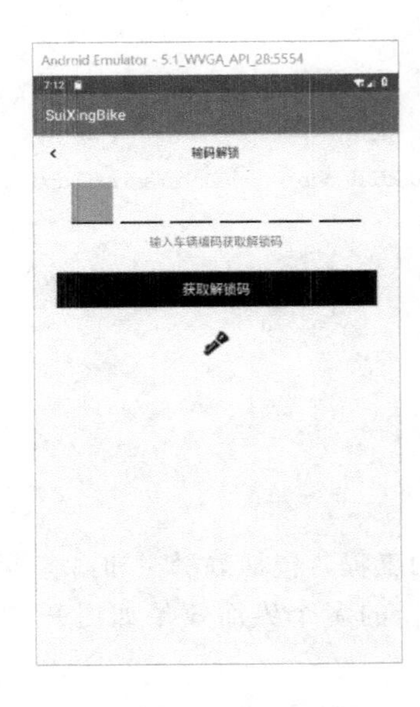


图 9-13　activity _ unlock. xml 解锁

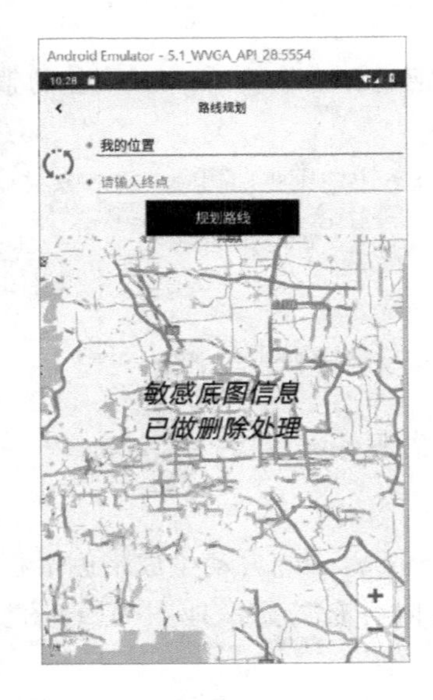


图 9-14　activity _ guide. xml 导航

图 9-15　content _ map. xml 地图

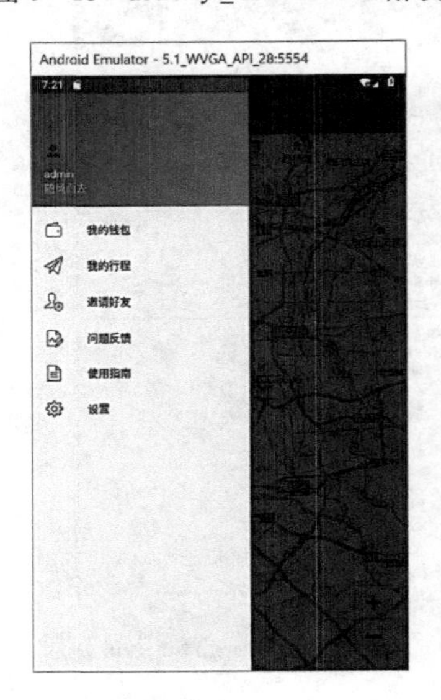


图 9-16　activity _ map. xml 地图操作

图 9-17　区域可预约单车

图 9-18　单车预约状态

图 9－19　单车预约价格

图 9－20　预约成功

各界面对应的代码如下。

activity_welcome.xml　（源文件参考 18_11_ welcome.xml）

```
<?xml version="1.0" encoding="utf-8"?>
<RelativeLayout xmlns:android="http://schemas.android.com/apk/res/android"
        android:id="@+id/activity_welcome"
        android:layout_width="match_parent"
        android:layout_height="match_parent"
        android:background="@drawable/welcome">
</RelativeLayout>
```

activity_login.xml（源文件参考 18_12_ activity_login.xml）

```
<?xml version="1.0" encoding="utf-8"?>
<RelativeLayout xmlns:android="http://schemas.android.com/apk/res/android"    android:layout_
width="match_parent"
    android:layout_height="match_parent"
    android:background="#63B8FF">
<ImageView
        android:id="@+id/login_picture"
        android:layout_width="100dp"
        android:layout_height="100dp"
        android:layout_centerHorizontal="true"
        android:layout_marginTop="100dp"
        android:src="@drawable/bike"/>
<Button
        android:id="@+id/btn_toRegister"
        android:layout_width="100dp"
```

```
        android: layout_height=" 40dp"
        android: layout_alignParentRight=" true"
        android: layout_alignParentBottom=" true"
        android: layout_marginRight=" 20dp"
        android: layout_marginBottom=" 10dp"
        android: background=" #63B8FF"
        android: text=" @string/regist"
        android: textColor=" @color/whites"
        android: textSize=" 16sp" />
<RelativeLayout
        android: id=" @+id/rl_user"
        android: layout_width=" match_parent"
        android: layout_height=" wrap_content"
        android: layout_below=" @+id/login_picture"
        android: layout_alignParentStart=" true"
        android: layout_alignParentLeft=" true" >
<LinearLayout
            android: id=" @+id/ll_user_info"
            android: layout_width=" match_parent"
            android: layout_height=" wrap_content"
            android: layout_marginLeft=" 20dp"
            android: layout_marginTop=" 5dp"
            android: layout_marginRight=" 20dp"
            android: background=" #7d7dff"
            android: orientation=" vertical" >
<EditText
                android: id=" @+id/edit_login_account"
                android: layout_width=" match_parent"
                android: layout_height=" 50dp"
                android: layout_margin=" 2dp"
                android: background=" #000000ff"
                android: hint=" @string/username"
                android: padding=" 5dp"
                android: textColor=" @color/whites"
                android: textColorHint=" @color/whites" />
<View
                android: layout_width=" match_parent"
                android: layout_height=" 0.5dp"
android: background=" @color/divide_line" ></View>
<EditText
                android: id=" @+id/edit_login_pwd"
                android: layout_width=" match_parent"
                android: layout_height=" 50dp"
```

```
            android: layout _ margin=" 2dp"
            android: background=" #000000ff"
            android: hint=" @string/pwd"
            android: inputType=" textPassword"
            android: padding=" 5dp"
            android: textColor=" @color/whites"
            android: textColorHint=" @color/whites" />
</LinearLayout>
<Button
        android: id=" @+id/btn _ login"
        android: layout _ width=" match _ parent"
        android: layout _ height=" 50dp"
        android: layout _ below=" @+id/remember _ pwd"
        android: layout _ marginLeft=" 25dp"
        android: layout _ marginTop=" 10dp"
        android: layout _ marginRight=" 25dp"
        android: text=" @string/login" />
<TableRow
        android: id=" @+id/remember _ pwd"
        android: layout _ width=" match _ parent"
        android: layout _ height=" wrap _ content"
        android: layout _ below=" @+id/ll _ user _ info"
        android: layout _ alignStart=" @+id/ll _ user _ info"
        android: layout _ alignLeft=" @+id/ll _ user _ info" >
<CheckBox
            android: id=" @+id/cbox _ remember _ pwd"
            android: layout _ width=" wrap _ content"
            android: layout _ height=" wrap _ content" />
<TextView
            android: layout _ width=" wrap _ content"
            android: layout _ height=" wrap _ content"
            android: text=" @string/remenber _ pwd"
            android: textColor=" @color/whites" />
</TableRow>
</RelativeLayout>
</RelativeLayout>
```

activity _ register. xml（源文件参考 18 _ 13 _ activity _ register. xml）

```
    <? xml version=" 1.0" encoding=" utf - 8"? >
    <ScrollView xmlns: android=" http: //schemas. android. com/apk/res/android"
android: layout _ width=" match _ parent"
        android: layout _ height=" match _ parent" >
    <LinearLayout xmlns: android=" http: //schemas. android. com/apk/res/android"
android: orientation=" vertical"
```

```
        android：background=" #ffeeeeff"
        android：layout_width=" match_parent"
        android：layout_height=" match_parent"
        android：padding=" 5dp" >
<LinearLayout
            android：orientation=" vertical"
            android：layout_width=" match_parent"
            android：layout_height=" wrap_content"
            android：layout_gravity=" center_horizontal"
            android：weightSum=" 1" ><com.example.yls.suixingbike.Register.CircleImageView
                android：layout_gravity=" center"
                android：id=" @+id/touxiang"
                android：layout_width=" 96dip"
                android：layout_height=" 96dip"
                android：src=" @drawable/touxiang" />
</LinearLayout>
<TextView
            android：layout_width=" wrap_content"
            android：layout_height=" wrap_content"
            android：text=" 账号" />
<EditText
            android：layout_width=" match_parent"
            android：layout_height=" wrap_content"
            android：id=" @+id/register_name"
            android：inputType=" textPersonName"
            android：hint=" 请输入账号" />
<TextView
            android：text=" 昵称"
            android：layout_width=" match_parent"
            android：layout_height=" wrap_content" />
<EditText
            android：layout_width=" match_parent"
            android：layout_height=" wrap_content"
            android：inputType=" textPersonName"
            android：ems=" 10"
            android：id=" @+id/register_nickname"
            android：hint=" 请输入昵称" />
<TextView
            android：layout_width=" wrap_content"
            android：layout_height=" wrap_content"
            android：text=" 密码" />
<EditText
            android：layout_width=" match_parent"
```

```
            android：layout＿height＝" wrap＿content"
            android：id＝" @＋id/register＿password"
            android：hint＝" 请输入密码"
            android：inputType＝" textPassword" />
<TextView
            android：layout＿width＝" wrap＿content"
            android：layout＿height＝" wrap＿content"
            android：text＝" 确认密码" />
<EditText
            android：layout＿width＝" match＿parent"
            android：layout＿height＝" wrap＿content"
            android：id＝" @＋id/register＿comfirm＿password"
            android：hint＝" 请再次输入密码"
            android：inputType＝" textPassword" />
<TableRow
            android：layout＿width＝" match＿parent"
            android：layout＿height＝" wrap＿content" >
<TextView
                android：text＝" 性别"
                android：layout＿width＝" wrap＿content"
                android：layout＿height＝" wrap＿content"
                android：layout＿weight＝" 0.20" />
<RadioButton
                android：text＝" 男"
                android：layout＿width＝" wrap＿content"
                android：layout＿height＝" wrap＿content"
                android：id＝" @＋id/register＿radio＿man"
                android：layout＿weight＝" 0.20" />
<RadioButton
                android：text＝" 女"
                android：layout＿width＝" wrap＿content"
                android：layout＿height＝" wrap＿content"
                android：id＝" @＋id/register＿radio＿woman"
                android：layout＿weight＝" 0.20" />
</TableRow>
<TextView
            android：layout＿width＝" wrap＿content"
            android：layout＿height＝" wrap＿content"
            android：text＝" 出生年月" />
<TableRow
            android：layout＿width＝" match＿parent"
            android：layout＿height＝" 25dp" >
<Spinner
```

```
                android: layout _ width=" 60dp"
                android: layout _ height=" 25dp"
                android: id=" @+id/spinner _ year"
                android: layout _ weight=" 1" />
    <TextView
                android: text=" 年"
                android: layout _ width=" 15dp"
                android: layout _ height=" 25dp" />
    <Spinner
                android: layout _ width=" 60dp"
                android: layout _ height=" 25dp"
                android: id=" @+id/spinner _ month"
                android: layout _ weight=" 1" />
    <TextView
                android: text=" 月"
                android: layout _ width=" 15dp"
                android: layout _ height=" 25dp" />
    <Spinner
                android: layout _ width=" 60dp"
                android: layout _ height=" 25dp"
                android: id=" @+id/spinner _ day"
                android: layout _ weight=" 1" />
    <TextView
                android: text=" 日"
                android: layout _ width=" 15dp"
                android: layout _ height=" 25dp" />
    </TableRow>
    <TextView
            android: layout _ width=" match _ parent"
            android: layout _ height=" 50dp" />
    <Button
            android: text=" 确认"
            android: layout _ width=" 200dp"
            android: layout _ height=" wrap _ content"
            android: layout _ gravity=" center"
            android: id=" @+id/btn _ register"
            android: layout _ marginBottom=" 0dp" />
    </LinearLayout>
</ScrollView>
```

activity _ unlock. xml（源文件参考 18 _ 14 _ activity _ unlock. xml）

```
    <? xml version=" 1.0" encoding=" utf - 8"? >
    <LinearLayout xmlns: android=" http: //schemas. android. com/apk/res/android"
xmlns: app=" http: //schemas. android. com/apk/res-auto"
```

```
    xmlns: tools=" http: //schemas.android.com/tools"
    android: layout _ width=" match _ parent"
    android: layout _ height=" match _ parent"
    tools: context=" .Unlock.UnlockActivity"
    android: orientation=" vertical" >
<RelativeLayout
        android: layout _ width=" match _ parent"
        android: layout _ height=" 50dp" >
<ImageView
            android: layout _ width=" wrap _ content"
            android: layout _ height=" match _ parent"
            android: id=" @+id/unlock _ back"
            android: layout _ centerVertical=" true"
            android: clickable=" true"
            android: paddingLeft=" 15dp"
            android: paddingRight=" 15dp"
            android: src=" @drawable/back" />
<TextView
            android: layout _ width=" wrap _ content"
            android: layout _ height=" wrap _ content"
            android: layout _ centerInParent=" true"
            android: text=" @string/unlock _ bike"
            android: textColor=" @color/black"
            android: textSize=" 16sp" />
</RelativeLayout>
<LinearLayout
        android: layout _ width=" match _ parent"
        android: layout _ height=" wrap _ content"
        android: layout _ marginBottom=" 15dp"
        android: layout _ marginLeft=" 50dp"
        android: layout _ marginRight=" 50dp"
        android: layout _ marginTop=" 15dp"
        android: orientation=" horizontal" >
<com.jkb.vcedittext.VerificationCodeEditText
            android: id=" @+id/no _ bike"
            android: layout _ width=" match _ parent"
            android: layout _ height=" wrap _ content"
            android: inputType=" number"
            android: textColor=" @color/colorPrimary"
            android: textSize=" 40sp"
            app: bottomLineHeight=" 2dp"
            app: bottomLineNormalColor=" @color/black"
app: bottomLineSelectedColor=" @color/colorAccent"
```

```
            app:figures=" 6"
            app:verCodeMargin=" 10dp" />
</LinearLayout>
<TextView
        android:layout_width=" wrap_content"
        android:layout_height=" wrap_content"
        android:layout_gravity=" center_horizontal"
        android:text=" @string/code_prpmpt"
        android:textSize=" 16sp" />
<Button
        android:layout_width=" match_parent"
        android:layout_height=" wrap_content"
        android:layout_gravity=" center_horizontal"
        android:layout_marginLeft=" 30dp"
        android:layout_marginRight=" 30dp"
        android:layout_marginTop=" 30dp"
        android:background=" @color/black"
        android:text=" @string/unlocking"
        android:id=" @+id/get_unlock_code"
        android:textColor=" @color/whites"
        android:textSize=" 18sp" />
<ImageView
        android:layout_width=" 40dp"
        android:layout_height=" 40dp"
        android:layout_gravity=" center_horizontal"
        android:layout_marginBottom=" 15dp"
        android:layout_marginTop=" 30dp"
        android:src=" @drawable/flashlight" />
</LinearLayout>
```

activity_guide.xml（源文件参考 18_15_ activity_ guide.xml）

```
<? xml version=" 1.0" encoding=" utf-8"? >
<LinearLayout xmlns:android=" http://schemas.android.com/apk/res/android"
    xmlns:app=" http://schemas.android.com/apk/res-auto"
    xmlns:tools=" http://schemas.android.com/tools"
    android:layout_width=" match_parent"
    android:layout_height=" match_parent"
    tools:context=" .Guide.GuideActivity"
    android:orientation=" vertical" >
<RelativeLayout
        android:layout_width=" match_parent"
        android:layout_height=" 50dp" >
<ImageView
            android:layout_width=" wrap_content"
```

```
            android: layout_height=" match_parent"
            android: id=" @+id/guide_back"
            android: layout_centerVertical=" true"
            android: clickable=" true"
            android: paddingLeft=" 15dp"
            android: paddingRight=" 15dp"
            android: src=" @drawable/back" />
<TextView
            android: layout_width=" wrap_content"
            android: layout_height=" wrap_content"
            android: layout_centerInParent=" true"
            android: text=" @string/title_guide"
            android: textColor=" @color/black"
            android: textSize=" 16sp" />
</RelativeLayout>
<LinearLayout
        android: layout_width=" match_parent"
        android: layout_height=" 100dp"
        android: orientation=" horizontal" >
<ImageView
            android: layout_width=" 50dp"
            android: layout_height=" wrap_content"
            android: layout_gravity=" center"
            android: src=" @drawable/guide_swap" />
<LinearLayout
            android: layout_width=" match_parent"
            android: layout_height=" match_parent"
            android: orientation=" vertical" >
<LinearLayout
                android: layout_width=" match_parent"
                android: layout_height=" 50dp"
                android: orientation=" horizontal" >
<ImageView
                    android: layout_width=" 10dp"
                    android: layout_height=" 10dp"
                    android: layout_gravity=" center_vertical"
                    android: layout_marginLeft=" 10dp"
                    android: src=" @drawable/green_dot" />
<EditText
                    android: layout_width=" match_parent"
                    android: layout_height=" wrap_content"
                    android: id=" @+id/guide_start_place"
                    android: layout_gravity=" center"
```

```
                android: padding=" 10dp"
                android: text=" 我的位置"
                android: textColor=" @color/black"
                android: textSize=" 18sp" />
</LinearLayout>
<LinearLayout
            android: layout _ width=" match _ parent"
            android: layout _ height=" 50dp"
            android: orientation=" horizontal" >
<ImageView
                android: layout _ width=" 10dp"
                android: layout _ height=" 10dp"
                android: layout _ gravity=" center _ vertical"
                android: layout _ marginLeft=" 10dp"
                android: src=" @drawable/red _ dot" />
<EditText
                android: layout _ width=" match _ parent"
                android: layout _ height=" wrap _ content"
                android: id=" @+id/guide _ end _ place"
                android: layout _ gravity=" center"
                android: hint=" 请输入终点"
                android: padding=" 10dp"
                android: textColor=" @color/black"
                android: textSize=" 18sp" />
</LinearLayout>
</LinearLayout>
</LinearLayout>
<Button
        android: layout _ width=" 200dp"
        android: layout _ height=" wrap _ content"
        android: text=" 规划路线"
        android: id=" @+id/route _ guide"
        android: background=" @color/black"
        android: textColor=" @color/whites"
        android: textSize=" 18sp"
        android: layout _ gravity=" center" />
<com.amap.api.maps2d.MapView
        android: id=" @+id/route _ map"
        android: layout _ width=" match _ parent"
        android: layout _ height=" match _ parent" />
</LinearLayout>
```

content _ map. xml（源文件参考 18 _ 16 _ content _ map. xml）

```
<? xml version=" 1.0" encoding=" utf-8"? >
```

```
<android.support.constraint.ConstraintLayout
xmlns:android=" http://schemas.android.com/apk/res/android"
xmlns:app=" http://schemas.android.com/apk/res-auto"
        xmlns:tools=" http://schemas.android.com/tools"
        android:layout_width=" match_parent"
        android:layout_height=" match_parent"
app:layout_behavior=" @string/appbar_scrolling_view_behavior"
tools:context=" com.example.yls.suixingbike.Map.MapActivity"
tools:showIn=" @layout/app_bar_map" >
    <com.amap.api.maps2d.MapView
            android:id=" @+id/gaodemap"
            android:layout_width=" match_parent"
            android:layout_height=" match_parent" />
    </android.support.constraint.ConstraintLayout>
```

activity_map.xml（源文件参考 18_17_activity_map.xml）

```
<? xml version=" 1.0" encoding=" utf-8"? >
<android.support.v4.widget.DrawerLayout
xmlns:android=" http://schemas.android.com/apk/res/android"
xmlns:app=" http://schemas.android.com/apk/res-auto"
xmlns:tools=" http://schemas.android.com/tools"
        android:id=" @+id/drawer_layout"
        android:layout_width=" match_parent"
        android:layout_height=" match_parent"
        android:fitsSystemWindows=" true"
        tools:openDrawer=" start" >
    <include
            layout=" @layout/app_bar_map"
            android:layout_width=" match_parent"
            android:layout_height=" match_parent" />
    <android.support.design.widget.NavigationView
            android:id=" @+id/nav_view"
            android:layout_width=" wrap_content"
            android:layout_height=" match_parent"
            android:layout_gravity=" start"
            android:fitsSystemWindows=" true"
            app:headerLayout=" @layout/nav_header_map"
            app:menu=" @menu/activity_map_drawer" />
</android.support.v4.widget.DrawerLayout>
```

nav_header_map.xml（源文件参考 18_18_nav_header_map.xml）

```
<? xml version=" 1.0" encoding=" utf-8"? >
<LinearLayout xmlns:android=" http://schemas.android.com/apk/res/android"
    xmlns:app=" http://schemas.android.com/apk/res-auto"
    android:layout_width=" match_parent"
```

```
        android: layout_height=" @dimen/nav_header_height"
        android: background=" @drawable/side_nav_bar"
        android: gravity=" bottom"
        android: orientation=" vertical"
android: paddingLeft=" @dimen/activity_horizontal_margin"
android: paddingTop=" @dimen/activity_vertical_margin"
android: paddingRight=" @dimen/activity_horizontal_margin"
android: paddingBottom=" @dimen/activity_vertical_margin"
android: theme=" @style/ThemeOverlay.AppCompat.Dark" >
    <ImageView
            android: id=" @+id/imageView"
            android: layout_width=" wrap_content"
            android: layout_height=" wrap_content"
android: contentDescription=" @string/nav_header_desc"
android: paddingTop=" @dimen/nav_header_vertical_spacing"
            app: srcCompat=" @drawable/baruser" />
    <TextView
            android: layout_width=" match_parent"
            android: layout_height=" wrap_content"
android: paddingTop=" @dimen/nav_header_vertical_spacing"
            android: text=" admin"
android: textAppearance=" @style/TextAppearance.AppCompat.Body1" />
    <TextView
            android: id=" @+id/textView"
            android: layout_width=" wrap_content"
            android: layout_height=" wrap_content"
            android: text=" 随风而去" />
    </LinearLayout>
```

activity_map_drawer.xml（源文件参考 18_19_activity_map_drawer.xml）

```
    <? xml version=" 1.0" encoding=" utf-8"? >
    <menu xmlns: android=" http: //schemas.android.com/apk/res/android"
        xmlns: tools=" http: //schemas.android.com/tools"
        tools: showIn=" navigation_view" >
    <group android: checkableBehavior=" single" >
    <item
                android: id=" @+id/nav_wallet"
                android: icon=" @drawable/ic_menu_wallet"
                android: title=" 我的钱包" />
    <item
                android: id=" @+id/nav_travel"
                android: icon=" @drawable/ic_menu_travel"
                android: title=" 我的行程" />
    <item
```

```
            android: id=" @+id/nav _ invite"
            android: icon=" @drawable/ic _ menu _ invite"
            android: title=" 邀请好友" />
    <item
            android: id=" @+id/nav _ report"
            android: icon=" @drawable/ic _ menu _ report"
            android: title=" 问题反馈" />
    <item
            android: id=" @+id/nav _ usage"
            android: icon=" @drawable/ic _ menu _ usage"
            android: title=" 使用指南" />
    <item
            android: id=" @+id/nav _ set"
            android: icon=" @drawable/ic _ menu _ set"
            android: title=" 设置" />
    </group>
    </menu>
```

app _ bar _ map. xml（源文件参考 18 _ 20 _ app _ bar _ map. xml）

```
    <? xml version=" 1.0" encoding=" utf - 8"? >
    <android. support. design. widget. CoordinatorLayout
xmlns: android=" http: //schemas. android. com/apk/res/android"
        xmlns: app=" http: //schemas. android. com/apk/res-auto"
        xmlns: tools=" http: //schemas. android. com/tools"
        android: layout _ width=" match _ parent"
        android: layout _ height=" match _ parent"
        tools: context=" . Map. MapActivity" >
    <android. support. design. widget. AppBarLayout
            android: layout _ width=" match _ parent"
            android: layout _ height=" wrap _ content"
android: theme=" @style/AppTheme. AppBarOverlay" >
    <android. support. v7. widget. Toolbar
                app: navigationIcon=" @drawable/baruser"
                android: id=" @+id/toolbar"
                android: layout _ width=" match _ parent"
                android: layout _ height="? attr/actionBarSize"
                android: background="? attr/colorPrimary"
app: popupTheme=" @style/AppTheme. PopupOverlay"
                app: title=" 随行单车" >
    </android. support. v7. widget. Toolbar>
    </android. support. design. widget. AppBarLayout>
    <include layout=" @layout/content _ map" />
    <LinearLayout
            android: id=" @+id/resever _ layout"
```

```
        android: layout_width=" 300dp"
        android: layout_height=" wrap_content"
        android: layout_gravity=" top | center"
        android: layout_marginTop=" 100dp"
        android: visibility=" gone"
        android: gravity=" center"
        android: orientation=" vertical" >
<LinearLayout
            android: layout_width=" match_parent"
            android: layout_height=" wrap_content"
            android: orientation=" horizontal"
            android: background=" @color/whites"
            android: baselineAligned=" false" >
<LinearLayout
                android: layout_width=" wrap_content"
                android: layout_height=" match_parent"
                android: layout_weight=" 1"
                android: gravity=" center"
                android: orientation=" vertical" >
<TextView
                    android: layout_width=" match_parent"
                    android: layout_height=" 20dp"
                    android: textColor=" @color/black"
                    android: text=" 车辆编号"
                    android: textAlignment=" center" />
<TextView
                    android: id=" @+id/resever_bikeId"
                    android: layout_width=" match_parent"
                    android: layout_height=" 20dp"
                    android: textColor=" @color/black"
                    android: textAlignment=" center" />
</LinearLayout>
<LinearLayout
                android: layout_width=" wrap_content"
                android: layout_height=" match_parent"
                android: layout_weight=" 1"
                android: gravity=" center"
                android: orientation=" vertical" >
<TextView
                    android: layout_width=" match_parent"
                    android: layout_height=" 20dp"
                    android: text=" 扣费标准"
                    android: textColor=" @color/black"
```

```
                android: textAlignment=" center" />
<TextView
                android: layout_width=" match_parent"
                android: layout_height=" 20dp"
                android: text=" 1元/小时"
                android: textColor=" @color/black"
                android: textAlignment=" center" />
</LinearLayout>
</LinearLayout>
<Button
        android: id=" @+id/btn_resever"
        android: layout_width=" match_parent"
        android: layout_height=" wrap_content"
        android: layout_gravity=" center"
        android: background=" @color/black"
        android: text=" 预约"
        android: textAlignment=" center"
        android: textColor=" @color/whites" />
</LinearLayout>
<LinearLayout
    android: id=" @+id/resever_success_layout"
    android: layout_width=" 300dp"
    android: visibility=" gone"
    android: background=" @color/whites"
    android: layout_height=" wrap_content"
    android: layout_gravity=" top | center"
    android: layout_marginTop=" 100dp"
    android: gravity=" center"
    android: orientation=" vertical" >
<TextView
        android: layout_width=" match_parent"
        android: layout_height=" wrap_content"
        android: text=" 预约成功!"
        android: textColor=" @color/black"
        android: textSize=" 20sp"
        android: layout_gravity=" center"
        android: gravity=" center" />
<LinearLayout
        android: layout_width=" match_parent"
        android: layout_height=" wrap_content"
        android: orientation=" horizontal"
        android: background=" @color/whites"
        android: baselineAligned=" false" >
```

```
</LinearLayout>
<LinearLayout
            android: layout_width=" wrap_content"
            android: layout_height=" match_parent"
            android: layout_weight=" 1"
            android: gravity=" center"
            android: orientation=" horizontal" >
<TextView
                android: layout_width=" match_parent"
                android: layout_height=" 20dp"
                android: textColor=" @color/black"
                android: text=" 剩余时间:"
                android: textAlignment=" center" />
<TextView
                android: layout_width=" match_parent"
                android: layout_height=" 20dp"
                android: textColor=" @color/black"
                android: textAlignment=" center"
                android: id=" @+id/relic_time" />
</LinearLayout>
<Button
          android: id=" @+id/btn_cancel_resever"
          android: layout_width=" match_parent"
          android: layout_height=" wrap_content"
          android: layout_gravity=" center"
          android: background=" @color/black"
          android: text=" 取消预约"
          android: textAlignment=" center"
          android: textColor=" @color/whites" />
</LinearLayout>
<LinearLayout
    android: layout_width=" match_parent"
    android: layout_height=" wrap_content"
    android: layout_gravity=" bottom"
    android: orientation=" vertical" >
<android.support.design.widget.FloatingActionButton
        android: id=" @+id/refresh"
        android: layout_width=" wrap_content"
        android: layout_height=" wrap_content"
        android: layout_margin=" @dimen/fab_margin"
        app: srcCompat=" @drawable/refresh"
        app: backgroundTint=" #ffffff" />
<android.support.design.widget.FloatingActionButton
```

```
        android:id="@+id/reset_map"
        android:layout_width="wrap_content"
        android:layout_height="wrap_content"
        android:layout_gravity="bottom|start"
        android:layout_margin="@dimen/fab_margin"
        app:srcCompat="@drawable/reset_map"
        app:backgroundTint="#ffffff" />
</LinearLayout>
<Button
        android:id="@+id/unlock_bike"
        android:layout_width="wrap_content"
        android:layout_height="wrap_content"
        android:layout_gravity="center|bottom"
        android:layout_margin="@dimen/fab_margin"
        android:background="@color/unlock_bike"
        android:text="@string/unlock_bike"
        android:textColor="@color/whites" >
</Button>
</android.support.design.widget.CoordinatorLayout>
```

**5. Android 欢迎界面**

WelcomeActivity.java（源文件参考 18_21_WelcomeActivity.java）

```
public class WelcomeActivity extends AppCompatActivity {
    @Override
    protected void onCreate (Bundle savedInstanceState) {
        super.onCreate (savedInstanceState);
        setContentView (R.layout.activity_welcome);
        //创建 Handler
        Handler handler = new Handler ();
        handler.postDelayed (new Loading (), 1000); //设置页面的停留时间
    }
    class Loading implements Runnable {
        @Override
        public void run () {
            //跳转
            startActivity (new Intent (getApplication (), LoginActivity.class) );
            WelcomeActivity.this.finish ();
        }
    }
}
```

Android 单车用户登录后台服务代码如下。

LoginActivity.java（源文件参考 18_22_LoginActivity.java）

```
public class LoginActivity extends AppCompatActivity {
    //定义登陆按钮
    private Button btn_login;
    //定义注册按钮
    private Button btn_register;
    //定义用户名与密码
    private EditText us_name;
    private EditText us_pass;
    //定义 http 请求 URL
    //private static final String Login_URL = "http://10.0.2.2:8080/suixingbike/login";
    private static final String Login_URL = "http://192.168.56.1:8080/suixingbike/login";
    //声明 okhttp 客户端
    OkHttpClient client = new OkHttpClient ();
    //声明 http 返回变量
    private String receive;
    //声明验证标识符
     private Boolean b = false;
    //声明 bundle
    private Bundle bundle = new Bundle ();
    //声明 SharedPreferences
    private SharedPreferences.Editor editor;
    //定义身份检查函数
    private boolean check (String name, String password) throws IOException {
        RequestBody Body = new FormBody.Builder ()
                .add ("user_name", name)
                .add ("user_password", password)
                .build ();
        Request request = new Request.Builder ()
                .url (Login_URL)
                .post (Body)
                .build ();
        Log.i ("Request", "Request is :" + request);
        Response response = null;
        try {
            response = client.newCall (request) .execute ();
            if (response.isSuccessful () ) {
                receive = response.body () .string ();
                System.out.println ("服务器响应为:" + receive);
                bundle.putString ("name", name);
                if (receive.equals ("1") ) {
                  System.out.println ("验证成功!");
                  return true;
                }
```

```
                    else {
                        return false;
                    }
                }
                else {
                    return false;
                }
            } catch (IOException e) {
                e.printStackTrace ();
                return false;
            }
        }
        @Override
        protected void onCreate (Bundle savedInstanceState) {
            super.onCreate (savedInstanceState);
            setContentView (R.layout.activity_login);
            //文本框绑定
            us_name = (EditText) findViewById (R.id.edit_login_account);
            us_pass = (EditText) findViewById (R.id.edit_login_pwd);

            //从 SharedPreferences 中获取【是否记住密码】参数
            final SharedPreferences preference =
PreferenceManager.getDefaultSharedPreferences (this);
            boolean isRemember = preference.getBoolean (" rememberPwd", false);
            final CheckBox rememberPwd = (CheckBox)
findViewById (R.id.cbox_remember_pwd);
            if (isRemember) {//设置【账号】与【密码】到文本框，并勾选【记住密码】
                us_name.setText (preference.getString (" name", " " ) );
                us_pass.setText (preference.getString (" password", " " ) );
                rememberPwd.setChecked (true);
            }
            //注册按钮绑定
            btn_register = (Button) findViewById (R.id.btn_toRegister);
            btn_register.setOnClickListener (new View.OnClickListener () {
                @Override
                public void onClick (View v) {
                    Intent intent = new Intent ();
                    intent.setClass (LoginActivity.this, RegisterActivity.class);
                    startActivity (intent);
                }
            } );
            //登录按钮绑定
            btn_login = (Button) findViewById (R.id.btn_login);
```

```
        btn_login.setOnClickListener (new View.OnClickListener () {
            @Override
            public void onClick (View v) {
                final String name = us_name.getText () .toString () .trim ();
                final String pswd = us_pass.getText () .toString () .trim ();
                if (name.isEmpty () || pswd.isEmpty () ) {
                    Toast.makeText (getApplicationContext ()," 用户名或密码为空……",
Toast.LENGTH_SHORT) .show ();
                }
                else {
                    //创建 http 连接线程
                    Thread thread_login = new Thread (new Runnable () {
                        @Override
                        public void run () {
                            try {
                                b = check (name, pswd);
                            } catch (IOException e) {
                                e.printStackTrace ();
                            }
                        }
                    } );
                    try {
                        thread_login.start ();
                        thread_login.join ();
                    } catch (InterruptedException e) {
                        e.printStackTrace ();
                    }
                    if (b) {
                        Toast.makeText (getApplicationContext ()," 验证成功，即将跳
转……", Toast.LENGTH_SHORT) .show ();
                        //将用户名与密码存入 SharedPreference 之中
                        editor = preference.edit ();
                        if (rememberPwd.isChecked () ) {
                            editor.putBoolean (" rememberPwd", true);
                            editor.putString (" name", name);
                            editor.putString (" password", pswd);
                        }
                        else
                            editor.clear ();
                        editor.apply ();
                        //页面跳转
                        Intent intent = new Intent ();
                        intent.setClass (LoginActivity.this, MapActivity.class);
```

```
                    intent.putExtra ("bundle", bundle);
                    startActivity (intent);
                    LoginActivity.this.finish ();
                }
                else {
                    Toast.makeText (getApplicationContext ()," 账户名或密码错误，请重新输入……", Toast.LENGTH_SHORT) .show ();
                    us_pass.setText (" " );
                }
            }
        }
    } );
  }
}
```

登录连接后台服务时，需保证手机和电脑都连接同一网络，才能正确地通过 URL 找到对方。查找 URL 地址的方法为，在 cmd 命令窗口输入 ipconfig，即可看到 IPv4 地址，如图 9－21 所示。然后，将该地址替换为 URL4LOGIN 中的 IP 地址。

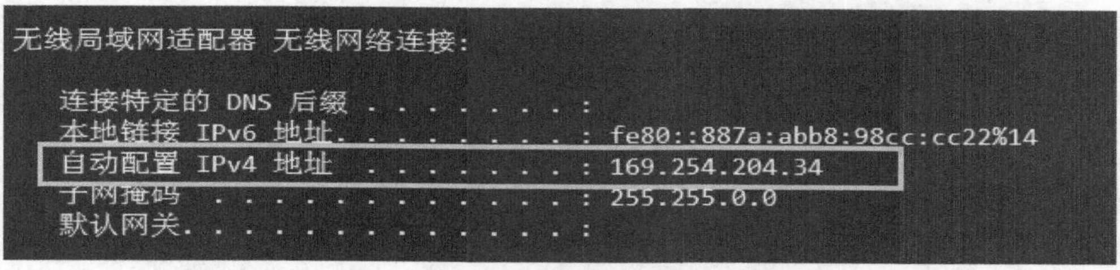

```
无线局域网适配器 无线网络连接:

   连接特定的 DNS 后缀 . . . . . . . :
   本地链接 IPv6 地址. . . . . . . . : fe80::887a:abb8:98cc:cc22%14
   自动配置 IPv4 地址  . . . . . . . : 169.254.204.34
   子网掩码  . . . . . . . . . . . . : 255.255.0.0
   默认网关. . . . . . . . . . . . . :
```

图 9－21　查找 URL 地址

**6. Android 用户注册**

RegisterActivity.java（源文件参考 18_23_ RegisterActivity.java）

```
public class RegisterActivity extends AppCompatActivity {
    private Spinner spin_year;
    private Spinner spin_month;
    private Spinner spin_day;

    @Override
    protected void onCreate (Bundle savedInstanceState) {
        super.onCreate (savedInstanceState);
        setContentView (R.layout.activity_register);

        spin_year = (Spinner) findViewById (R.id.spinner_year);
        spin_month = (Spinner) findViewById (R.id.spinner_month);
        spin_day = (Spinner) findViewById (R.id.spinner_day);
        ArrayAdapter arr_year = ArrayAdapter.createFromResource (this, R.array.year,
```

```
android.R.layout.simple_spinner_item);
                ArrayAdapter arr_month = ArrayAdapter.createFromResource (this, R.array.month,
android.R.layout.simple_spinner_item);
                ArrayAdapter arr_day =
ArrayAdapter.createFromResource (this, R.array.day, android.R.layout.simple_spinner_item);
                spin_year.setAdapter (arr_year);
                spin_month.setAdapter (arr_month);
                spin_day.setAdapter (arr_day);

        }
    }
```

**7. 移动地图与单车预约**

MapActivity.java（源文件参考 18_24_ MapActivity.java）

```
    public class MapActivity extends AppCompatActivity implements AMap.OnMapClickListener,
NavigationView.OnNavigationItemSelectedListener {
        private MapView mMapView = null;
        private FloatingActionButton fbtn_reset;
        private FloatingActionButton fbtn_refresh;
        private AMap aMap;
        public AMapLocationClient mLocationClient = null;
        public AMapLocationClientOption mLocationOption = null;
        //用于接收经纬度的值
        private double lat;
        private double lon;
        private Marker location_marker = null;
        //定义 http 请求 URL
        private static final String search_bicycle_URL =
" http://10.0.2.2:8080/suixingbike/search_bicycle";
        //声明 okhttp 客户端
        OkHttpClient client = new OkHttpClient ();
        //声明接收字符串
        private String rece_seaby;
        //声明 http 请求接收列表
        private List<Double> bi_lon = new ArrayList<Double > ();
        private List<Double> bi_lat = new ArrayList<Double > ();
        private List<String> bi_id = new ArrayList<String > ();
        //声明车辆 Marker 存储数组
        private List<Marker> bicycle_marker = new ArrayList<Marker> ();
        //声明解码按钮
        private Button btn_unlock;
        //声明预定按钮
```

```
private Button btn_resever;
//声明取消预定按钮
private Button btn_cancel_resever;
//声明预定界面
private LinearLayout resever_layout;
private LinearLayout resever_success_layout;
//声明预定界面车辆编号
private TextView tx_resever_bikeId;
//声明倒计时文本
private TextView tx_relic_time;
//声明全局 marker 弹窗
private Marker curShowWindowMarker;
private CountDownTimer timer;
/**
 *声明定位回调监听器
 */
public AMapLocationListener mLocationListener = new AMapLocationListener () {
    @Override
    public void onLocationChanged (AMapLocation amapLocation) {
        if (amapLocation != null) {
            if (amapLocation.getErrorCode () == 0) {
                amapLocation.getLocationType (); //获取当前定位结果来源，如网络定位
结果
                amapLocation.getLatitude (); //获取纬度
                amapLocation.getLongitude (); //获取经度
                amapLocation.getAccuracy (); //获取精度信息
                SimpleDateFormat df = new SimpleDateFormat (" yyyy-MM-dd HH: mm: ss" );
                Date date = new Date (amapLocation.getTime () );
                df.format (date); //定位时间
                amapLocation.getAddress (); //地址，如果 option 中设置 isNeedAddress 为
false,
                //则没有此结果，网络定位结果中会有地址信息，GPS 定位不返回地址信息。
                amapLocation.getCountry (); //国家信息
                amapLocation.getProvince (); //省信息
                amapLocation.getCity (); //城市信息
                amapLocation.getDistrict (); //城区信息
                amapLocation.getStreet (); //街道信息
                amapLocation.getStreetNum (); //街道门牌号信息
                amapLocation.getCityCode (); //城市编码
                amapLocation.getAdCode (); //地区编码
                amapLocation.getAoiName (); //获取当前定位点的 AOI 信息
                lat = amapLocation.getLatitude ();
                lon = amapLocation.getLongitude ();
```

```
                        System.out.println ( " lat : " + lat + " lon : " + lon);
                        System.out.println ( " Country : " + amapLocation.getCountry () + " province : " + amapLocation.getProvince () + " City : " + amapLocation.getCity () + " District : " + amapLocation.getDistrict () );
                        //设置当前地图显示为当前位置
                        aMap.moveCamera (CameraUpdateFactory.newLatLngZoom (new LatLng (lat, lon), 16) );

                        //添加定位点标记
                        //判断是否存在定位点，若存在，则清除
                        if (location_marker ! = null) {
                            location_marker.remove ();
                        }
                        //添加定位点标记
                        MarkerOptions markerOptions = new MarkerOptions ();
                        //Marker点的坐标
                        markerOptions.position (new LatLng (lat, lon) );
                        //是否可见
                        markerOptions.visible (true);
                        //自定义图标
                            BitmapDescriptor bitmapDescriptor = BitmapDescriptorFactory.fromBitmap (BitmapFactory.decodeResource (getResources (), R.drawable.location) );
                        markerOptions.icon (bitmapDescriptor);
                        //添加到地图
                        location_marker = aMap.addMarker (markerOptions);
                    }
                    else {
                        //显示错误信息ErrCode是错误码，errInfo是错误信息，详见错误码表。
                        Log.e (" AmapError", " location Error, ErrCode:"
                                + amapLocation.getErrorCode () + ", errInfo:"
                                + amapLocation.getErrorInfo () );
                    }
                }
            }
        };

        //传入定位的坐标并获取周遭的车辆信息
    private void searchNearBike (Double lon, Double lat) {
        //将上一次获取的结果清空
        bi_id.clear ();
        bi_lat.clear ();
        bi_lon.clear ();
        RequestBody Body = new FormBody.Builder ()
                .add (" lon", lon.toString () )
```

```
                .add (" lat", lat.toString () )
                .build ();
        Request request = new Request.Builder ()
                .url (search_bicycle_URL)
                .post (Body)
                .build ();
        Log.i (" Request", " Request is :" + request);
        Response response = null;
        try {
            response = client.newCall (request) .execute ();
            if (response.isSuccessful () ) {
                rece_seaby = response.body () .string ();
                System.out.println (" 服务器响应为：" + rece_seaby);
                JSONArray jsonArray = JSON.parseArray (rece_seaby);
                for (int i = 0; i<jsonArray.size (); i++) {
                    JSONObject job = jsonArray.getJSONObject (i);
                    //将获取的结果存入数组之中
                    bi_id.add (job.getString (" bicycle_id" ) );
                    bi_lon.add (job.getDouble (" lon" ) );
                    bi_lat.add (job.getDouble (" lat" ) );
                }
            }
        } catch (IOException e) {
            e.printStackTrace ();
        }
    }

    //将获取到的车辆信息显示在地图上并绑定点击事件
private void setBikeMaker (List<String> id, List<Double> lon, List<Double> lat) {
        for (int i = 0; i<id.size (); i++) {
            //添加定位点标记
            MarkerOptions markerOptions = new MarkerOptions ();
            markerOptions.position (new LatLng (lat.get (i), lon.get (i) ) );
            markerOptions.visible (true);
            //设置标题及内容
            markerOptions.title (id.get (i) );
            markerOptions.snippet (" 点击预约可进行预约!");
            //定义图标
             BitmapDescriptor bitmapDescriptor = BitmapDescriptorFactory.fromBitmap (BitmapFac-
tory.decodeResource (getResources (), R.drawable.bicycle) );
            markerOptions.icon (bitmapDescriptor);
            //添加进图层
            bicycle_marker.add (aMap.addMarker (markerOptions) );
```

```
        }
        //绑定事件
        aMap.setOnMarkerClickListener (markerClickListener);
        aMap.setOnInfoWindowClickListener (onInfoWindowClickListener);
    }

    //声明 Marker 点击事件监听器
    public AMap.OnMarkerClickListener markerClickListener = new AMap.OnMarkerClickListener () {
        @Override
        public boolean onMarkerClick (Marker marker) {
            resever_layout.setVisibility (LinearLayout.INVISIBLE);
            curShowWindowMarker = marker;
            curShowWindowMarker.showInfoWindow ();
            return false;
        }
    };

    //声明 InfoWindow 点击事件监听器
            public   AMap.OnInfoWindowClickListener   onInfoWindowClickListener   =   new
AMap.OnInfoWindowClickListener () {

        @Override
        public void onInfoWindowClick (Marker marker) {
            System.out.println (" 点击弹窗，车辆编号:" + marker.getTitle () );
            Message msg = new Message ();
            Bundle bundle = new Bundle ();
            bundle.putString (" bike_id", marker.getTitle () );
            msg.what = 0;
            msg.setData (bundle);
            handler.sendMessage (msg);
        }
    };
    //使用 Handle 方式接受线程消息并在主线程中完成操作
    private Handler handler = new Handler () {
        @Override
        public void handleMessage (Message msg) {
            if (msg.what == 0) {
                String id = msg.getData () .getString (" bike_id" );
                resever_layout.setVisibility (LinearLayout.VISIBLE);
                tx_resever_bikeId.setText (id);
            }
        }
    };
```

```
//创建异步线程
private class search_bicycle extends AsyncTask<String, Integer, String> {
    ProgressDialog waitingDialog = new ProgressDialog (MapActivity.this);
    @Override
    protected void onPreExecute () {
        waitingDialog.setMessage (" 车辆正在加载中..." );
        waitingDialog.setIndeterminate (true);
        waitingDialog.setCancelable (false);
        waitingDialog.show ();
    }

    @Override
    protected String doInBackground (String... params) {
        searchNearBike (lon, lat);
        setBikeMaker (bi_id, bi_lon, bi_lat);
        return null;
    }
    @Override
    protected void onPostExecute (String result) {
        waitingDialog.dismiss ();
    }
}

//加载车辆
private void load_bicycle () {
    search_bicycle sb = new search_bicycle ();
    sb.execute ();
}

//设置定位参数
private void setUpMap () {
    //初始化定位参数

    mLocationOption = new AMapLocationClientOption ();
    //设置定位模式为高精度模式，Battery_Saving 为低功耗模式，Device_Sensors 是仅设备
模式

    mLocationOption.setLocationMode (AMapLocationClientOption.
            AMapLocationMode.Hight_Accuracy);
    //设置是否返回地址信息（默认返回地址信息）
    mLocationOption.setNeedAddress (true);
    //设置是否只定位一次，默认为 false
    mLocationOption.setOnceLocation (true);
```

```
        //设置是否强制刷新 WIFI，默认为强制刷新
        mLocationOption.setWifiActiveScan (true);
        //设置是否允许模拟位置，默认为 false，不允许模拟位置
        mLocationOption.setMockEnable (true);
        //设置定位间隔，单位毫秒，默认为 2000ms
        mLocationOption.setInterval (2000);
        //给定位客户端对象设置定位参数
        mLocationClient.setLocationOption (mLocationOption);
        //启动定位
        mLocationClient.startLocation ();
    }

    //加载地图
    private void init () {
        if (aMap == null) {
            aMap = mMapView.getMap ();
        }
        setUpMap ();
    }
    /**
     *对单击地图事件回调
     */
    @Override
    public void onMapClick (LatLng point) {
        resever_layout.setVisibility (LinearLayout.INVISIBLE);
        if (curShowWindowMarker! =null) {
            curShowWindowMarker.hideInfoWindow ();
        }
    }

    @Override
    protected void onCreate (Bundle savedInstanceState) {
        super.onCreate (savedInstanceState);
        setContentView (R.layout.activity_map);
        Toolbar toolbar = (Toolbar) findViewById (R.id.toolbar);
        setSupportActionBar (toolbar);
        tx_relic_time = (TextView) findViewById (R.id.relic_time);
        resever_layout = (LinearLayout) findViewById (R.id.resever_layout);
        resever_layout.setVisibility (LinearLayout.INVISIBLE);
        resever_success_layout = (LinearLayout) findViewById (R.id.resever_success_lay-
out);

        resever_success_layout.setVisibility (LinearLayout.INVISIBLE);
        tx_resever_bikeId = (TextView) findViewById (R.id.resever_bikeId);
```

```
//初始化定位
mLocationClient = new AMapLocationClient (getApplicationContext () );
//设置定位回调监听
mLocationClient.setLocationListener (mLocationListener);
//获取地图控件引用
mMapView = (MapView) findViewById (R.id.gaodemap);
//在 activity 执行 onCreate 时执行 mMapView.onCreate (savedInstanceState), 创建地图
mMapView.onCreate (savedInstanceState);
load_bicycle ();
init ();
aMap.setOnMapClickListener (this); //对 amap 添加单击地图事件监听器
//复位按钮功能模块
fbtn_reset = (FloatingActionButton) findViewById (R.id.reset_map);
fbtn_reset.setOnClickListener (new View.OnClickListener () {
    @Override
    public void onClick (View v) {
        init ();
    }
} );

//刷新按钮功能模块
fbtn_refresh = (FloatingActionButton) findViewById (R.id.refresh);
fbtn_refresh.setOnClickListener (new View.OnClickListener () {
    @Override
    public void onClick (View v) {
        load_bicycle ();
    }
} );

//解码按钮功能模块
btn_unlock = (Button) findViewById (R.id.unlock_bike);
btn_unlock.setOnClickListener (new View.OnClickListener () {
    @Override
    public void onClick (View v) {
        Intent intent = new Intent ();
        intent.setClass (MapActivity.this, UnlockActivity.class);
        startActivity (intent);
    }
} );

//预定按钮绑定
btn_resever = (Button) findViewById (R.id.btn_resever);
btn_resever.setOnClickListener (new View.OnClickListener () {
```

```
            @Override
            public void onClick (View v) {
                resever_layout.setVisibility (LinearLayout.INVISIBLE);
                resever_success_layout.setVisibility (LinearLayout.VISIBLE);
                timer = new CountDownTimer (300 * 1000, 1000) {
                    @Override
                    public void onTick (long millisUntilFinished) {
                          tx_relic_time.setText (" 还剩" + millisUntilFinished/1000 + "
秒" );

                    }

                    @Override
                    public void onFinish () {
                        tx_relic_time.setText ("保留时间已到，请重新预定。" );
                    }
                }.start ();
            }
        } );

        btn_cancel_resever = (Button) findViewById (R.id.btn_cancel_resever);
        btn_cancel_resever.setOnClickListener (new View.OnClickListener () {
            @Override
            public void onClick (View v) {
                timer.cancel ();
                resever_success_layout.setVisibility (LinearLayout.INVISIBLE);
                resever_layout.setVisibility (LinearLayout.VISIBLE);
            }
        } );

        DrawerLayout drawer = (DrawerLayout) findViewById (R.id.drawer_layout);
        ActionBarDrawerToggle toggle = new ActionBarDrawerToggle (
                this, drawer, toolbar, R.string.navigation_drawer_open, R.string.navigation_
drawer_close);
        drawer.addDrawerListener (toggle);
        toggle.syncState ();

        NavigationView navigationView = (NavigationView) findViewById (R.id.nav_view);
        navigationView.setNavigationItemSelectedListener (this);
    }

    @Override
    public void onBackPressed () {
        DrawerLayout drawer = (DrawerLayout) findViewById (R.id.drawer_layout);
```

```
        if (drawer.isDrawerOpen (GravityCompat.START) ) {
            drawer.closeDrawer (GravityCompat.START);
        } else {
            super.onBackPressed ();
        }
    }

    @Override
    public boolean onCreateOptionsMenu (Menu menu) {
        // Inflate the menu; this adds items to the action bar if it is present.
        getMenuInflater () .inflate (R.menu.map, menu);
        return true;
    }

    @Override
    public boolean onOptionsItemSelected (MenuItem item) {
        // Handle action bar item clicks here. The action bar will
        // automatically handle clicks on the Home/Up button, so long
        // as you specify a parent activity in AndroidManifest.xml.
        int id = item.getItemId ();

        //noinspection SimplifiableIfStatement
        if (id == R.id.action_guide) {
            Intent intent = new Intent ();
            intent.setClass (MapActivity.this, GuideActivity.class);
            startActivity (intent);
            return true;
        }
        return super.onOptionsItemSelected (item);
    }

    @SuppressWarnings (" StatementWithEmptyBody" )
    @Override
    public boolean onNavigationItemSelected (MenuItem item) {
        // Handle navigation view item clicks here.
        int id = item.getItemId ();

        if (id == R.id.nav_wallet) {
            // Handle the camera action
        } else if (id == R.id.nav_travel) {

        } else if (id == R.id.nav_invite) {
```

```
        } else if (id == R.id.nav_report) {

        } else if (id == R.id.nav_usage) {

        } else if (id == R.id.nav_set) {

        }

        DrawerLayout drawer = (DrawerLayout) findViewById (R.id.drawer_layout);
        drawer.closeDrawer (GravityCompat.START);
        return true;
    }
    @Override
    protected void onDestroy () {
        super.onDestroy ();
        //在 activity 执行 onDestroy 时执行 mMapView.onDestroy ()，销毁地图
        mMapView.onDestroy ();
    }
    @Override
    protected void onResume () {
        super.onResume ();
        //在 activity 执行 onResume 时执行 mMapView.onResume ()，重新绘制加载地图
        mMapView.onResume ();
    }
    @Override
    protected void onPause () {
        super.onPause ();
        //在 activity 执行 onPause 时执行 mMapView.onPause ()，暂停地图的绘制
        mMapView.onPause ();
    }
    @Override
    protected void onSaveInstanceState (Bundle outState) {
        super.onSaveInstanceState (outState);
        //在 activity 执行 onSaveInstanceState 时执行 mMapView.onSaveInstanceState (outState)，保存地图当前的状态
        mMapView.onSaveInstanceState (outState);
    }
}
```

**8. 单车路径规划**

GuideActivity.java（源文件参考 18_25_ GuideActivity.java）

```
public class GuideActivity extends Activity implements OnRouteSearchListener {
    //定义 web 服务查询 URL
```

```
            private String url = " http: //restapi.amap.com/v3/geocode/geo? key =
c8e6a15362b0e20335fc98ee6bd4ee2a&address=";
        //定义 OkHttp 客户端
        OkHttpClient client = new OkHttpClient ();
        //声明地图
        private AMap Route _ aMap;
        private MapView route _ MapView = null;
        //定义起始点与终点
        private LatLonPoint startPoint;
        private LatLonPoint endPoint;
        //定义定位监听
        public AMapLocationClient mLocationClient = null;
        public AMapLocationClientOption mLocationOption = null;
        //定义编辑框
        private EditText tx _ start;
        private EditText tx _ end;
        //定义按钮
        private Button btn _ route;
        private ImageView img _ guide _ back;
        //定义路线规划变量
        private RouteSearch routeSearch;
        private DriveRouteResult driveRouteResult; //驾车模式查询结果
        / * *
         * 声明定位回调监听器
         * /
        public AMapLocationListener mLocationListener = new AMapLocationListener () {
            @Override
            public void onLocationChanged (AMapLocation amapLocation) {
                if (amapLocation ! = null) {
                    if (amapLocation.getErrorCode () == 0) {
                        amapLocation.getLocationType (); //获取当前定位结果来源，如网络定位结
果，详见定位类型表
                        amapLocation.getLatitude (); //获取纬度
                        amapLocation.getLongitude (); //获取经度
                        amapLocation.getAccuracy (); //获取精度信息
                            startPoint = new LatLonPoint (amapLocation.getLatitude (), amapLoca-
tion.getLongitude () );
                        System.out.println (" init" + startPoint);
                        //设置当前地图显示为当前位置
                            Route _ aMap.moveCamera (CameraUpdateFactory.newLatLngZoom (new LatLng
(amapLocation.getLatitude (), amapLocation.getLongitude () ), 19) );
                    }
                    else {
```

```
                    //显示错误信息 ErrCode 是错误码，errInfo 是错误信息，详见错误码表。
                    Log.e ("AmapError", "location Error, ErrCode:"
                            + amapLocation.getErrorCode () + ", errInfo:"
                            + amapLocation.getErrorInfo () );
                }
            }
        }
    };
    //设置定位参数
    private void setUpMap () {
        //初始化定位参数
        mLocationOption = new AMapLocationClientOption ();
        //设置定位模式为高精度模式，Battery_Saving 为低功耗模式，Device_Sensors 是仅设备
模式
        mLocationOption.setLocationMode (AMapLocationClientOption.
                AMapLocationMode.Hight_Accuracy);
        //设置是否返回地址信息（默认返回地址信息）
        mLocationOption.setNeedAddress (true);
        //设置是否只定位一次，默认为 false
        mLocationOption.setOnceLocation (true);
        //设置是否强制刷新 WIFI，默认为强制刷新
        mLocationOption.setWifiActiveScan (true);
        //设置是否允许模拟位置，默认为 false，不允许模拟位置
        mLocationOption.setMockEnable (true);
        //设置定位间隔，单位毫秒，默认为 2000ms
        mLocationOption.setInterval (2000);
        //给定位客户端对象设置定位参数
        mLocationClient.setLocationOption (mLocationOption);
        //启动定位
        mLocationClient.startLocation ();
    }
    //通过调用 web 服务查坐标
    public void getendPoint (String s) {
        String u = url + s;
        Request request = new Request.Builder ()
                .url (u)
                .get ()
                .build ();
        Log.i ("Request", "Request is :" + request);
        Response response = null;
        try {
            response = client.newCall (request) .execute ();
            if (response.isSuccessful () ) {
```

```
                    String receive = response.body () .string ();
                    System.out.println (" 服务器响应为：" + receive);
                    JSONObject job = JSONObject.parseObject (receive);
                        job = JSONObject.parseObject (job.getJSONArray (" geocodes" ) .get (0)
.toString () );
                    String point = job.get (" location" ) .toString ();
                    System.out.println (point);
                     endPoint = new LatLonPoint (Double.parseDouble (point.split ("," )  [1] ),
Double.parseDouble (point.split ("," ) [0] ) );
                }
            } catch (IOException e) {
                e.printStackTrace ();
            }
        }
        public void getstartPoint (String s) {
            String u = url + s;
            Request request = new Request.Builder ()
                    .url (u)
                    .get ()
                    .build ();
            Log.i (" Request", " Request is :" + request);
            Response response = null;
            try {
                response = client.newCall (request) .execute ();
                if (response.isSuccessful () ) {
                    String receive = response.body () .string ();
                    System.out.println (" 服务器响应为：" + receive);
                    JSONObject job = JSONObject.parseObject (receive);
                        job = JSONObject.parseObject (job.getJSONArray (" geocodes" ) .get (0)
.toString () );
                    String point = job.get (" location" ) .toString ();
                    System.out.println (point);
                     startPoint = new LatLonPoint (Double.parseDouble (point.split ("," )  [1] ),
Double.parseDouble (point.split ("," ) [0] ) );
                }
            } catch (IOException e) {
                e.printStackTrace ();
            }
        }
        //加载地图
        private void init () {
            if (Route_aMap == null) {
                Route_aMap = route_MapView.getMap ();
```

```
    }
    setUpMap ();
}
//路线规划
public void searchRoute () {
    RouteSearch routeSearch = new RouteSearch (this);
    routeSearch.setRouteSearchListener (this);
    Thread thread_getpoint = new Thread (new Runnable () {
        @Override
        public void run () {
            if (tx_start.getText () .toString () .equals (" 我的位置" ) ) {

            }
            else {
                getstartPoint (tx_start.getText () .toString () );
            }
            getendPoint (tx_end.getText () .toString () );
            System.out.println (startPoint);
            System.out.println (endPoint);

        }
    } );
    try {
        thread_getpoint.start ();
        thread_getpoint.join ();
        RouteSearch.FromAndTo fromAndTo = new RouteSearch.FromAndTo (
                startPoint, endPoint);
        RouteSearch.DriveRouteQuery query = new RouteSearch.DriveRouteQuery (
                fromAndTo, //路径规划的起点和终点
                RouteSearch.DrivingDefault,
                null, //途经点
                null, //示避让区域
                " " //避让道路
        );
        routeSearch.calculateDriveRouteAsyn (query);
    } catch (InterruptedException e) {
        e.printStackTrace ();
    }

}
@Override
protected void onCreate (Bundle savedInstanceState) {
    super.onCreate (savedInstanceState);
```

```
        setContentView (R.layout.activity_guide);
        //初始化定位
        mLocationClient = new AMapLocationClient (getApplicationContext () );
        //设置定位回调监听
        mLocationClient.setLocationListener (mLocationListener);
        //获取地图控件引用
        route_MapView = (MapView) findViewById (R.id.route_map);
        //在 activity 执行 onCreate 时执行 mMapView.onCreate (savedInstanceState), 创建地图
        route_MapView.onCreate (savedInstanceState);
        //初始化地图
        init ();
        routeSearch = new RouteSearch (this);
        routeSearch.setRouteSearchListener (this);
        //编辑框控件绑定
        tx_start = findViewById (R.id.guide_start_place);
        tx_end = findViewById (R.id.guide_end_place);
        //路线规划按钮
        btn_route = findViewById (R.id.route_guide);
        btn_route.setOnClickListener (new View.OnClickListener () {
            @Override
            public void onClick (View v) {
                searchRoute ();
                hideKeyboard (GuideActivity.this);
            }
        } );
        //返回按钮
        img_guide_back = findViewById (R.id.guide_back);
        img_guide_back.setOnClickListener (new View.OnClickListener () {
            @Override
            public void onClick (View v) {
                onBackPressed ();
            }
        } );

    }
    //调用隐藏软键盘
    public static void hideKeyboard (Activity context) {
        InputMethodManager imm = (InputMethodManager) context.getSystemService (Context.INPUT_
METHOD_SERVICE);
        //隐藏软键盘
        imm.hideSoftInputFromWindow (context.getWindow () .getDecorView () .getWindowToken (),
0);
    }
```

```
@Override
protected void onDestroy () {
    super.onDestroy ();
    //在 activity 执行 onDestroy 时执行 mMapView.onDestroy (), 销毁地图
    route _ MapView.onDestroy ();
}
@Override
protected void onResume () {
    super.onResume ();
    //在 activity 执行 onResume 时执行 mMapView.onResume (), 重新绘制加载地图
    route _ MapView.onResume ();
}
@Override
protected void onPause () {
    super.onPause ();
    //在 activity 执行 onPause 时执行 mMapView.onPause (), 暂停地图的绘制
    route _ MapView.onPause ();
}
@Override
protected void onSaveInstanceState (Bundle outState) {
    super.onSaveInstanceState (outState);
 //在 activity 执行 onSaveInstanceState 时执行 mMapView.onSaveInstanceState (outState), 保存
地图当前的状态
    route _ MapView.onSaveInstanceState (outState);
}
@Override
public void onBusRouteSearched (BusRouteResult busRouteResult, int i) {

}
//驾车路线回调函数
@Override
public void onDriveRouteSearched (DriveRouteResult RouteResult, int i) {
    driveRouteResult = RouteResult;
    System.out.println (driveRouteResult);
    DrivePath drivePath = driveRouteResult.getPaths () .get (0);
    System.out.println (drivePath);
    Route _ aMap.clear ();
     DrivingRouteOverlay drivingRouteOverlay = new DrivingRouteOverlay (this, Route _ aMap,
drivePath, driveRouteResult.getStartPos (), driveRouteResult.getTargetPos () );
    drivingRouteOverlay.removeFromMap ();
    drivingRouteOverlay.addToMap ();
    drivingRouteOverlay.zoomToSpan ();
}
```

```
        @Override
        public void onWalkRouteSearched (WalkRouteResult walkRouteResult, int i) {

        }
        @Override
        public void onRideRouteSearched (RideRouteResult rideRouteResult, int i) {

        }
    }
```

**9. 实验运行**

通过以上步骤完成了系统的代码编写，接下来将运行该系统。①调整 application. properties 文件的数据库、用户和密码等信息，确保 MySQL 数据服务已启动；②在 Eclipse 中运行 SuixingbikeApplication. java 类为 Run as Application，即启动应用服务；③在 AndroidStudio 中启动 Android 客户端。

**思考题**

分析系统中服务端与 Android 端的数据交互以及 Springboot 框架的作用。

# 参考文献


[1] 姜学锋，魏英．C程序设计实验教程［M］．北京：清华大学出版社，2011.

[2] 简单使用 Mybatis3［EB/OL］．（2014 - 10 - 31）［2018 - 03 - 25］．https：//blog. csdn. net/gaojinshan/article/details/40656757.

[3] Android Studio Debug 调试详解［EB/OL］．（2017 - 01 - 17）［2018 - 06 - 05］．https：//www. jianshu. com/p/9fbf316582e3.

[4] AndroidStudio常见报错汇总及解决方案[EB/OL].(2020-02-12)[2020-09-21]. https：//blog. csdn. net/weixin _ 42369255/article/details/104277334.

[5] Eclipse 的 Debug 调试技巧大全[EB/OL].(2017-02-12)[2018-04-11]. https：//blog. csdn. net/u011781521/article/details/55000066.

[6] Java 实现的Dijkstra最短路径算法[EB/OL].(2013-08-09)[2018-11-03]. http：//www. cxyclub. cn/n/21236.

[7] 在高德地图AndroidSDK上添加GeoServer发布的WMS图层[EB/OL].(2018-03-26)［2018 - 05 - 23］．https：//blog. csdn. net/GISuuser/article/details/79700571.

[8] Eclipse 下 Spring Boot 整合 MyBatis［EB/OL］．（2018 - 05 - 12）［2019 - 06 - 05］．https：//blog. csdn. net/wangjiankai1993/article/details/80272886？spm＝1001. 2014. 3001. 5501.

[9] Android的关于高德地图加载谷歌瓦片,并缓存本地的功能[EB/OL].(2018-05-30)［2019 - 07 - 16］．https：//blog. csdn. net/u011622280/article/details/111273208.

附件1：实验报告

# 《移动地理信息系统》实验报告

实验序号：　　　　　　　　实验项目名称：

<table>
<tr><td>学　　号</td><td></td><td>姓　　名</td><td></td><td>专业、班</td><td></td></tr>
<tr><td>实验地点</td><td></td><td>指导教师</td><td></td><td>实验时间</td><td></td></tr>
<tr><td colspan="5">教师评语<br>签名：<br>日期：</td><td>成绩</td></tr>
<tr><td colspan="6">一、实验目的及要求<br><br>二、实验设备（环境）及要求<br><br>三、实验内容与步骤<br><br>四、实验结果与数据处理<br><br>五、分析与讨论</td></tr>
</table>